660MW超超临界火力发电机组培训教材

REKONG FENCE

热控分册

望亭发电厂　编

中国电力出版社
CHINA ELECTRIC POWER PRESS

内 容 提 要

《660MW超超临界火力发电机组培训教材》对超超临界燃煤发电机组的原理及设备只做简单介绍，着重以岗位运行知识为基础，以提高操作技能为目的，根据电厂生产一线人员在660MW超超临界燃煤发电机组调试、运行、维护过程中的经验，详细介绍发电设备及系统的运行维护及故障处理。

本书为此套教材的《热控分册》。书中重点围绕660MW超超临界火力发电机组的性能和控制展开叙述，主要内容包括超超临界机组的特点及其控制系统的组成，以及超超临界机组分散控制系统、启动系统、数据采集系统、模拟量控制系统、炉膛安全监控系统、顺序控制系统、电气系统及公用系统、数字电液控制系统、给水泵汽轮机电液控制系统、旁路控制系统和全厂辅助系统集中监控网络。

本书可作为从事660MW超超临界火力发电机组热工控制维护、运行及管理人员的上岗培训、在岗培训及继续教育等的培训教材，也可作为600～1000MW超超临界火力发电机组热控技术人员及大专院校相关专业师生的参考教材。

图书在版编目(CIP)数据

660MW超超临界火力发电机组培训教材. 热控分册/望亭发电厂编. —北京：中国电力出版社，2011.9（2019.6重印）

ISBN 978-7-5123-1763-5

Ⅰ.①6… Ⅱ.①望… Ⅲ.①火力发电-发电机组-技术培训-教材 ②火电厂-热力工程-自动控制系统-技术培训-教材 Ⅳ.①TM621

中国版本图书馆CIP数据核字(2011)第101410号

中国电力出版社出版、发行

（北京市东城区北京站西街19号 100005 http://www.cepp.sgcc.com.cn）

北京雁林吉兆印刷有限公司印刷

各地新华书店经售

*

2011年9月第一版 2019年6月北京第三次印刷

787毫米×1092毫米 16开本 14.25印张 332千字

印数4001—5000册 定价**35.00**元

《660MW 超超临界火力发电机组培训教材》

编 委 会

序

自1882年中国有了商品电以来，中国电力工业的历史车轮已然驶过了三个世纪。斗转星移，大浪淘沙，在今天知识爆炸的时代，新一代的电力工作者需要怎样的知识来传承光荣，成就梦想？需要怎样的书籍来实现自我提升，成为一名真正具有竞争力的电力工作者？人生哲理、科学理论、生活常识，这些都很重要。阅读它们可以使人明智、静心、修身、达理，不断走向完美。但要成为一名优秀的电力运行工作者，除了这些之外，更为重要的是一定要有过硬的专业素质，以及坚定而执着的专业精神，这就需要有一套专业对口、学践结合、操作性强、通俗易懂的职业学习丛书，这就是我们出版《660MW超超临界火力发电机组培训教材》丛书的主要宗旨。

当前，加快转变经济发展方式已成为影响我国经济社会领域各个层面的一场深刻变革。在火电行业，大容量、高参数的火电机组因为其较低的能耗和排放成为了行业发展的主流。随着单机百万容量机组的投产发电，标志着我国的电力工业已经步入百万级时代。但是，就目前情况而言，600MW级的机组仍是我国电网供电的中坚力量。因此，加强对600MW级机组基础理论的研究，深入开展600MW级机组的管理创新和技术创新，不断提高600MW级机组运行技术水平，对于促进中国电力工业更加健康快速地发展，确保国民经济稳定运行具有重要的现实意义。

2009年6月，望亭发电厂通过科学论证、大胆规划、辛苦建设，在国内率先成功投运了由上海电气集团制造的660MW超超临界燃煤机组。投运至今，各项性能指标在同类型机组中处于先进行列，并成为中国华电集团600MW级标杆机组。“追求卓越，勇于创新”的企业精神造就了今天望亭发电厂的再度辉煌，有着崇尚科学、不断精益优良传统的“望电人”紧紧依托自身日积月累、扎实深厚的技术底蕴，立足660MW级超超临界燃煤机组基建生产运行所掌握的第一手宝贵经验，加紧研究、认真总结、不断提炼，迅速建立起一套体系完善、环节精益、过程闭环、统筹兼顾的运营管控理论模式，锻炼出一支业务精、作风硬、素质强的职工队伍，为更好地发挥机组运营潜效、不断提升内生效益奠定了理论和技术基础，为实现超超临界机组在中国更好地发展和运营做出了自己应有的贡献。

本套丛书编撰历时两年有余。两年来，在望亭发电厂党委和厂部的关心支持下，集聚厂内技术骨干的编撰团队克服了生产任务繁重、技术资料缺乏、编撰经验不足等诸多困难，充分发挥“望电人”严谨求实的工作作风，勤钻研、巧思考、多实践，力求在内容上理论联系实际，在表述上做到通俗易懂。本套丛书包括《汽轮机分册》、《电气分册》、《锅炉分册》、《脱硫脱硝分册》、《化学分册》、《燃料分册》、《热控分册》。针对发电厂工作的特点，本套丛书对660MW超超临界燃煤发电机组设备的原理只做简单介绍，着重以岗位运行知识为基础，以提高技能操作能力为目的，根据电厂一线人员在660MW超超临界燃煤发电机组调试、运行、维护过程中的经验，介绍发电设备及系统的运行维护及故障处理，有效提升了本书的实用性，使该书成为国内少有的能够全面、系统地反映该类型机组的培训教材。

时代在变，创新的精神和力量是永恒的。我们希望本套丛书的出版，能够成为一个契机和交流的载体，为推动低碳节能的660MW超超临界燃煤机组在中国更好更快地发展增添一份力量。

由于编撰人员的理论水平和实践经验有限，书中难免有缺点和错误，恳请读者批评指正。

2011年4月

前　言

随着电力工业技术的不断发展，用电量的持续增加和世界范围内环保形势的日趋严峻，大容量、高参数、高效率的超超临界大型发电机组正逐渐成为我国电力系统的主力发电机组。大型超超临界发电机组普遍采用低 NO_x 燃烧以及烟气脱硫脱硝技术，大幅度降低了二氧化硫、氮氧化物等污染物的排放。低煤耗、高环保的超超临界发电机组目前正成为我国电力行业“上大压小”、“节能减排”的首选机型。

为使广大电力生产岗位工人、技术人员和管理人员熟悉、了解和掌握660MW超超临界大型燃煤火力发电机组的性能及特点，中国华电集团公司望亭发电厂在中国电力出版社的大力支持下，组织各级技术人员耗时两年时间，精心编写了《660MW超超临界火力发电机组培训教材》。

针对发电厂工作的特点，本套教材对660MW超超临界燃煤发电机组设备的原理只做简单介绍，着重以岗位运行知识为基础，以提高操作技能为目的，根据电厂生产一线人员在660MW超超临界燃煤发电机组调试、运行、维护过程中的经验，详细介绍发电设备及系统的运行维护及故障处理，力求能以平实的语言及通俗的阐述，更好地满足660MW超超临界燃煤机组岗位运行、技能操作和继续教育的需要。本套教材也可供高等院校有关专业的相关师生参考。

本书为《660MW超超临界火力发电机组培训教材》热控分册。书中以望亭发电厂两台660MW超超临界燃煤凝汽式汽轮发电机组为基础，对超超临界燃煤发电机组热力控制系统的原理、结构和热控设备的选型及其新技术进行了全面的介绍，同时结合现场实际和调试过程中发现的问题介绍了实际运行中的注意事项。本书共十二章，由瞿才良主编，陈海宁主审。

本分册在编写过程中，参阅了部分已正式出版的技术文献及制造厂、设计院、安装单位、调试单位的有关说明书、图纸等技术资料，在此一并表示感谢。

由于编者水平有限，加之编写时间仓促，错漏之处在所难免，敬请读者批评指正，并提出宝贵意见。

编　者

2011年4月

目 录

第一章 超超临界机组概述

第一节　超超临界机组的特点

一、超超临界机组的参数特点

我国电力行业已逐步形成大电网、大机组、高参数、高自动化的发展格局。尤其是最近几年，国产引进型600MW级超临界和超超临界的装机数量日益增多，这是因为更高的电厂效率可以通过增加汽轮机效率来实现，也可以通过把蒸汽最大参数提高到超临界和超超临界工况来实现。超超临界蒸汽工况的特点是主蒸汽工况超过25MPa和600℃，再热蒸汽工况超过600℃。超超临界机组蒸汽参数越高，热效率也随之提高。热力循环分析表明，在超超临界机组参数范围的条件下，主蒸汽压力提高1MPa，机组的热耗率就可下降0.13%～0.15%；主蒸汽温度每提高10℃，机组的热耗率就可下降0.25%～0.30%；再热蒸汽温度每提高10℃，机组的热耗率就可下降0.15%～0.20%。在一定范围内，如果采用二次再热，则其热耗率可较采用一次再热的机组下降1.4%～1.6%。

超超临界机组的主蒸汽压力为25～31MPa，主蒸汽和再热蒸汽温度为580～610℃。超临界机组的主蒸汽压力通常为24MPa左右，主蒸汽和再热蒸汽温度为538～560℃；超临界机组的典型参数为24.1MPa/538℃/538℃，对应的发电效率约为41%。亚临界机组的典型参数为16.7MPa/538℃/538℃。超临界机组的热效率比亚临界机组的高2%～3%，而超超临界机组的热效率比超临界机组的高4%左右。超超临界应用中的最高温度和压力是：主蒸汽工况为30MPa和620℃，再热蒸汽工况为620℃。以这些蒸汽工况为基础，整体净效率可达48%。

目前国内已投运的部分500MW及以上超（超）临界直流锅炉机组见表1-1。

表1-1　目前国内已投运的部分500MW及以上超（超）临界直流锅炉机组

机　组	机组容量（MW）	投产年份	备　注
国华盘山1、2号	500	1995	俄供定压运行
伊敏电厂1、2号	500	1995	俄供定压运行
国华绥中1、2号	800	2001	俄供定压运行
石洞口二期1、2号	600	1991/1992	欧供滑压运行
外高桥二期1、2号	900	2004	欧供滑压运行
华能沁北1、2号	600	2005	欧供滑压运行

续表

机 组	机组容量（MW）	投产年份	备 注
常熟电厂 1、2 号	600	2005	欧供滑压运行
浙能兰溪 1、2 号	600	2006	英国巴威技术，哈尔滨锅炉厂有限责任公司制造
江苏利港 5、6 号	600	2006	
大唐湖南湘潭	600	2007	英国巴威技术，哈尔滨锅炉厂有限责任公司制造
广西贵港 1、2 号	600	2007	英国巴威技术，哈尔滨锅炉厂有限责任公司制造
华能玉环 1、2 号	1000	2007	三菱技术
华电邹县 1、2 号	1000	2007	三菱技术
江苏望亭 3、4 号	660	2008	上海锅炉厂有限公司制造，OVATION 控制 上海汽轮机有限公司制造，西门子控制

国内不同等级机组的煤耗见表 1-2。

表 1-2　国内不同等级机组的煤耗

机 组	机组容量（MW）	煤 耗（g/kWh）	备 注	机 组	机组容量（MW）	煤 耗（g/kWh）	备 注
超超临界	1000	283	华能玉环、华电邹县	超临界	500	328	盘山、伊敏
				亚临界	600	320～330	
超超临界	660	285	江苏望亭	亚临界	300	330～340	
超临界	800～900	306	外高桥、绥中	超高压	200	350	
超临界	600	316	乌沙山、宁德	高压	100	377	

二、超超临界机组的结构特点

超临界和超超临界直流锅炉与亚临界汽包锅炉，两种锅炉在系统组成上的水—汽转换原理和设备不同（见图 1-1），锅炉蓄热能力不同，负荷和扰动的响应速度也不同，而最大的区别还在于锅炉启动系统的差异。超临界和超超临界直流锅炉和亚临界汽包锅炉控制方式的不同之处是对锅炉的给水和燃料的调节方式。超临界和超超临界直流锅炉正常运行时，分离器出口温度处于微过热状态，此处是反映给水和燃料关系变化的最灵敏的测量点，一般称此测量点为中间点温度。中间点温度还需根据锅炉热负荷、喷水量和分离器的压力进行修正。锅炉运行中将中间点温度控制在一定范围内，可以认为锅炉汽水系统中水相和汽相的分界点的界面就会被相对固定，从而符合了水/燃料比的控制。运行时，必须严格保持锅炉燃料量和给水之间的比例关系（即煤水比），才能防止蒸汽温度超温。这是因为汽包炉的水冷壁运行时始终处于饱和温

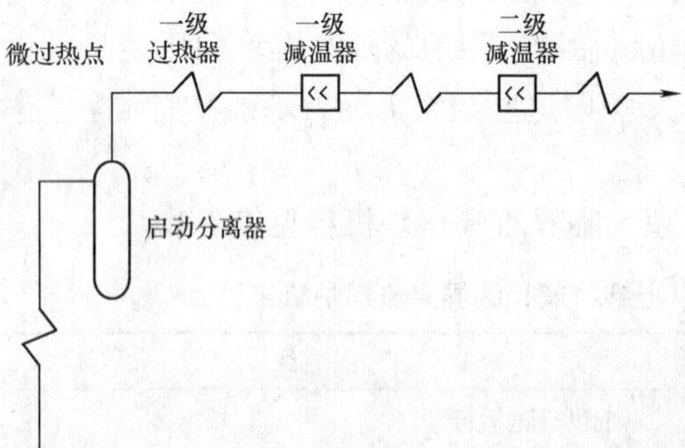

图 1-1　超超临界机组的结构原理

度下，燃料量只与蒸发量有关，直流炉的水冷壁温度与给水量和燃料量有关，参数稍有变化就会影响水冷壁出口温度，造成主蒸汽温度超温。综上所述，超临界和超超临界直流锅炉调节的关键是控制中间点温度，保持燃料和水的比例才能使主蒸汽温度喷水调节量足以维持主蒸汽温度在额定范围内运行。

超超临界直流锅炉的基本特点：超超临界变压运行直流锅炉一般采用Ⅱ型布置、单炉膛、低 NO_x PM 主燃烧器和 MACT 燃烧技术、墙式切圆燃烧方式；炉膛采用内螺纹管垂直上升膜式水冷壁、循环泵启动系统、一次中间再热；调温方式除煤水比外，还采用烟气分配挡板、燃烧器摆动、喷水等方式；锅炉采用平衡通风、露天布置、固态排渣、全钢构架、全悬吊结构；锅炉点火助燃采用 0 号轻柴油；锅炉运行方式为带基本负荷并参与调峰；制粉系统采用中速磨煤机直吹式制粉系统；锅炉在燃用设计煤种时，不投油最低稳燃负荷为 35% BMCR；锅炉在 25%～100%负荷范围内以纯直流方式运行，在 25%负荷以下以带循环泵的再循环方式运行，启动系统用以保证启动的安全可靠性和经济性；低 NO_x 排放，锅炉排烟中 NO_x 含量不超过 400mg/m^3（标准状态下，干烟气，6%O_2）。

超超临界直流锅炉的总体布置：锅炉的汽水流程以内置式汽水分离器为分界点，从水冷壁入口联箱到汽水分离器为水冷壁系统，从分离器出口到过热器出口联箱为过热器系统，另有省煤器系统、再热器系统和启动系统。过热器采用四级布置，即低温过热器（一级过热器）→分隔屏过热器（二级过热器）→屏式过热器（三级过热器）→末级过热器（四级过热器）；再热器采用二级布置，即低温再热器（一级再热器）→末级再热器（二级再热器）。其中，低温再热器和低温过热器分别布置于尾部烟道的前、后竖井中，均为逆流布置。在上炉膛、折焰角和水平烟道内分别布置了分隔屏过热器、屏式过热器、末级过热器和末级再热器，所有过热器、再热器和省煤器部件均采用顺列布置，以便于检修和密封，防止结渣和积灰。过热器采用煤水比作为主要的汽温调节手段，并配合三级喷水减温作为主蒸汽温度的细调节。喷水减温为每级左右两点布置，以消除各级过热器的左右吸热和汽温偏差。再热器调温以烟气挡板调温为主，燃烧器摆动调温为辅，同时在再热器入口管道上布置有事故喷水装置。燃烧方式一般以四角切圆燃烧方式居多，制造厂与电厂在四角切圆燃烧方式的应用方面已积累了丰富的设计运行经验。切圆燃烧方式的优点是煤种适用性强，与前后墙对冲燃烧相比，炉内 NO_x 的排放量相对较低。

锅炉的新蒸汽压力介于 25～31MPa 的锅炉称为超超临界锅炉，配套的汽轮机称为超超临界汽轮机。

三、超超临界机组的设备特点

以某发电厂 660MW 超超临界机组为例，说明超超临界机组的主设备配置。

1. 锅炉

锅炉采用上海锅炉厂生产的超超临界参数变压直流炉，单炉膛一次中间再热、平衡通风、露天布置、固态排渣、全钢构架、全悬吊结构Ⅱ型锅炉。

锅炉（BMCR 工况）主要参数见表 1-3。

2. 汽轮机

汽轮机为上海汽轮机有限公司生产的超超临界、一次中间再热、单轴、四缸四排汽、凝汽式汽轮机（型号：N660-25/660/660）。汽轮机主要参数见表 1-4。

表1-3　　某发电厂660MW超超临界机组锅炉（BMCR工况）主要参数

参数名称	单位	技术协议数据	新热平衡图（汽轮机要求）	
			100	105TRL
过热蒸汽流量	t/h	1991	1784.27	2024
过热蒸汽出口压力（表压）	MPa	26.15	26.15	26.15
过热蒸汽出口温度	℃	605	605	605
再热蒸汽流量	t/h	1680	1517.04	1707.67
再热蒸汽进口压力（表压）	MPa	6.11	5.70	6.408
再热蒸汽出口压力（表压）	MPa	5.92	5.244	5.868
再热蒸汽进口温度	℃	377	363.2	384.3
再热蒸汽出口温度	℃	603	603	603
省煤器进口给水温度	℃	297	297	297
锅炉效率	%	93.60		
空气预热器型式		三分仓回转式预热器		

表1-4　　某发电厂660MW超超临界机组汽轮机主要参数

参数名称	单位	投标时参数	热平衡图参数	
额定功率	MW	660	660	
最大连续功率	MW	689.04		719.037
额定主蒸汽压力	MPa	25	25	25
额定主蒸汽温度	℃	600	600	600
高压缸排汽压力（THA工况，绝对压力）	MPa	5.70	5.70	6.408
高压缸排汽口温度（THA工况）	℃	361.3	363.2	384.3
再热蒸汽进口压力（THA工况，绝对压力）	MPa	5.244	5.244	5.868
再热蒸汽进汽温度（THA工况）	℃	600	600	600
主蒸汽进汽量（THA工况）	t/h	1781.467	1784.27	2024.24
再热蒸汽进汽量（THA工况）	t/h	1514.059	1517.04	1707.67
额定排汽压力（THA工况，绝对压力）	kPa	5.1（平均背压）	5.1	5.1
机组保证热耗（THA工况）	kJ/kWh	7315	7315	7373

3. 发电机

发电机为上海汽轮发电机有限公司生产的水氢氢冷却、静态励磁汽轮发电机。发电机主要技术参数如下：

额定功率　660MW

额定容量　733MVA

功率因数　0.9（滞后）

额定电压　20kV

效率　98.97%

励磁方式　静态励磁

冷却方式　　定子绕组水冷，定子铁芯、转子绕组氢冷

4. 锅炉主要辅机设备

锅炉主要辅机设备有2台动叶可调送风机、2台动叶可调一次风机、2台静叶可调引风机、4台轴承冷却风机、6台给煤机、6台磨煤机、2台密封风机、1台电除尘器、1台干式除渣机、1台碎渣机、2台斗式提升机、1台干渣装车机、1台湿式搅拌机和1套飞灰输送系统。

5. 锅炉主要配套辅机设备

锅炉主要配套辅机设备有2台启动循环泵、2台疏水泵、2台高压冲洗水泵。

6. 汽轮机主要配套辅机设备

（1）2台50%BMCR容量的汽动给水泵和1台30%BMCR容量的电动给水泵。

（2）凝结水系统：包括1台除氧器、1台轴封加热器风机、4台低压加热器。

（3）高压缸启动方式为两级串联旁路。高压旁路容量为40%BMCR（1套/机组），低压旁路总容量为40%BMCR＋高压旁路喷水量（2套/机组）。

第二节　超超临界机组的热控设计特点

对于超超临界机组，热控设计在以下几方面应进行一些特殊考虑：机组控制系统总体方案的确定，分散控制系统（DCS）的选型、配置和功能规划，系统图（PID）中现场检测仪表的测点配置、仪表选型，主要成套控制装置的选择等。

超超临界机组的控制及保护系统配置、设备选型是热控设计及应用中的重点，根据实际工况合理选择温度元件、变送器、仪表阀门、执行机构等热控设备，将会使超超临界机组运行更加安全、稳定、高效。现场总线技术在超超临界机中的应用及推广将使数字化电厂早日实现，也会使热控水平进一步提高。现就热力系统中主要部分的热控设计进行论述。

一、DCS的选型与配置

DCS、汽轮机电液控制系统（DEH）、汽轮机紧急跳闸系统（ETS）、给水泵汽轮机电液控制系统（MEH）大多采用不同软、硬件配置设计，各个系统的软、硬件尚未实现一体化配置。由于目前我国超超临界机组尚处于起步阶段，如此高参数机组的控制和保护系统刚刚引进，部分设备还处于完全进口状态，因此一些先进的控制机理还需进一步研究。强调各个系统软、硬件一体化设计，没有任何技术依据，无法确保机组安全、可靠运行。目前，这种分层、分片区域自治的形式更能提高分散度，增强系统的总体可靠性。由系列化标准硬件组成的上述各个“积木块”可独立完成自己的功能，既可互相通信，又可按网络通信规约统一指挥，协调实现整个机组的自动控制，有利于机组稳定运行。随着机组运行经验的积累，不同控制系统对外联系的自身局限性，必然会导致控制及保护系统的完善和优化，最终将规划各个系统软、硬件一体化设计，实现各装置间的无缝连接。

DCS的性能与控制系统硬件（包括系统软件、网络）和工程应用软件设计两方面相关。随着计算机硬件和网络通信技术的发展，各DCS厂家在硬件方面的差距正在缩小，而工程设计能力方面还存在差异。汽轮机和给水泵汽轮机制造厂一般都不愿将DEH和MEH纳入DCS，它们往往随主设备配套提供，望亭电厂扩建工程、外高桥电厂二期、玉环电厂工程、

泰州电厂均如此。更重要的是，DEH 及 MEH 包括的范围有时较国内以往的 DEH 和 MEH 的内容更多（往往包括了汽轮机润滑油系统、液压油系统、抽汽系统、轴封疏水系统等方面的控制），DCS 的 I/O 点数统计时也应考虑上述因素的影响。DCS 设计中需注意的另一方面就是控制器数量的确定。由于各 DCS 的控制器在硬件、系统软件、功能块设计及系统网络、工程实际设计等多方面存在差异，因此各 DCS 厂家在投标中提供的控制器数量差异也很大。

目前，在连续型流程生产自动控制（PA，习惯上称之为工业过程控制）中，有三大控制系统，即可编程逻辑控制系统（PLC）、DCS 和现场控制系统（FCS）。这三大控制系统各自的基本特点如下：

1. PLC

（1）从开关量控制发展到顺序控制、运送处理，控制过程是从下往上的。

（2）具备连续 PID 控制等多功能，PID 在中断站中。

（3）可用一台 PC 机为主站，多台同型 PLC 为从站；也可用一台 PLC 为主站，多台同型 PLC 为从站，构成 PLC 网络。这比用 PC 机作主站更加方便：有用户编程时，不必知道通信协议，只需按说明书格式写即可。

（4）PLC 网格既可作为独立 DCS/TDCS，也可作为 DCS/TDCS 的子系统。

（5）大系统同 DCS/TDCS，如 TDC3000、CENTUMCS、WDPFI、MOD300。

（6）PLC 网络，如 SIEMENS 公司的 SINEC-L1、SINEC-H1、S4、S5、S6、S7，GE 公司的 GENET，三菱公司的 MELSEC-NET、MELSEC-NET/MINI 等。

（7）主要用于工业过程中的顺序控制，新型 PLC 也兼有闭环控制功能。

（8）制造商：GOULD（美国）、AB（美国）、GE（美国）、OMRON（日本）、MITSUBISHI（日本）、SIEMENS（德国）等。

2. DCS 或 TDCS

（1）分散控制系统（DCS）与集散控制系统（TDCS）是集 4C（Communication、Computer、Control、CRT）技术于一身的监控技术。

（2）从上到下的树状拓扑大系统，其中通信（Communication）是关键。

（3）PID 在中断站中，中断站连接计算机与现场仪器仪表及控制装置。

（4）树状拓扑和并行连续的链路结构，也有大量电缆从中继站并行到现场仪器仪表。

（5）模拟信号，A/D 和 D/A、带微处理器的混合。

（6）一台仪表、一对线接到 I/O，由控制站挂到局域网 LAN。

（7）DCS 是控制（工程师站）、操作（操作员站）、现场仪表（现场测控站）的三级结构。

（8）缺点是成本高，各公司产品不能互换，不能互操作。

（9）用于大规模的连续过程控制，如石化等。

（10）制造商：Bailey（美国）、Westinghouse（美国）、HITACHI（日本）、LEEDS & NORTHRMP（美国）、SIEMENS（德国）、Foxboro（美国）、ABB（瑞士）、Hartmann & Braun（德国）、Yokogawa（日本）、Honeywell（美国）、Taylor（美国）等。

二、测点设置及 DCS 负荷分配

目前，600MW 级超超临界机组（包括公用部分）系统测点设置数量为 8500～11 500 点

（含脱硫和脱硝），控制器（单元＋公用）对数为 17～23 对，每对控制器平均负荷为 500～650 点。1000MW 超超临界机组（包括公用部分）系统测点设置数量为 12 000～14 000 点（其中不含纳入 MEH、DEH 的点数），控制器（单元＋公用）对数为 28～35 对，由此可以粗略得出每对控制器的平均负荷为 350～450 点。当前，大多数亚临界或超临界机组采用相同类型 DCS 的点数（包含纳入 MEH、DEH 的点数）具体如下：300MW 机组点数（单元＋公用）为 7500～9500 点，控制器（单元＋公用）对数为 12～18 对。随着对超超临界机组动态、静态控制特性的掌握以及设计经验的积累，机组测点的设置将更合理，DCS 中 I/O 点分配将会考虑实际应用及 DPU 处理效率。

三、现场总线技术的应用

现场总线标准开辟了过程控制的新纪元，将给传统的控制系统结构带来根本性变革。目前，不少超超临界机组水处理控制系统中的锅炉补给水和废水处理控制系统已采用 PROFIBUS 总线标准，汽轮机轴封控制系统、锅炉壁温控制系统、发电机绕组温度控制系统则采用了 FF 总线标准。现场反映总线在连续量及离散量控制方面均发挥了很强的优势。

通过在几个超超临界机组项目中的实施运行，现场总线的优点越来越被认可。具体优点如下：

（1）节省硬件数量与投资。由于现场总线系统中分散在设备前端的智能设备具有直接执行多种传感、控制、报警和计算的功能，因而可减少变送器的数量，不需要单独的控制器、计算单元等，也不需要 DCS（或 PLC）系统的信号调理、转换、隔离技术等功能单元及其复杂的接线，还可以用工控 PC 作为操作站，节省了硬件投资，减少了控制室的占地面积。

（2）节省安装及材料费用。现场总线系统的接线十分简单，由于一对双绞线或一条电缆上通常可挂接多个设备，因而电缆、端子、槽盒、桥架的用量大大减少。当需要增加现场控制设备时，无需增设新的电缆，可就近连接在原有的电缆上。有关典型试验工程的测算资料显示，可节约安装费及材料费 60%以上。

（3）节省维护开销。由于现场控制设备具有自诊断与处理简单故障的能力，并可通过数字通信将相关的诊断维护信息送往控制室，因此用户可以查询所有设备的运行、诊断维护信息，以便早期分析故障原因并快速排除，缩短维护停工时间。同时，由于系统结构简化、连线简单，因而减少了维护工作量。

（4）电厂具有高度的系统集成主动权。运行人员可以自由选择不同厂商所提供的设备来集成系统，避免因选择了某一品牌的产品而使选择范围受限，不会发生系统集成中协议、接口不兼容的现象，使系统集成过程中的主动权完全掌握在电厂手中。

（5）提高系统的准确性与可靠性。由于现场总线设备的智能化、数字化，与模拟信号相比，它提高了测量与控制的准确度，减少了传送误差。现场仪表内部功能加强，减少了信号的往返传输，提高了系统的工作可靠性。

目前，现场总线技术不能全方位在整个系统甚至更重要设备中实施，硬件方面还存在以下问题：大功率电动机断路器现场总线型产品几乎没有；带现场总线接口的分析仪表可选范围较小，而且价格较高；现场总线协议较多，且各协议标准特色性很强，不具备统一形式。

四、DCS 的变频控制应用

随着节能减排工作的逐步深入，落实国家发展和改革委员会的《千家企业节能行动实施方案》、建设节约环保型企业正日益成为火力发电厂的工作重点。在火力发电厂的节能减排项目中，高压电机设备的变频器控制，因其节能效果明显而得到了迅速的推广和应用。实现高压变频设备的DCS控制，成为高压电机设备变频器控制项目成功实施的关键因素。电厂的辅机在实现变频控制后，可实现自动方式下工频/变频两种方式及小扰动的相互切换，达到较好的控制效果和节能效果，为风机的稳定运行和各工况成功切换提供有力保证。

电厂实现变频控制的辅机主要有凝结水泵、送风机、引风机、一次风机。以下以一次风机变频控制为例，对热工DCS相应的控制策略进行分析。

（一）变频控制方案

火电厂一次风机担负着锅炉稳定燃烧的重任，当一台一次风机运行中跳闸时，即使RB（快速甩负荷）动作良好，通常也会对锅炉燃烧产生影响，造成机组解列的可能性较大。所以，一次风机变频器控制采用了“自动一拖一”的控制方案，每台一次风机的工频/变频之间要实现双向自动切换，且不能对锅炉燃烧造成影响。变频设备厂家通常根据系统情况和用户要求进行设备配置。一次风机变频控制方案示意见图1-2。

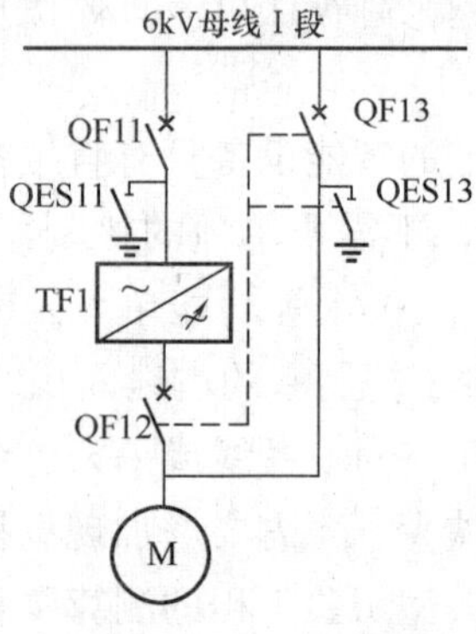

图1-2 一次风机变频控制方案示意

QF—高压断路器；QES—高压断路器内的隔离开关；TF—变频器；M—电动机

图1-2所示方案通过增加2台高压断路器来实现一次风机工频/变频切换功能。QF12和QF13之间存在电气闭锁和逻辑闭锁关系，防止变频器输出侧和6kV变压器侧短路。变频方式启动时，操作变频器下口断路器QF12、变频器上口断路器QF12合闸，然后启动变频器，一次风机变频运行。切到工频方式时，首先停止变频器，断开变频器下口断路器QF12和变频器上口断路器QF11，停运变频器，然后闭合一次风机工频旁路断路器QF13。

（二）DCS控制策略

1. DCS控制策略实施要术

(1) 通过变频与工频运行方式之间的协调、切换，保证一次风机不间断运行。

(2) 在一次风机变频运行状态自动切换至工频过程中，对切换点的位置判断准确，动作及时有效。

(3) 通过变频转速与一次风调节挡板的开度配合，保证一次风不失压，风机不抢风、不返风，使得锅炉在一次风机切换时燃烧稳定，不发生跳磨或灭火现象。

2. 顺控部分的控制策略

风机启停顺控部分在一次风机工频方式程控启、停基础上，加入变频方式程控启、停按钮和工频/变频切换按钮，实现一键自动完成各种工况流程。同时，应具备基础的设备单操功能，以满足运行人员在各种复杂工况下的操作需要。

(1) 变频模拟工频启动。为防止在第1台风机启动后，变频启动第2台风机时产生母管返风、一次风压失稳甚至风机跳闸的现象，一次风机变频方式启动时，2台风机均采用“变频模拟工频”的启动策略，即一次风机变频方式启动后自动升速到全速运行状态，出口挡板全开，入口挡板关闭。采用该启动策略后，运行人员可在一次风机启动成功后，将一次风压自动调节投入（变频器控制），再手动缓慢开展风机入口挡板。这样，风机转速会自动满足调节要求，一次风系统也会转到真正的变频控制方式。

(2)“转换函数”设置。当运行中的变频器系统产生故障，但没有跳闸而要进行停运消缺时，需要将风机由变频转为工频方式运行。在风机停变频、启工频的过程中，将该侧风机入口调节挡板关至适当位置，同时将风机转至工频运行。在切换过程中产生的一次风压扰动由非切换侧风机进行调节。为实现无扰切换，风机工频启动时，入口挡板所在位置应保证风机出力和变频方式出力相当。一次风机变频方式运行的转速要成功转换为一次风工频调节挡板的开度（简称“按转换函数动作”）。此转换函数采用工程实验的方法求得，方法如下：在机组平稳运行时，将A侧一次风机切手动保证出力不再改变，将B侧变频方式一次风机变频器调节切手动并记录此时的转速值，再将B侧入口挡板调节器投入自动；紧接着由运行人员缓慢将B侧变频器输出指令给至最大（相当工频转速），此时风机全速运行，入口挡板自动关至一定开度，记下此时的开度值。这样所得到的两点数值即是转换函数的一组对应值，通过不同负荷下多次实验即可得到转换函数的近似描点曲线。两侧风机求取转换函数的实验方法相同。

一次风机入口挡板要采用快速动作调节挡板（全行程动作时间不超过20s），以保证切换过程中入口挡板迅速动作到位，在风机转工频前不会失压过多。逻辑中同时应设置最长关闭挡板时间限制，到达此时限后立即闭合工频开关，挡板则继续关闭至转换函数要求的位置。当风机在变频方式运行中跳闸时，风机自动切换到工频方式。触发条件（逻辑或）：①变频器重复故障；②QF11异常分断；③QF12异常分断；④变频器运行信号消失延时1s。允许条件（逻辑与）：①QF13断开；②本一次风机变频启动记忆。步序：同时发QF11、QF12断开命令并停变频器，在运行故障向工频方式切换状态且QF12断开后，入口挡板按照转换函数进行动作。挡板动作到要求开度偏差在5%以内，或挡板执行此动作的时间已达到5s，闭合QF13，风机切换成功。

(3)“飞车启动”操作。“飞车启动”即在电动机转子处在旋转状态下的变频器同期启动，其同期启动效果越好，风机惯性惰走时间越短，损失出力越少，对系统的扰动就越小。

切换后的一次风机变频模拟工频运行，即切换侧风机变频方式运行后，风机转速升到最大且入口挡板保持切换前工频运行时的位置，尽量保持风机出力不变。在切换过程中产生的一次风压扰动由非切换侧风机进行调节。切换结束后，再将切换侧风机变频调节投自动，非切换侧风机调节切手动，缓慢将切换侧风机入口挡板安全打开，切换侧风机实现变频方式运行。

(4) RB（Run Back）联锁逻辑设计。变频状态下，原一次风机保护跳闸条件不变；一次风机工作方式切换时，自动闭锁该切换风机RB联锁功能一段时间，若切换失败，再触发RB保护动作。一次风机工作方式切换时，可考虑适当选取几支油枪自动投入对锅炉进行稳燃；工频风机跳闸直接产生机组RB，不作自动向变频切换，因为工频跳闸自动切变频成功的概率小，实际意义不大。

3. 模拟量部分控制策略

为使变频器转速调节回路和入口挡板调节回路完全分开，各自的调节器和A、B侧平衡回路之间不作折算，互不干扰。参照原一次风机调节逻辑，重新设计了一套独立的变频调节逻辑，包括变频回路专用的调节器，变频调节主站，A、B一次风机变频操作分站。

（1）设计投自动限制。考虑到变频器的调节特性与入口挡板的调节特性相差较大，并且同一侧风机有挡板和变频器两种执行器，为了防止同时自动调节造成系统振荡，或者调节过程中挡板回关造成不节能现象，设计中加入了变频器和入口挡板站不能同时投自动的限制。

（2）设计应用“偏置锁”。平衡回路的作用就是要在两侧设备共同调节同一被调量时，如果一侧出力下降，则另一侧出力等量上升，迅速达到总出力不变的效果。两侧设备与出力平衡点的差值即为偏置。偏置只在至少有一侧设备投自动后才会起作用。

为了解决风机切换过程中平衡回路误动而造成切换失败的问题，在工频切变频时变频控制回路偏置锁定、变频切工频时工频和变频控制回路偏置均锁定、变频启动时变频控制回路偏置锁定三种情况下设计了加“偏置锁”的方法，将平衡回路的偏置进行锁定。这样，处于自动调节的系统会在原来的工作点基础上进行调节，不受另一侧风机动作直接干扰。将两侧风机调节站（挡板控制站或变频控制站）同时切手动，再次投入自动后平衡回路恢复正常，“偏置锁”解除。这一解锁过程可以设计为自动实现，也可由运行人员操作实现。为成功解决这一问题，采用编制操作指导，由运行人员自行切手动实现偏置解锁的方式。

（三）控制效果

在机组第一次并网后、汽轮机超速试验之前，两台磨煤机运行，做一次风机工频/变频切换试验。试验结果表明：工频切变频时失风较多，主要是由于一次风机变频器“飞车启动”找同期时，延时惰走丢转造成的；变频切工频时一次风压“冒正”较大，主要由转换函数和等待时间决定。这些值应经多次试验调整到合理范围。一次风机工频/变频切换造成的系统扰动可控制在±1.5kPa的较好范围内，达到良好切换效果。

五、主要热力系统的热控设计特点

1. 主蒸汽、再热蒸汽和旁路系统

（1）主蒸汽和再热蒸汽母管疏水阀门控制。该系统的疏水可采用调节阀进行控制，通过检测蒸汽管道中温度与对应压力下的饱和温度的接近程度来确定调节阀门开度，或根据主蒸汽/再热蒸汽压力与疏水阀开度间的对应函数曲线确定疏水阀门开度。理论上这种控制方式更合理，可以更准确地控制疏水的排放点。按常规设计，主蒸汽/再热蒸汽疏水阀是根据机组负荷值来决定其开启和关闭的，疏水阀采用开关式气动阀门。因此，采用常规设计可能会使一部分蒸汽排入凝汽器，造成热量浪费。但在实际工程设计中，也有调试人员认为，疏水阀前后差压太大，阀门稍一开启就将疏水放完，此处设计为调节阀意义不大。再者，确定主蒸汽/再热蒸汽压力与疏水阀开度之间的对应函数曲线也非常困难，所以，目前还是将疏水阀门设计为开关式气动阀门。实际设计中，在疏水管道上考虑了温度测点，以便在逻辑设计中确定疏水管道中介质是否达到饱和温度及何时开启疏水阀门。

（2）主蒸汽流量的测量。超超临界直流锅炉控制的关键任务是主蒸汽温度调节，过热蒸汽温度的调节通过给水量与燃料量的调节来实现。实际运行中给煤量控制不可能很精确，因此只能把保持煤水比作为粗调，另用喷水减温作为细调。调节时，利用煤水比保持中间点温度（一般采用汽水分离器出口温度）在一定值。中间点至过热器出口间采用喷水减温来适应过热器的工况变化及维持规定的过热器出口蒸汽温度，整个调节过程均不需要主蒸汽流量信号参与，而且在直流运行工况下，主蒸汽流量等于给水流量。主蒸汽流量信号主要用于负荷

调节回路、给水调节设定值计算、过热蒸汽和再热蒸汽疏水调节阀的联锁控制及其他调节回路中设定值的计算。一般锅炉制造厂提供的技术资料中均无主蒸汽流量信号的要求，而汽轮机厂家技术人员指出，汽轮机数字电液控制系统（DEH）中需要主蒸汽流量测量信号，当主蒸汽流量低于15%时，汽轮机将限制升速速率，所以在锅炉一级过热器出口装设了流量喷嘴。该测量装置由于装设在高温、高压环境中，因此设备费用相当高昂，还会造成较大的管道阻力损失，如能确定DEH控制中不需要或DEH自己能够计算主蒸汽流量，则无需装设主蒸汽流量测量装置。

2. 锅炉启动旁路系统

超超临界直流锅炉与亚临界汽包锅炉最大的区别在于超超临界直流锅炉设计有启动旁路系统。在锅炉启动时，启动旁路系统需保证直流炉水冷壁的最小流量（约35% MCR）。当负荷小于35%MCR时，汽水分离器处于有水状态（即湿态运行），此时通过水位控制阀完成分离器水位控制及最小给水流量控制；当负荷上升至等于或大于35%MCR时，给水流量与锅炉产汽量相等，为直流运行方式，进入干态运行，汽水分离器变为蒸汽集箱使用。为平稳实现锅炉控制由分离器水位和最小流量控制转换为蒸汽温度控制及给水流量控制，必须首先增加燃料量，而给水流量保持不变。这样，过热器入口焓值随之上升，当焓值上升到定值时，温度控制器参与调节，使给水流量增加，从而使蒸汽温度达到与给水流量的平衡（煤水比控制蒸汽温度）。升负荷过程中，分离器从湿态向干态转换。在锅炉启动旁路系统设计中还应注意，给水流量测点应装设在启动再循环管路之后，这样可保证给水流量测量值能够适应各种运行工况。锅炉启动阶段测量的是启动循环水流量，直流运行状态下测量的是机组给水流量，如装设在启动再循环管之前，锅炉启动阶段流量测量装置只能测量5%的补给水流量，如采用此给水流量信号参与机组保护，则会触发机组总燃料跳闸（MFT）保护逻辑中给水流量低低（小于25%）保护信号，造成不必要的保护动作。为提高流量测量精度，在原设计的给水流量测量中同时采用了大量程和小量程变送器，小量程变送器用于机组断水保护，大量程变送器用于给水调节。考虑到变送器的精度已能达到0.075%，大、小量程的测量误差不会有大的影响，所以在目前设计中有的只装设1种变送器。

3. 给水系统

超超临界机组给水系统热控设计与常规亚临界机组给水系统基本相同。总体来说，超超临界机组给水系统除了给水管路的压力参数比亚临界和超临界机组高之外，其他并没有太大变化。

4. 抽汽系统

抽汽系统热控设计中的主要问题是汽轮机防进水标准的选用。望亭电厂2×660MW超超临界机组、外高桥电厂二期和玉环工程均采用了SIEMENS公司设计生产的汽轮机。按照SIEMENS公司的设计，汽轮机抽汽止回阀控制放在DEH中，抽汽止回阀前后装有差压变送器，当前后差压大于3.2kPa时，抽汽止回阀将关闭，这在以往国内设计中是没有的。此外，按照我国汽轮机防进水设计规范，抽汽管道第1个止回阀前的水平管段应装设上、下管壁温度测点，用于监视上、下温差，防止水进入汽轮机。但国外设计中抽汽管道第1个止回阀前的水平管段上并未装设上、下温度测点，国外汽轮机制造厂采用了自己长期积累的经验做法，并未完全遵循汽轮机防进水的标准。为满足我国的汽轮机防进水设计规范要求，在抽汽管道止回阀后第1个水平管段上的顶部和相应位置的底部各设置1对温差热电偶，以监视管内是否积水，温差大时在控制室报警。为了监测积水，还在高压缸排汽口的冷段再热垂直管上与冷段再热管最低点分别装设1支热电偶，根据这两支热电偶的温差来判断管道中是否有水存在。由于采用的设计标准要求不同，各电厂在汽轮机防进水设计方面可能会存在一些差异，必须首先满足我国标准规范，然后在对国外成熟应用加以研究的基础上，将值得借鉴的内容引入设计中。

六、超超临界机组锅炉本体热控设计特点

1. 汽水分离器液位控制

直流锅炉不同于常规汽包锅炉之处在于锅炉启动系统。直流锅炉启动阶段，汽水分离器液位需要控制在较大范围内。以带启动循环泵的强制循环启动系统为例，锅炉在湿态运行时，通常情况下汽水分离器的液位通过启动循环泵出口的调节阀进行控制，当液位进一步上升时，分离器液位将通过分离器疏水箱至启动疏水扩容器的3个WDC疏水调节阀进行控制，WDC阀根据分离器的液位测量信号进行分程控制。

2. 煤水比控制

直流锅炉的主蒸汽温度主要通过煤水比进行调节，因此煤水比指令信号的计算极为重要。以玉环电厂工程所采用的三菱锅炉为例，其煤水比信号指令来自于汽水分离器入口的蒸汽过热度偏差，同时兼顾一级过热器出口联箱蒸汽过热度偏差和二级后墙过热器入口母管蒸汽过热度偏差，即煤水比控制用于确保上述各位置点的蒸汽过热度在设定范围，从而保证主蒸汽温度控制在一定范围。当煤水比无法控制而超限，蒸汽温度仍然上升时，喷水调节阀将用于主蒸汽温度的控制。

七、主要成套配供控制装置的选择

1. DEH

目前，国内超超临界机组主设备（汽轮机、锅炉、发电机）均是由国内三大动力设备厂引进国外技术制造的，相当多的关键部件还是全部进口。对于汽轮机DEH，国内汽轮机制造厂还无法熟练掌握，如果贸然纳入DCS，业主方一般也不放心，所以DEH基本上还是由汽轮机厂随主设备配套提供，这样有利于保证汽轮机的安全、稳定运行。但在工程设计中发现了一些值得注意的情况。例如，汽轮机DEH的控制范围包括汽轮机相关辅助系统（润滑油、盘车、抽汽、轴封、疏水等系统），这样有利于汽轮机控制的完整性，但会在一定程度上增加DEH与DCS接口点的数量。如汽轮机抽汽阀控制放在DEH控制，但高压加热器测量信号还是在DCS，那么，当高压加热器液位高高需要隔离加热器时，还需将高压加热器液位高高信号送至DEH，这就增加了系统的复杂程度。更重要的是，由于DEH自成一体，如果DEH与DCS间通信故障，运行人员将无法利用DCS的操作员站完成汽轮机的监控。所以，实际设计中一般保留了DEH的操作员站和打印机设备，这对集控室操作台的布置会造成一些麻烦。

2. MEH

目前，国内超超临界机组的给水泵汽轮机几乎都是进口的。与汽轮机DEH相同，给水泵汽轮机厂家基本上都坚持要配供给水泵汽轮机电液控制系统（MEH），而不愿将MEH纳入 DCS。超超临界机组的给水泵汽轮机 MEH 控制范围比以往国产 MEH 的范围要大（包括给水泵汽轮机的润滑油、盘车、轴封、疏水等系统），这对给水泵汽轮机的控制本身并没什么不好，但如果 MEH 与 DCS 通信配合不好，集控室操作台上还需布置 MEH 的操作员站，最终造成机组操作员站数量偏多，这与目前广为倡导的缩小集控室面积的设计要求有所冲突。

八、机组保护

与常规设计相同，机组保护主要包括锅炉主燃料跳闸保护（MFT）和汽轮机紧急跳闸保护（ETS）两部分。MFT 保护逻辑由 DCS 的炉膛安全监控系统（FSSS）子系统中一对独立的控制器完成，ETS 由汽轮机制造厂配套提供，采用独立的控制装置完成。由于超超临界直流炉对给水的要求严格，锅炉主燃料跳闸保护中主要增加了锅炉断水保护。此外，为防止汽轮机进水及确保给水指令为零，MFT 逻辑中增加了 MFT 动作后给水泵跳闸的要求。ETS 保护的主要内容较常规设计增加了不少，如发电机定子冷却水流量低低（4～20mA，3 取 2 保护动作）；发电机定子绕组进水温度高（Pt100，3 取 2 保护动作）；发电机 A、B 侧漏液液位高（开关量信号，3 取 2 保护动作）；发电机冷氢 A、B 温度高（Pt100，3 取 2 保护动作）；发电机励磁机热风温度高（Pt100，3 取 2 保护动作）；发电机汽轮机端、励磁端及励磁机轴瓦温度高（T 分度热电偶，3 取 2 保护动作）。上述机组保护内容上的差异，除超超临界机组本身的一些要求外，很多部分是制造厂在工程设计中的一些特有设计习惯。

九、热控主要检测仪表选型

热力过程的检测主要是检测压力（差压）、温度、流量、物（料）位、转速、振动等信号。其中，物（料）位、转速、振动等的检测仪表发展比较成熟，测量比较可靠，设备选型空间较大，测温元件、变送器、仪表阀门及执行机构等设备的选型还应给予重视。

1. 测温元件

超超临界机组温度达 566℃以上，压力达 25MPa 以上，因此对其四大管道上测温元件的选择要求非常慎重。对于高温介质，E 型热电偶和 K 型热电偶比较合适，但温度高于 500℃时，E 型热电偶易发生氧化。目前已运行的超超临界机组用于高温、高压的测温元件多采用 K 型热电偶。四大管道（主蒸汽管道、再热冷段蒸汽管道、再热热段蒸汽管道、高压旁路和低压旁路管道）测温元件套管的选择，在常规机组高温、高压测量中应用较多的是 13T 型热电偶，但其只适用于参数为 565℃/29.4MPa 的介质，不适用于超超临界机组。

目前，热电偶厂家已经在频率共振、套管强度等方面进行了理论计算，并开发了相应的产品。对于主蒸汽、再热蒸汽管道上的温度测点，热电偶套管的材料选择是一个值得考虑的问题。当前国内对异种钢的焊接均需进行特别培训和工艺评定，程序较复杂，所以应尽可能避免异种钢焊接。超超临界机组主蒸汽管道设计材质一般均为 P92，再热蒸汽热段管道设计材质均为 P91。根据以上情况，超超临界机组温度测温有两种配置方案：①测温元件套管与管道同材质；②测温元件套管与管道不同材质，采用 1Cr18Ni9Ti 不锈钢材质。两种配置方案在各自电厂中应用，运行情况均良好，但两者各有利弊：采用与管道同材质的方案简单可靠，满足了超超临界机组温度、压力等方面的要求，也避免了异种钢焊接问题，但无论是 P91 还是 P92，两者都会生锈，在使用一段时间后，热电偶可能会锈死在套管内，如果热电偶出现故障，需要更换时无法取出，则必须重新开孔，还有的热电偶用于调节回路，将给运行带来很大麻烦。采用与管道不同材质的方案，利用1Crl8Ni9Ti不锈钢的耐温耐压特性，但1Cr18Ni9Ti不锈钢材质的热膨胀系统大于P91、P92材质，在机组运行中会产生热膨胀应力，对热电偶套管是一个潜在的不稳定因素。

2. 变送器

变送器在现场检测仪表中占较大比例，因此产品选型与机组过程检测和控制性能密切相关。总的来说，超超临界机组在变送器选型方面与常规亚临界机组基本上没有差别，只是超超临界机组的管道压力较亚临界和超临界机组高一些。在进行主蒸汽和给水管道压力变送器选型时（以ROSEMOUNT变送器为例），3051C型产品的量程已无法满足要求，只能选择3051T型。应注意，3051T为压阻型产品，3051C为电容膜盒式，只要量程适合，还是应该选择3051C型产品。此外，对于高压管道中的差压变送器，应注意静压是否满足管道的工作压力要求。高压给水管道中差压变送器的静压已达到40MPa，所以3051C型产品可能无法满足要求，工程设计中选择3051S型产品的较多。

3. 仪表阀门

在超超临界机组仪表阀门选型中，一次阀门材质须按被测介质可能达到的最高压力和最高温度选择，并能完全满足管道水压实验；同时，还要慎重考虑焊接工艺要求，二次阀门、排污阀、试验阀及管道附件的材质应满足可能达到的最高压力和排污时的最高温度要求。仪表阀门选型时，应保证阀门的温压曲线同时满足要求。常规做法为：仪表一次阀门多以2个工艺阀门串联使用，与导压管的连接形式为直接焊接，这与超临界机组仪表阀的选型类似。

4. 执行机构

执行机构分为电动、气动、液动三种形式。目前，如果工艺设备厂家无特殊说明，应用较多为电动、气动执行机构。结合几个已投产的超超临界机组运行经验，在选型过程中应注意以下三点：

（1）防护等级。电动执行机构内部控制元器件及主板均为电子产品，防护等级太低将造成其无法正常工作，建议室内应不低于IP56（不带机械制动）和IP55（带机械制动），室外应不低于IP66。

（2）智能性。随着国内外执行机构厂家技术水平的提高，智能一体化执行机构的优势越来越显著，从节省工程造价、提高自动化程度、降低故障率等方面考虑，智能型执行机构应作为首选方案。

（3）区域性特点。由于南、北方存在区域性差异，执行机构还要考虑区域环境的影响，特别是华北地区温度较低，主、辅设备露天安装方式较多，仪表用压缩空气管路易结露、结冰，须考虑防冻伴热。建议华北区域内电厂的执行机构，除大力矩阀门挡板、特殊要求快开关型阀门采用气动执行机构外，其余尽量选用电动执行机构。

第三节 超超临界机组控制系统的组成

一、DCS系统

DCS系统覆盖功能范围如下：

（1）数据采集系统（DAS）。

（2）模拟量控制系统（MCS）。

（3）顺序控制系统（SCS）。

（4）锅炉炉膛安全监控系统（FSSS）。

（5）给水泵汽轮机控制系统（MEH）。

（6）给水泵汽轮机紧急跳闸系统（METS）。

二、锅炉中主要的 MCS 控制系统

锅炉中主要的 MCS 控制系统包括：

（1）启动控制系统。保持在机组启动/停止时流过水冷壁的流量为 25%MCR，包括锅炉循环水控制和汽水分离器储水箱液位控制两个控制回路。

（2）给水流量控制。控制锅炉蒸发量。

（3）水燃比控制。控制主蒸汽温度。

（4）主蒸汽压力控制。汽轮机高压旁路阀关闭后，水燃比主控完成压力控制直到直流状态。

（5）主蒸汽温度控制。

（6）再热蒸汽温度控制。

（7）风量控制。

（8）炉膛压力控制。

（9）磨煤机控制。

（10）燃油流量控制。

三、锅炉 FSSS 控制系统

锅炉 FSSS 控制系统主要包括：

（1）油/煤燃烧器点火逻辑。

（2）油/煤燃烧器火焰监测。

（3）MFT 跳闸逻辑，如主蒸汽压力高、给水流量低、临界火焰丧失（1/4 燃烧器熄火）、再热器保护等。

四、控制水平

锅炉、汽轮机、发电机及厂用电均采用计算机监控为主要手段，运行人员在汽轮机、锅炉、发电机、网控单元集中控制室通过操作员站及大屏幕显示器实现对机组的控制，即机组的正常启停、运行工况的监视和调整，以及异常、事故工况的报警和处理。仅在 DCS 操作台上配置锅炉、汽轮机、发电机—变压器组的硬接线紧急停止按钮及少量设备的硬接线操作按钮，以保证机组在紧急情况下安全、快速停机。

DCS 和 DEH、MEH、汽轮机旁路控制系统（BPC）等之间的控制、保护信号交换应通过硬接线（I/O 过程通道）完成，各系统之间用于显示的信号由信息高速公路传送。

第四节 超超临界机组分散控制系统的结构

以某发电厂 2×660MW 机组为例，对 660MW 超超临界机组控制系统的结构进行说明，其分散控制系统采用了EMERSON公司的OVATION分散控制系统。

一、系统总体结构

两台单元机组DCS系统的总体结构设计如图1-3所示。

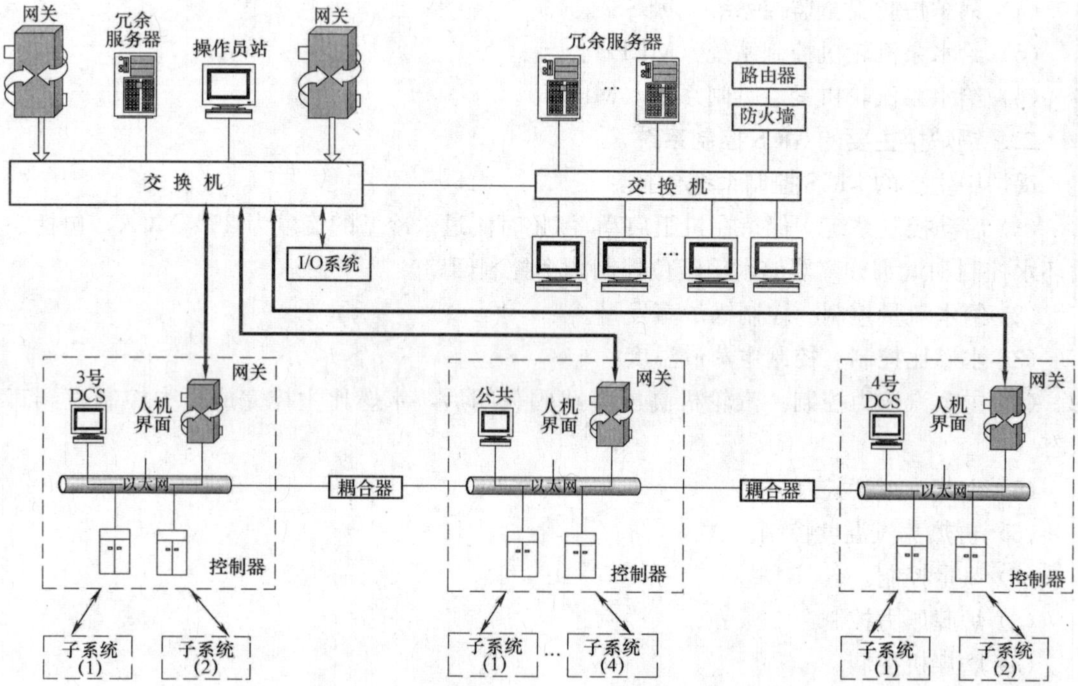

图1-3 两台单元机组DCS系统的总体结构设计

总体结构说明如下：

（1）2台单元机组每台配置1套DCS系统，完成机组的全部控制功能；公共系统配置1套单独的DCS，完成公用厂用电系统、空气压缩机控制、中央水泵房、补给水泵房等功能。

（2）2套DCS系统通过网桥与公共系统DCS实现连接。OVATION系统采取内外网分开的方法，内网限制只有OVATION系统内的设备可以挂在数据高速公路上，系统经路由器防火墙与外部通信联系。

（3）公共系统DCS上不设操作员站，公共系统的监视、控制由单元机组DCS上的操作员站完成，每个单元机组的DCS都可对公共系统进行操作，并通过互锁逻辑保证在同一时间只有1台单元机组的DCS对公共系统进行控制，（通过人工选择来设定）由哪个单元机组的DCS对公共系统进行控制。

（4）网络结构杜绝了单元机组DCS的相互耦合。

二、单元机组DCS系统配置

（1）每个单元机组配置的DCS系统构成，如图1-4所示，配置4台操作员站；配置1台服务器/工程师站、1台工程师站，完成控制器的组态、监视、维护；配置1台历史站，完成历史数据的记录、存储、检索、回放功能；配置1台性能计算站、1台智能设备管理站；配置2台网络打印机，用于打印图形、记录、报表等。

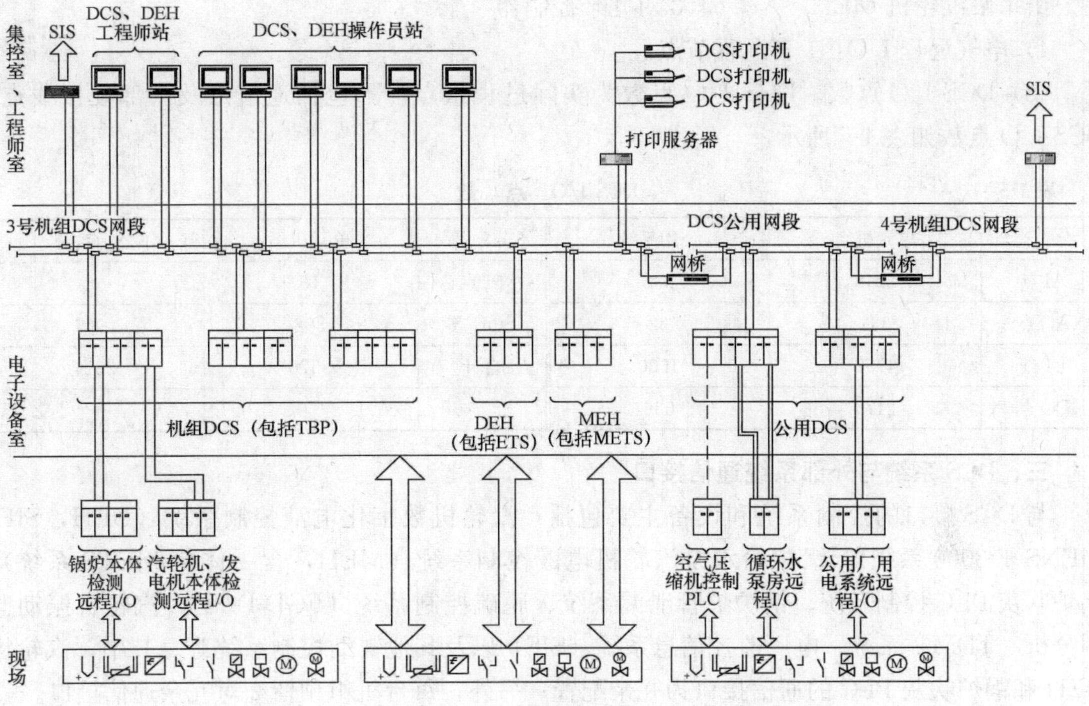

图 1-4 660MW 单元机组配置的 DCS 系统构成组态图

（2）单元机组配置 24 对冗余控制器和 1 套远程节点，为公用系统配置了 1 对冗余控制器，分配如下：

1）3 号单元机组：

MCS	4 对冗余控制器
BSCS	3 对冗余控制器
FSSS	4 对冗余控制器
ECS	2 对冗余控制器
TSCS	5 对冗余控制器

2）公用系统：

空气压缩机/机组公用系统	2 对冗余控制器
给水泵汽轮机 MEH	3 对冗余控制器
循泵房	2 对冗余控制器
脱硝（脱硝氨区）	1 对冗余控制器

3）4 号机组：

FSSS	4 对冗余控制器
MCS	4 对冗余控制器
BSCS	3 对冗余控制器
TSCS	5 对冗余控制器
ESS	2 对冗余控制器

给水泵汽轮机 MEH　　　　3 对冗余控制器

4）电气远程 I/O：1 套远程节点。

（3）DCS I/O 点数。DCS I/O 点数为实际过程量点，不包括通信点及内部硬接线点。DCS I/O 点数如表 1-5 所示。

表 1-5　　　　DCS I/O 点数

分类	单元机组	公用系统	分类	单元机组	公用系统
AI 点	2248	552	PI 点	16	
AO 点	332	32	SOE 点	352	96
DI 点	4752	1600	合计	9576	2816
DO 点	2176	536			

三、DCS 系统与外部系统通信接口

与 DCS 接口的控制系统和设备主要包括：汽轮机数字化电液控制系统（DEH，SIEMENS T-3000 系统）、锅炉给水泵汽轮机电液控制系统（MEH，含一体化 METS 系统）、锅炉吹灰 PLC 控制系统、锅炉炉管泄漏系统、脱硫控制系统（FGD-DCS）、汽轮机振动监测分析（TDM）系统、电厂监控信息系统（SIS）以及其他辅助控制系统等。其中，汽轮机 DEH 和锅炉吹灰 PLC 的通信接口为冗余配置；另外，每台机组预留 2 对冗余通信接口。

此外，汽轮机控制系统（DEH）、汽轮机紧急跳闸系统（ETS）由汽轮机厂配套，采用德国 SIEMENS T-3000 控制系统，由 EMERSON 公司统筹 DCS 与它们的连接及应用软件的设计组态。

第二章

超超临界机组分散控制系统

第一节　超超临界机组分散控制系统概述

一、分散控制系统概述

目前发电厂使用的分散控制系统主要有 EMERSON（原 WESTING HOUSE）公司的 OVATION，ABB 公司的 N-90、INFI-90、SYMPHONY，FOXBORO 公司的 I/A，SIEMENS 公司的 TETEPERM-XP，日立公司的 5000M，L&N 公司的 MAX 1000 等。国产分散控制系统主要有新华控制工程有限公司的 XDPS、国电智深公司的 EDPF-NT 分散控制系统以及和利时的产品等。下面将对目前发电厂常用的几种具有代表性的分散控制系统进行介绍，其他的分散控制系统在结构和性能上基本相同。

1. 分散控制系统的特点

分散控制系统也称分布式控制系统，其实质是计算机技术对生产过程进行集中监视、操作、管理和分散控制的一种新型控制技术，其功能特点是：通用性强、系统组态灵活、控制功能完善、数据处理方便、显示操作集中、人机界面友好、安装简单、规范化、调试方便、运行安全可靠等。

2. 分散控制系统的构成

作为一种纵向分层和横向分散的大型综合控制系统，分散控制系统以多层计算机网络为依托，将分布在全厂范围内的各种控制设备的数据处理设备连接在一起，实现各部分信息共享的协调工作，共同完成控制、管理及决策功能。

（1）分散控制系统的硬件设备由管理操作应用工作站、现场控制站和通信网络组成。管理操作应用工作站包括工程师站、操作员站、历史数据站等各种功能服务站。工程师站提供技术人员生成控制系统的人机接口，主要用于系统组态和维护，技术人员也可以通过工程师站对应用系统进行监视。操作员站提供技术人员与系统数据库的人机交互界面，用于监视可以完成数据的状态值显示和操作员对数据点的操作。历史站用于保存整个系统的历史数据，供组态软件实现历史趋势显示、报表打印和事故追忆等功能。现场控制站用于现场信号的采集处理、控制策略的实现，并具有可靠的冗余保证、网络通信功能。通信网络连接分散控制系统的各个分布部分，完成数据、指令及其他信息的传递。为保证分散控制系统的可靠性，电源、通信网络、过程控制站都采用冗余配置。

（2）分散控制系统的软件由实时多任务操作系统、数据库管理系统、数据通信软件、组态软件和各种应用软件组成。

(3) 分散控制系统在结构上采用模块化设计方法，通过灵活组态、合理的配置，可以实现火电机组的模拟量控制系统（MCS）、数据采集系统（DAS）、锅炉燃烧控制和炉膛安全系统（FSSS）、顺序控制系统（SCS）等功能。

3. 名词术语解释

(1) 分散控制系统（DCS）：控制功能分散、风险分散、操作显示集中，采用分布式结构的智能网络控制系统。

(2) 数据采集系统（DAS）：采用数字计算机控制系统对工艺系统和设备的运行参数、状态进行检测，对检测结果进行处理、记录、显示和报警，对机组的运行情况进行运算分析，并提出运行指导的监视系统。

(3) 模拟量控制系统（MCS）：通过控制变量自动完成被控制变量调节的回路。

(4) 协调控制系统（CCS）：将锅炉—汽轮发电机组作为一个整体进行控制，通过控制回路协调锅炉、汽轮机在自动状态下运行，给锅炉、汽轮机的自动控制系统发出指令，以适应负荷变化的需要，尽最大可能发挥机组的调频、调峰能力，它直接作用的执行级是锅炉燃料控制系统和汽轮机控制系统。

(5) 顺序控制系统（SCS）：对火电机组的辅机及辅助系统，按照运行规律规定的顺序（输入信号条件顺序、动作顺序或时间顺序）实现启动或停止过程的自动控制系统。

(6) 炉膛安全监控系统（FSSS）：对锅炉点火和油枪进行程序自动控制，防止锅炉炉膛由于燃烧熄火、过压等原因引起炉膛爆炸（内爆或外爆）而采取的监视和控制措施的自动系统，其包括燃烧器控制系统（BCS）和炉膛安全系统（FSS）。

(7) 自动发电控制系统（AGC）：根据电网对各电厂负荷的要求，对机组发电功率由电网调度进行自动控制的系统。

(8) 总燃料跳闸（MFT）：保护信号指令动作或由人工操作后，快速切断进入炉膛的所有燃料而采取的措施。

(9) 汽轮机数字式电液控制系统（DEH）：由按电气原理设计的敏感元件、数字电路，以及按液压原理设计的放大元件和液压伺服机构构成的汽轮机控制系统。

(10) ATC或ATSC汽轮机自启动：根据汽轮机的运行参数和热应力计算，使汽轮机从盘车开始直到带初负荷按程序实现自启动。

(11) 超速保护控制功能（OPC）：一种抑制超速的控制功能，常见的有以下两种：①当汽轮机转速达到额定转速的103%时，自动关闭中、高压调节阀门；当转速恢复正常时，开启这些阀门，以维持额定转速。②当汽轮机转速出现加速度时，发出超弛指令，关闭高、中压调节阀门；当加速度为0时，由正常转速控制回路维持正常转速。

(12) 旁路控制系统（BPC）：汽轮机旁路系统的自动投入和旁路系统蒸汽压力、温度等自动控制系统的总称。

(13) 汽轮机的紧急跳闸系统（ETS）：在汽轮机的运行过程中，机组重要参数越线等异常工况下，实现紧急停止汽轮机运行的控制系统。

(14) 给水泵电液调节系统（MEH）：采用微型计算机控制和液压执行机构实现控制逻辑，驱动给水泵汽轮机的控制系统。

(15) 不间断电源（UPS）。

（16）辅机故障减负荷（RB），是针对机组主要辅机故障采取的控制措施，即当主要辅机（如给水泵、送风机、引风机）发生故障，机组不能带满负荷时，快速降低机组负荷的一种措施。

二、分散控制系统维护

1. 系统维护的主要内容

分散控制系统的运行维护主要包括系统在投运前应做好必要项目的检查，检查合格且一切准备就绪后系统上电，按照相关步骤启动系统，并验收系统各部分正常后，投入在线运行。系统正常运行后，做好日常维护工作，发现问题后及时查明原因进行处理，并根据热控系统的运行工况，决定热控设备的投入与退出。

2. 分散控制系统常见故障

（1）通信网络类故障，主要有节点总线故障、就地总线故障、地址标识的错误。

（2）硬件故障，主要有人机接口故障、过程通道故障。

（3）人为故障，在系统维护或故障处理时的误操作现象。

（4）电源故障。

（5）SOE 工作不正常。

（6）干扰造成的故障。

3. 分散控制系统故障紧急处理措施基本原则

（1）分散控制系统紧急处理措施。当全部操作员站出现故障时（所有上位机黑屏或死机），若主要后备硬手操及监视仪表可用且暂时能够维持机组正常运行，则转为后备操作方式，同时排除故障并转入操作员站运行方式，否则应立即停机、停炉。当分散控制系统通信网络发生故障时，造成所有数据不能进行刷新（死机），按上条措施执行。当主要模拟量控制 MCS 系统通信网络故障或主、副控制单元 DPU 均出现故障（死机或失电）时，对无可靠后备硬手操及监视仪表的机组，当无法维持机组的安全可靠运行时，应立即采取停机、停炉。当 FSSS 系统通信网络发生故障或主、副控制单元 DPU 均出现故障（死机或失电）时，对无可靠后备硬手操及监视仪表的机组，在无法维持机组的安全可靠运行时，应立即采取停机、停炉。

（2）分散控制系统各功能故障紧急处理措施。当部分操作员站故障，只有少数操作员站可监视和操作时，应由可用操作员站继续维持机组稳定运行，但此时应停止重大操作，并做好事故预想，联系检修人员处理。DEH 失电造成汽轮机跳闸时，应按汽轮机跳闸处理。若未造成汽轮机跳闸，则将 DEH 切至硬手操，继续维持机组稳定运行，但此时无特殊情况应停止操作，并做好事故预想，立即联系检修人员处理。FSSS（或 CCS）失电后 MFT 保护应及时动作，否则应手动停机、停炉。

（3）一对 DPU 同时离线的紧急处理措施。当分散控制系统控制单元 DPU 的一对主、副 DPU 均离线故障时，无须进行停机，而应立即联系检修人员进行处理。检修维护人员应检查哪些点被其他系统调用，并参与了保护或联锁，在升为主控前，应将保护或联锁进行暂时解除。当 ECS 系统控制单元（DPU）的一对主、副 DPU 均发生离线故障时，无须进行停机，而应立即联系检修维护人员进行处理，根据机组实际运行情况，做好相应安全措施后，在线更换 DPU。一般 MCS 系统控制单元（DPU）的一对主、副 DPU 均发生离线故障后，根据机组运行情况，若运行参数达到停机、停炉时，应采取紧急停止机组运行的措施。SCS系统控制单元（DPU）的一对主、副DPU均发生离线故障后，尽量稳定机组运行，运行人员加强监视，立即联系检修人员进行处理。不能维持设备运行（运行设备跳闸，备用设备无法启动）时，应采取紧急停止机组运行的措施。FSSS系统控制单元（DPU）的一对主、副DPU均发生离线故障后，应采取紧急停止机组运行的措施。DEH系统控制单元（DPU）的一对主、副DPU均发生离线故障后，将DEH切至硬手操，继续维持机组稳定运行，但此时无特殊情况应停止操作，并做好机组事故预想，同时立即联系检修维护人员进行处理，在线更换DPU。

（4）单DPU离线的紧急处理措施。无论哪个系统控制单元（DPU）的单DPU离线故障，运行人员都应及时联系检修人员进行处理，及时分析离线原因，进行在线维护或更换。

（5）组态文件丢失的紧急处理措施。当DAS系统、ECS系统、DEH系统控制单元（DPU）的一对主、副DPU的组态文件发现丢失时，运行人员应及时联系检修人员进行处理。检修维护人员应进行如下处理：下装组态文件至副控状态的DPU，根据测点调用情况，确认哪些点需要进行强制，在强制完毕后，将副控DPU升为主控。当MCS系统控制单元（DPU）的一对主、副DPU的组态文件发现丢失时，运行人员应及时联系检修维护人员进行处理。根据组态文件丢失或后备硬手操及监视仪表设置的实际情况，决定是否打闸停机、停炉。检修维护人员应按下列步骤进行处理：通过对副控DPU下装完整组态，在升为主控之前检查组态文件，确认组态文件无误，对可能引起扰动的设备，其AO输出应根据现场设备的实际反馈值进行置值，全部确认无误后再将副控DPU升为主控。当SCS系统控制单元（DPU）的一对主、副DPU的发现丢失时，运行人员及时通知检修人员进行处理。根据组态文件丢失的实际情况，决定打闸停机、停炉，或按下列步骤实施抢救：通过对副控DPU下装完整组态，在升为主控之前检查组态，确认组态无误。对会引起扰动的设备，其DO输出应根据现场的实际设备反馈置值，全部确认无误后再将副控DPU升为主控。FSSS系统控制单元DPU的组态文件发现丢失时，应紧急停止机组运行。

第二节　OVATION分散控制系统

一、概述

EMERSON OVATION分散控制系统的Plant Web（数字化工厂管控网）解决方案是一种基于数字总线的电厂自动化和控制方法。该方案结合了高速通信网络、智能现场设备、资产管理软件和总线I/O技术。

典型的OVATION DCS控制系统由控制器、网络层和人机接口构成，如图2-1所示。

控制器是OVATION DCS控制系统的核心。控制器采用背板式PC结构和双重冗余结构，其中冗余控制器处于热备用状态。

冗余控制器对的主要功能包括实时监控、扫描、刻度变换、检测全部过程输入/输出控制信息、数据采集、回路调节、SOE处理、顺序控制并在OVATION以太网上广播点信息。

OVATION数据高速公路采用了标准化的商用快速以太网，网络拓扑为两层星形结构。

多层星形拓扑结构是由多个集线器配置不同的层次而形成，头端集线器有类似于单层集线

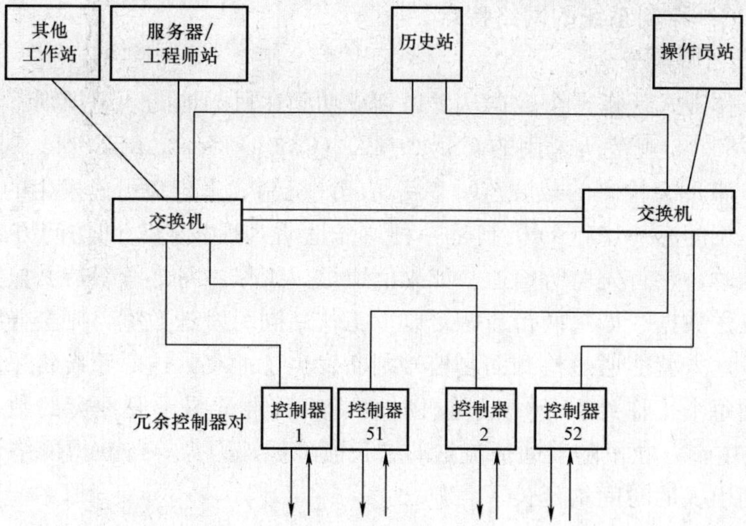

图 2-1 OVATION 系统结构示意

器的功能，而中间集线器的作用是将低层的信号在高层重发，所有高层的信号都在低层出线上重发。这样，逻辑上总线的特性得到保持，一个站点发出的信号可以被任何其他站点接收。

OVATION 网络结构如图 2-2 所示。

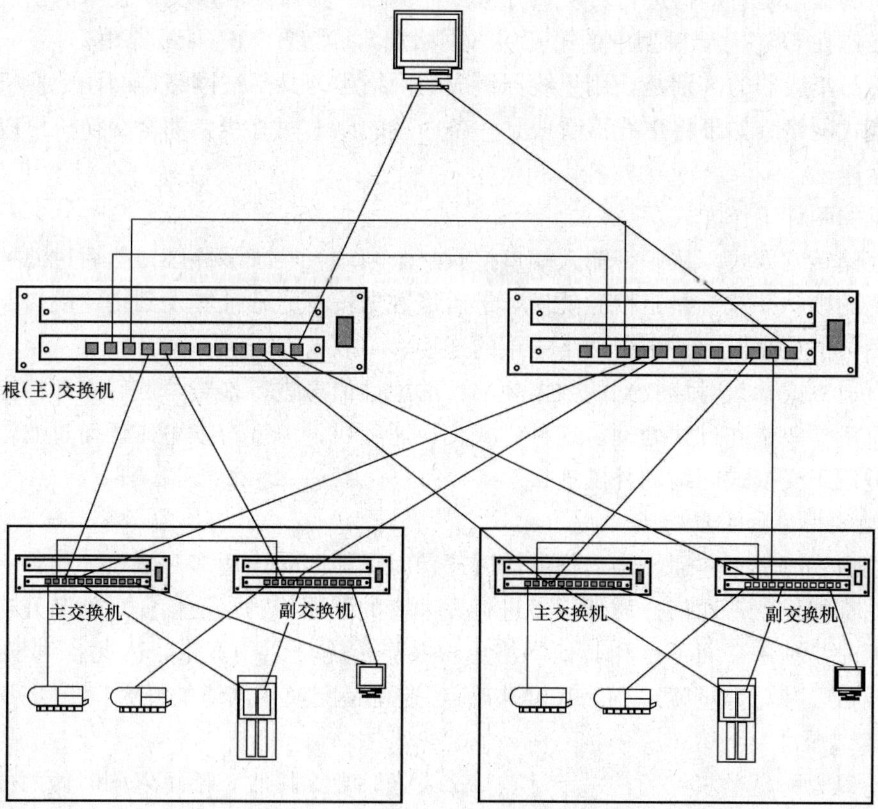

图 2-2 OVATION 网络结构示意

二、OVATION 控制系统的网络特点

1. 快速以太网一般概念

以太网的工作方式是指一个数据从发送到成功到达目的地的一组规则。目前使用的以太网中都用 IEEE 802.3 规范所采用的 CSMA/CD（Carrier Sense Multiple Access with Collision Detection，带冲突检测的载波监听多路访问）机制，来避免可能发生的冲突。

以太网中使用的 CSMA/CD 机制是一种“先监听，后发送”的访问方式。当一个工作站有数据要发送时，它首先监听信道。如果信道忙，工作站将继续等待并监听，如果发现信道闲，则开始发送数据。如果两台或两台以上工作站同时发送数据，则会导致冲突发生。如果冲突发生，发送方就能通过检测回复信号判断发生了冲突，这时系统将采取一种工作机制（延时算法），使每个工作站等待一段随机时间，然后再试图重发冲突的数据。在使用 CSMA/CD 的网络中，吞吐量随着通信流量的增长而降低，因为等待获得网络访问权的时间以及为消除冲突而引入的时间均延长了。

2. 集线器（Hub）

集线器在 OSI 七层模型中处于第二层（数据链路层 MAC 层）。依据 IEEE 802.3 协议，集线器的作用是按 CSMA/CD 算法，随机选出某一端口的设备独占全部带宽，与集线器上连接的设备进行通信。这种连接站点不宜过多，否则冲突会过于频繁。

3. 交换机（Switch）

交换机的作用是对数据进行转发，并减少冲突域。随着第三层交换技术的出现，少数交换机已经工作在 OSI 七层模型中的第三层（网络层），实现了 IP/IPX 路由。

交换机与集线器的区别是：用集线器组成的网络称为共享式网络，而用交换机组成的网络称为交换式网络。如果将集线器看成是一条内置的以太网总线，那么交换机可以看成是多条总线的互连。

交换机的两种工作方式：

（1）存储转发方式。从一个输入端口接收一个帧放入共享缓冲区，然后过滤掉不健全的帧和有冲突的帧，并进行差错校验处理，最后将数据按目的地址转发到指定端口。这种方式交换质量高，但速度慢，适用于网络主干的连接。

（2）直通方式。只对接收到的数据帧的目的地址信息进行检查，然后立即按指定的地址转发出去，不作差错和过滤处理。这种方式交换速度快，由于对帧不作任何过滤，因此误码率较高，适用于交换式网络的外围连接。

4. 交换式网络的主要特点

所有端口平时都不连通。当工作站需要通信时，能同时连通多对端口，使每一对相互通信的工作站都能像独占通信介质那样，进行无冲突的数据传输，通信完后就断开连接。由于用户在通信时是独占，而不是和其他网络用户共享传输介质的宽带，因此，对于拥有 N 对端口的交换机，其总容量就是 $N\times100$Mbit/s，这正是交换式网络的最大特点。

5. 全双工操作

传统上以太网是半双工的：一个站点要么发送，要么接收，不可以同时做两件事。全双工方式可同时做这两件事，理论上其传输速率可达到 200Mbit/s。

为了使用全双工工作方式，必须使用全双工网卡，中心节点不能使用 Hbu 多端转发器，

而应改为交换集线器。在这种情况下，每个站点构成一个单独的冲突域。事实上不再有冲突，不再需要 CSMA/CD 算法。

6. 自动协商

自动协商使得在一个链路上的两个设备能够交换关于它们能力的信息，即 10Mbit/s 还是 100Mbit/s。OVATION 的交换机不采用自动协商方式。

7. 快速以太网组态

目前，OVATION 仅支持一种网络拓扑结构，要求必须按照 Westinghouse 公司的规则配置网络。因此，只有 Westinghouse 公司提供型号的 Switch 才可以使用，且 Switch 组态定义后才可使用。

三、OVATION 控制器的特点及功能

1. 控制器

西屋过程控制有限公司［Westinghouse Process Control，Inc（WPC）］推出的 OVATION 控制器，建立在开放的工业标准基础之上，是最有效的工业过程控制器。由于在系统心脏配有英特尔奔腾处理器，因此 OVATION 控制器能使发展极为迅速的微处理器技术容易地结合进系统中。Ovation 软件的投资可通过使用与 PC 相兼容的 32 位多任务实时操作系统得到保护。OVATION 控制器可以监测 6000～16 000 个原始点，具体情况由最新 RAM 及可获得的过程处理能力决定，即每次用于扫描、转换及限值检测的能力。OVATION 控制器执行简单或复杂的调节和顺序控制策略，能实现数据获取功能，可以与 OVATION 数据接口网络及 I/O 子系统连接。标准化的 PC 结构和相应的 PCI/ISA 总线接口使控制器可以与其他标准 PC 产品连接和运行。

控制器采用市场上可获得的多任务实时操作系统（RTOS）内核处理。RTOS 应用于执行和协调控制，以及与网络的通信及控制器内的一般资源管理。

OVATION 控制器采用的奔腾处理器内核使其具有最优的性能价格比，也使发展极为迅速的微处理器技术可以容易地结合进系统中。OVATION 软件可以在运行了完全 32 位抢先式多任务实时操作系统的 PC 兼容机上使用。

OVATION 控制器的特点如下：

（1）能驱动一组不同应用，包括网络应用。

（2）为备份控制器提供无扰动自动超越故障功能。

（3）与可获得的第三方软件包兼容，如数据通信、控制或用户开发的 C 程序及仿真程序。

（4）支持多任务和优先级任务调度。

（5）完全遵从 POSIX 1003.11 开放系统标准。

（6）采用助记的标准字母顺序标签名表示过程点，而不是用复杂的注册顺序数或硬件地址及偏移量来表示。

（7）RTOS 占用的内存空间少于 50KB，并具有从快擦写内存存储和引导的能力。

（8）RTOS 的模块化结构仅提供本地需要执行和影响通信的控制功能。

（9）闪存（Flash Disk）采用标准的 IDE Disk 接口及可存储控制器的操作系统、控制逻辑、组态参数，不再需要 EPROM 和后备电池。

（10）控制算法数量少，功能强。算法由过去的245个减少到80个。算法带有跟踪选项。Ladder图和SAMA图表示控制逻辑。

2. 实时操作系统

OVATION与全面设计的操作系统（如UNIX）不同，它省去了相应于全面设计操作系统所花费的系统开销及存储和内存管理开销。作为一个市场上可获得的遵从POSIX的实时操作系统内核，OVATION操作系统对嵌入式应用十分理想，如OVATION控制器。为了便于实时控制和通信，RTOS提供了优先级多任务调度和通过TCP/IP的网络通信。网络通信借助于网络适配器，仅完成通信所需的物理与介质层处理。确定路径、点对点连通性和文件传输等高级功能由控制器的处理器作为任务来处理。RTOS不仅是OVATION网络执行TCP/IP的最有效工具，它也与其他实时操作系统，如Microsoft NT、Solaris和QNX兼容。

3. OVATION 硬件

OVATION控制器采用英特尔外围构件接口（PCI）奔腾处理器结构。PCI是用于奔腾或奔腾产品个人计算机的32位扩展总线接口。系统设计使用PCI总线，是为了容易与其他板级设备集成。

OVATION控制器可满足大量工程应用提出的要求，并且完成下列功能：连续（PID）控制、布尔逻辑运算、先进控制、特殊逻辑和定时功能、数据获取、顺序事件处理、冷端补偿、过程点扫描和限位检查、过程点报警处理、过程点数据转换为工程单位、过程点数据存储。

4. 标准控制器功能

（1）控制。借助于其奔腾处理器，OVATION控制器能同时执行至多5个从10ms到30s不同的过程控制频率。每个控制由I/O过程点和算法组成。

（2）事件发生序列。借助于I/O子系统和标准软件，提供了集成的事件序列处理能力，它以1ms的分辨率对用户设置的数字输入条件进行判断，并对发生的情况做事件序列记录。

5. 报警处理

基于每个过程点的定义，OVATION控制器在输入扫描期完成基本的报警处理功能，每个点的报警状态会被及时修正并在OVATION网上广播。例如，状态可能表明某点处于：①超出检测器检测范围；②超出用户定义限值；③状态改变；④超过增量限值。

如果愿意，报警报告可依据用户对其设置的时间长度对每一点做延时。当与工作站连接后，OVATION控制器可以报出六种独立的报警限位，包括：①四个高限值；②用户定义的高限值；③最高限值加上增量限值；④四个低限值；⑤用户定义的低限值；⑥最低限值加上增量限值。

工作站可以根据用户选择的报警定义对报警进行分类，报警在报警画面上可表示为警报或提示信息。

报警解除功能允许操作者给出一个确认，此时激活的报警就从报警表中解除了。在解除了一个报警之后，如果一个点改变了报警状态，则它将自动地返回其未解除状态。

6. 冗余

（1）OVATION控制器对关键部件设计了相应的多级别冗余，包括：网络接口，有效的处理器、内存和网络控制器，处理器电源，I/O 接口，输入电源供给，I/O 电源，辅助电源，远程 I/O 通信介质。

（2）完全冗余控制器装备有：双奔腾处理器、双网络接口、双处理器电源、双 I/O 电源、双辅助电源、双输入电源供电、双 I/O 接口。

尽管只有一个处理器处于控制状态，能够处理 I/O，但冗余两个处理器执行相同的应用程序，辅助处理器必须运行在备份、组态或离线状态。这两种状态称为控制状态和备份状态。

7. 控制状态

处于控制状态的主处理器的工作与无冗余控制器一样，它直接处理 I/O 读写、执行数据获取和控制功能。此外，主处理器还监视备份处理器及网络的运行状况。

8. 备份状态

处于备份状态的备份处理器实现诊断和监视主处理器状态的功能。备份处理器通过实时检测控制处理器的数据内存和接收主处理器发往 OVATION 网络的所有信息来维护数据的最新状态，包括过程点值、算法、调节常数、变量点属性。

9. 自动故障切换控制

OVATION 控制器的冗余是为了实现自动故障切换运行功能而装配的。自动故障切换运行是指，如果控制状态处理失败，监视器监测到电路没有驱动主处理器的 I/O 接口就通知备份控制器；然后，备份控制器就开始执行 I/O 控制和过程控制，并向 OVATION 网广播信息。跟踪算法输出值、回溯让上游信息通过，并且在第 1 次执行时使用这些数据，在出现故障的情况下实现无扰动地切换，全过程范围内的各种事件即可自动进行无扰动故障切换，包括：①控制处理器故障；②网络控制器故障；③I/O 接口故障；④控制处理器失电；⑤控制处理器复位。

一旦控制移交到备份处理器后，故障处理器可以被断电、修理和上电，对执行的控制策略都无副作用。重新启动时，修理好的处理器将检测到备份处理机的出现，并且调节自己的工作方式为冗余工作方式。OVATION 控制器提供了控制各种应用的能力，它具有良好的适应性。在工业软硬件标准平台上，控制器易于在工厂整个生命周期中升级换代。OVATION 用户可以通过简单地换掉 CPU 而使它们的控制器升级，在安装第三方设备时既迅速又容易。

OVATION 完全遵从开放系统 RTOS 内核到它的英特尔奔腾处理器，因此其控制器具有良好的可移植性，这种柔性特征可简化移植到新的控制平台的工作，从而降低操作和维护成本。

当执行简单或复杂的模块和顺序控制策略时，OVATION 控制器获得了最大的处理能力，完成数据获取功能，对关键应用执行无扰动冗余功能，所有这些特点都使 OVATION 控制器成为工业上最有效的控制器。

10. OVATION 控制器供电系统

西屋过程控制有限公司为了给其 OVATION 控制器和 I/O 线路提供可靠、稳定的供电，还设计了可转换供电模块。Ovation 控制器供电系统提供冗余 AC 和（或）DC 供电、冗余二极管脉冲主电源、每一控制器机架的分离电源、每一 I/O 线路冗余 DC 供电及当指定时为发送回路和数字触点提供辅助的 I/O 供电。OVATION 控制器供电系统由两个功率因数校正供电模块和一个电源分配模块组成。AC 或 DC 电源位于电源分配模块终端区，并分配给两个电源供电模块。不同的供电模块组能获得 AC 或 DC 输入。两个供电模块提供了一个冗余结构。AC 或 DC 供电对一个特定的机柜能混合使用。输入电能被滤波，功率因数校正也被使用，二极管脉冲输出供给了控制器机架和 I/O 线路。

如果需要，对发送回路和数字触点，供电模块能通过 24V 和 48V 电源和辅助电源给机柜使用的电源分配模块。

(1) OVATION 供电模块。OVATION 供电模块接受 AC 或 DC 输入，给出两个彼此隔离、独立的 DC 输出。OVATION I/O 供电包括以下五类：

1) 输入低压。针对低于 62V AC 或 62V DC 的低压输入保护。

2) 输入高压。针对最小设置的高于 307V AC 或 435V DC，最大设置的高于 322V AC 或 455V DC 的高压输入保护。保护是通过消弧保安电路提供的。

3) 热。当温度处于 80～90℃时关掉电源供给，重起电源供给在 70℃时。

4) 输出过电流。针对过载和短路设置的保护，这种保护的设置电流值是输出电流值的 105%～140%。

5) 保持时间。在全负载情况下，对完全的 AC 断开保持输出 32ms 持续时间，断开能在每一秒中重复。

(2) 控制器供电板。控制器供电板作为 DC/DC 转换器，接受两个 24V DC 输入源，给控制器提供 5V DC 和±12V DC 输出。控制器供电板有以下四类保护：

1) 输入低压。针对低于 9V DC 的低压输入保护。

2) 输入高压。针对最大设置的高于 33.25V DC 或最小设置的高于 29.7V DC 的高压保护。保护是通过消弧保安电路提供的。

3) 输出过电压。针对供电过电压保护，设置电压值是输出电压值的 125%～145%。

4) 输出过电流。为防止过载与短路而设置。

(3) 控制器供电输入的特点：

DC 输入	21～25V DC
冲击电流	5A 最大

四、OVATION I/O 模块的特点及功能

OVATION I/O 模块设计为标准组块，带内置故障容错和诊断功能的插入式元件。模块用符合 DIN 制标准的单点导轨固定，使安装的组态模块既快速又方便。内置的连接器取消了电源和通信之间的连接导线。由于采用了软件组态模块，因此不需要跳接器或其他元件。

为了减小维护量和降低库存成本，将 OVATION I/O 模块设计为多种类型的装配形式。由于采用了先进的电子技术，因此模块的功耗和成本更低。

OVATION I/O 模块在工业领域使用灵活，可用信号范围宽，功能多。提供的各种专业 I/O 模块具有回路接口、串口连接和脉冲累积功能。

1. OVATION I/O 子系统的特点

(1) 每台控制器最多可带 128 个模块。

(2) I/O 模块可本地设定地址。

（3）I/O模块可以安装在任何基架内。

（4）I/O基架内无连接电缆。

（5）每个现场连接端子上均有试针和探头固定器。

（6）基架内有备用熔丝固定器和跨接片。

OVATION I/O模块在功能、速度和可靠性方面有了显著的改进。依靠现代电子技术，OVATION I/O模块可以提供显著的低功耗和低热耗功能。新一代OVATION I/O采用模块形式，其标准化的DIN导轨固定模块，使其具有高密度组合、安装快速和整个系统占地空间小的特点。

由于几乎没有零部件，因此OVATION I/O模块不仅成本低，而且和其他系统相比，该系统运行更可靠，效率更高。在简单的插、拔卡过程中，系统始终处于在线、实用、全功能状态下运行。

2. 远程OVATION I/O模块

与控制器结合，远程I/O子系统可提供灵活、低成本的方法实现对整个工厂的各个关键部位的分散I/O控制。远程I/O子系统将高速、标准工业化通信技术和已被现场证实的技术相结合，贯穿在整个I/O模块中，这样可以保证远程I/O子系统满足大范围工业场合下的控制和信息处理要求。I/O模块越靠近现场设备，整个工厂的电缆需要量的减少就越明显。

除此之外，远程I/O子系统要比传统的本地控制结构更加灵活。在远程I/O子系统中，用户可以选择光纤通信或同轴电缆通信，将本地和远程I/O安装在一台控制器上。根据所选的通信介质不同，每个远程I/O接口能支持8个远程节点，而每个远程节点最多可以支持64个I/O模块。

和OVATION的其他系统一样，远程I/O子系统的可靠性在工业领域中是最好的。除了处理器具有冗余功能外，远程I/O子系统也具有冗余通信、周期通信诊断和纠错功能。

3. 远程I/O组态

OVATION远程I/O子系统组态方便，不需要修改数据库内容。它内在的灵活性，允许将本地和远程I/O以各种方式组态到一个单一控制器内。

4. OVATION I/O模块的特点

（1）操作温度：0～60℃（32～140℉）。

（2）插入式元件设计满足长期使用的可靠性要求。

（3）用单点DIN制标准导轨固定的模块，可快速、方便地安装和组态。

（4）内置连接器取消了供电和通信连接导线。

（5）利用电子ID，识别模块类型、组、系列号和版本号。

（6）少量的模块种类，降低了库存成本。

（7）高密度组合元件，减小了系统所占的空间。

（8）提供冗余电源，确保大系统的可靠性。

（9）热交换性能使系统维护更为简便。

（10）每个模块都有标准化的状态指示灯和彩码诊断信息。

远程 OVATION I/O 提供灵活、低成本的方法为整个工厂各个关键部位组织分布式 I/O 模块。

五、OVATION 工程师站、操作员站、历史站的功能

1. OVATION 操作员站

(1) 过程图显示：

1) 同时监控 8 幅过程图。

2) 矢量格式，任一窗口可无级缩放。

3) 小于 1s 的画面响应速度。

4) 支持过程图组显示。

(2) 趋势组显示：

1) 同时监控 4 幅实时趋势+4 幅历史趋势，每幅趋势 8 点。

2) 趋势表显示。

3) 多种布置方式可选。

(3) 报警监视：

1) 8 个报警级别。

2) 按级别或特征字符过滤显示。

3) 单点或整页报警确认。

4) 支持声响报警。

(4) 点信息：

1) 快速显示一个过程点的详尽资料。

2) 多种属性查询。

2. OVATION 工程师站

(1) 拥有操作员站的一切功能。

(2) 在线监控、修改、下载组态可同时进行。

(3) 功能强大的工具软件：

1) 图形编辑器（Graphic Builder）。

2) 控制生成器（Control Builder）。

3) 系统管理工具（Admin Tool）。

4) 报表生成器（Report Builder）。

5) C++ 语言（提供 OVATION 库函数供用户开发）。

6) 配置了 RAID 0 的磁盘阵列（2×73GB）。

3. OVATION 历史数据库

(1) OVATION 计算机监控系统的一部分、独立的 Oracle 数据库，是网络一个独立的支点。

(2) 应用扫描软件直接收集实时数据，直接存储。

(3) 软件自动扫描过程数据的例外报告并标定时钟标签：①100 000 点；②高速扫描（0.1～1s)；③500 点/0.1s。

(4) 历史站功能（软件包)：①报警记录；②事件记录；③操作员事件记录；④SOE 记

录；⑤历史趋势。

4. 历史站的配置

（1）MS Windows 2003 Server。

（2）存储方式。

（3）在线存储。

5. OVATION 控制组态（标准 SAMA 的控制软件包）

（1）控制算法由标准的 SAMA 图块表示。

（2）自动生成可加载的执行代码。

（3）自动生成与组态 SAMA 图一致的监控画面。

（4）自动完成 SAMA 之间的连接。

（5）在线修改，增减逻辑。

6. OVATION 报表管理器

（1）软件包提供报表生成功能和打印机管理功能。

（2）报表种类：①周期性报表；②事件触发报告；③操作员的按需报表；④SOE；⑤报警状态监视。

7. OVATION 控制系统常用控制算法模块

（1）模拟量控制常用算法模块。

1）三选中（MEDIANSEL）。

2）二选一（2×SELECT）。

3）加法器（SUM）。

4）函数发生器（FUNCTION）。

5）PID 调节器。

6）软手操器（MASTATION）。

7）控制方式切换器（MAMODE）。

8）控制输出平衡器（BALANCER）。

9）切换器（TRANSFER）。

10）常数发生器（AVALGEN）。

11）高、低监视器（HIGHLOWMON）。

12）低监视器（LOWMON）。

13）高监视器（HIGHMON）。

（2）逻辑控制常用算法模块。

1）TD ON（延时闭合）。

2）NOT（非门）。

3）ONESHOT（上升沿脉冲发生器）。

4）OR（或门）。

5）AND（与门）。

6）ASSINGN。

7）KEYBOARD（操作键盘接口）。

8. 控制算法基本概念

（1）算法符号定义。

1）——▸：实线实箭头，模拟量点（必须输入或输出）。

2）—▷：实线空箭头，数字量点（必须输入或输出）。

3）----▸：虚线实箭头，模拟量（任意）。

4）--▷：虚线空箭头，数字量（任意）。

（2）算法的硬件地址。当 MASTAION 算法与 LI 卡件相连接时，需要在 MASTAION 算法内填入 LI 卡件的硬件地址。

确定卡件地址的主要步骤如下：

1）通过点信息查看模块点记录。

2）选择模块点记录的 HARDWARE 标签，在 HD 字段中寻找十六进制表示的硬件地址。该算法需要卡件的基地址，因此将硬件地址中的“D”去掉，并将其换成“0”。

3）把该地址输入到 MASTATION 算法的硬件地址字段内，如 LI 卡的 HD＝0X9D，则填入 MASTATION 0X90。

（3）跟踪原则（在一张图内自动设置算法跟踪）。

1）若下游的跟踪有多个源，则跟踪最初建立的算法（小号算法），可以手动改变跟踪顺序。

2）BALANCER 算法不受限制，它可跟踪 16 个下游算法。

3）通过 EDIT 编辑算法清除算法的 TRIN 域即可消除跟踪。

4）出现下列情况，跟踪将被修改：①选择带有 TRIN 引脚的符号；②与 TRIN 引脚连接。

5）若非跟踪算法被插入到跟踪算法之间，则需人工建立跨越该算法的跟踪。

6）设置算法的 TPSC 和 BTSC 域实现抗积分饱和。

7）跨页跟踪需要人工在页连接符号填入跟踪点名和页号。

9. 算法跟踪策略

由跟踪信号在算法之间的传递来实现算法间的跟踪，这些信号可告知上游算法是否处在跟踪状态和下游算法需要什么值来取得当前的输出值。跟踪逻辑的插入是透明的，不需用户完成，而用户可以进行阻断跟踪逻辑。一般对于只有 IN1 输入的算法，都有一个用于跟踪的输出点 TOUT。TOUT 包括串接 IN1 变量的跟踪输出值、工作模式及状态输出信号。一些算法的 TOUT 作为上游算法的 TRIN（包括模拟量输入及限制、模式输入信号等），当前输入变量多于 1 个时，TOUT 就被传递给 IN1 输入端。

跟踪方式下：

PID 算法：设定值＝过程值，输出值＝跟踪输入值。

TRANSFER 算法：未被选中的那一端进入跟踪状态。

MASTATION 算法：第一次上电时读硬件值后设置回路跟踪传递，当跟踪输入为“真”时，所有算法都设置跟踪输出为“真”。

10. 几种主要算法功能

（1）三选中（MEDIANSEL）。

1）功能：监视 3 个模拟量输入的品质和相互之间的偏差。正常情况下算法的输出为 3

个输入模拟量的中间值；反之，算法确定为最好的或者尽可能正确的输入，或者以输入的平均值作为输出。

2）算法符号：三选中（MEDIANSEL）算法符号如图 2-3 所示。

算法输入信号：3 个输入模拟量（通常是硬件点）XA、XB、XC；

算法输出信号包括：OUT（中间值）、HI（选择高报警模拟量输出）、LO（选择低报警模拟量输出）；提供 12 个数字信号输出，表明算法输入的状态；1 个成组开关量点 PBPT，表明算法输入的状态。

（2）PID 控制器。

1）功能：PID 算法提供一个比例加积分加微分的控制器函数，输出值可由用户定义范围限制，并且在内部实现抗积分饱和。

2）算法符号：PID 算法符号如图 2-4 所示。

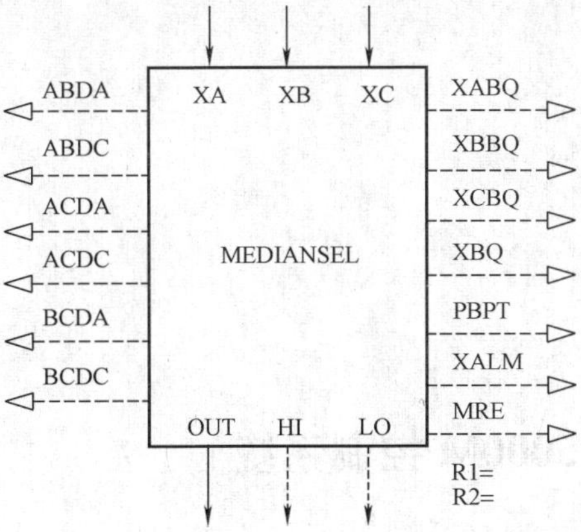

图 2-3 三选中(MEDIANSEL)算法符号

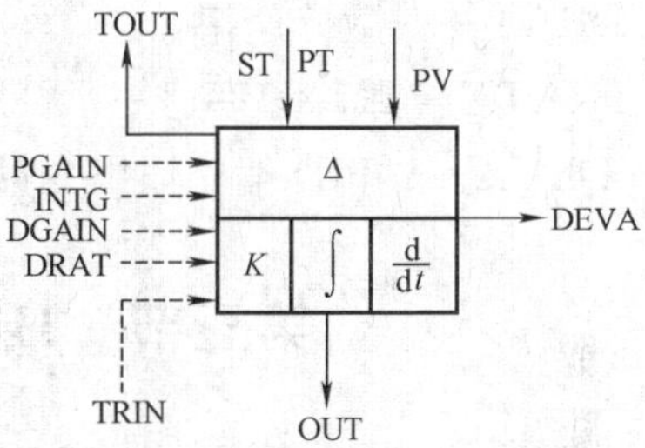

图 2-4 PID 算法符号

3）规则：

（a）必须使用 PV GAIN 和 PV BAIS 把 PV 输入值标度到 0～100％。

(PV×PV GAIN)＋PV BAIS＝PV 的百分数

（b）必须标度设定值为 0～100％。

(STPT×STPT GAIN)＋STPT BAIS＝STPT 的百分数

设定值上限值＝(100－STPT BAIS)/STPT GAIN

设定值下限值＝(0－STPT BAIS)/STPT GAIN

4）输出运算：当算法在跟踪时，输出＝跟踪输入（按跟踪爬坡速率变化）。当一个升禁止/降禁止信号存在时，它会阻止 PID 控制器的控制方向。如果算法计算出一个无效实数，则输出品质设置为 BAD，控制器将报警。如果算法生成一个无效的输出值，设定值的输入值就用作跟踪输出值；如果两个均无效，则跟踪输出值不更新。

5）误差死区和死区增益：死区用于偏差信号，组成死区控制器。进入 PID 算法运算的偏差＝标准偏差×偏差死区增益。

DBND 为偏差死区，相对于 0 的双向使用，如 DBND＝5，则表示 －5％～5％；ERRD 为偏差死区增益，在 0～1 范围内变化。

例如：DBND=5、ERRD=0.5，则标准偏差=PV−STPT=2%；实际偏差=2%×0.5=1%，目的是在死区内进行PID算法运算时均减少50%。在死区内操作时，微分项不起作用。

6）PID参数：

(a) TPSC、BTSC——输出的最大、最小值。

(b) Type——Normal：常规PID；ESG：比例项偏差开方的PID；ESI：积分项偏差开方的PID。

(c) ACTN——INDIRECT：误差=SP−PV；DIRECT：误差=PV−SP。

(d) CASC——Normal：内设定；CASCADED：串级外设定。

(e) DACT——Normal：对误差求微分；Setpoint：对设定值变化求微分；Process：对过程值的变化求微分。

(f) DBND——PID偏差死区，相对0的双向值。

(g) ERRD——偏差死区增益，0～1。

(h) PGAIN——比例系数、增益。

(i) INTG——积分时间（执行周期的倍数）。

(j) DGAIN——微分增益。

(k) DRAT——微分速率。

(l) TRAT——跟踪速率。

(m) DEVA——PID偏差输出变量。

第三节　HIACS-5000M控制系统

一、HIACS-5000控制系统的构成

HIACS-5000系统的结构组成如下：

(1) 采用FDDI高速光纤网作为控制级网络。

(2) 专门设计了外围设备网络，作为对外的通信网络。

(3) 控制站功能相对完整、独立，系统性强。

(4) 做到负荷均衡，无重负荷点，无薄弱环节。

(5) 提高系统自治性。

1. 使用μΣNEWORK-100网络的系统构成

使用μΣNEWORK-100网络的R600C控制器应用系统构成举例如图2-5所示。从图中可以看到，R600C控制器（LPU100A）、自律分散网络、μΣNEWORK-100、上位计算机、人机接口等构成了高度分散的系统。

对于μΣNEWORK-100网络，R600C控制器最多可配置255台，因系统软件的限制有所减少。

2. 使用以太网的系统构成

使用以太网的R600C控制器应用系统构成如图2-6所示。从图中可以看到，R600C控制器（LPU101A）、支持符合国际标准IEEE 802.3的CSMA/CD以太网等构成了高度分散的系统。

R600C控制器的最大台数由系统软件决定。

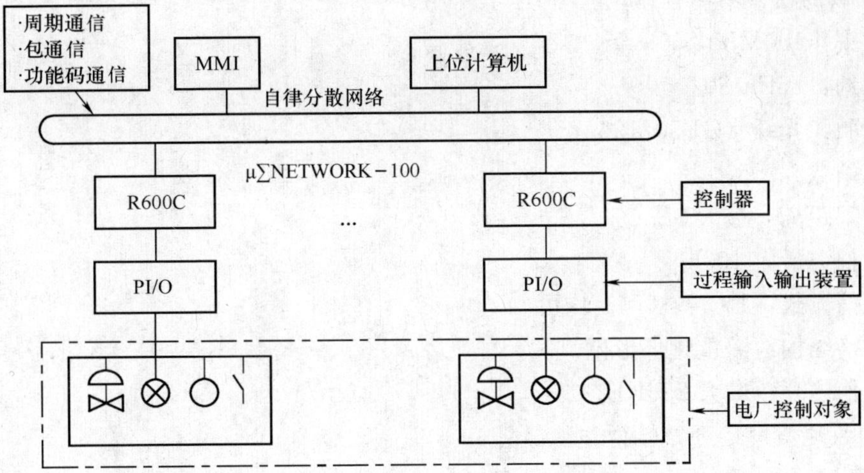

图 2-5 R600C 控制器应用系统构成举例（$\mu\sum$NEWORK-100）

MMI—Man-Machine Interface，人机接口；上位计算机—RS90 等；

PI/O—Process Input/Output，过程输入输出

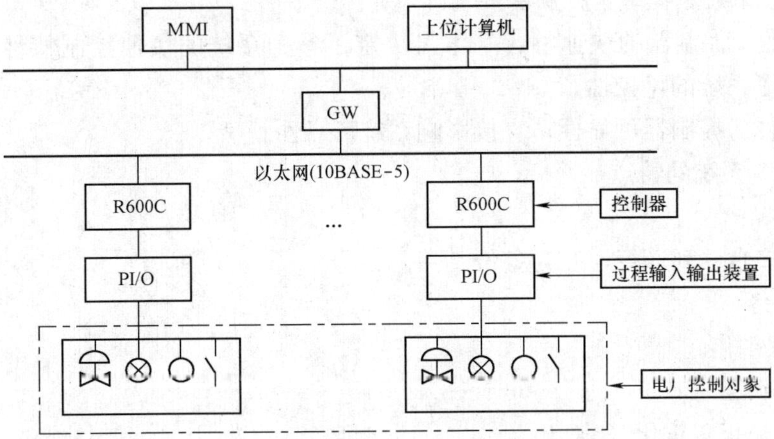

图 2-6 使用以太网的 R600C 控制器应用系统构成

MMI—Man-Machine Interface，人机接口；上位计算机—RS90 等；

PI/O—Process Input/Output，过程输入输出；GW—Gateway，网关

3. 工业通信网络的要求

（1）实时性要求：

1）人—机操作，在办公自动化的实时性要求，以秒（s）为单位。

2）工业控制的数据通信网络实时性，以毫秒（ms）为单位。

3）机组发生故障后，出现通信负荷高峰。工业网络要求在重负荷下实时性要好：① 通信等待时间 ΔT 不因通信负荷上升而增加；②通信最长等待时间 ΔT_{max} 应可控制、可设计。

（2）高可靠性：

1）极高的抗干扰能力。

2）极低的传输误码率。

4. 控制级通信网络特性（μΣ-100）

（1）速率：100Mbit/s。

（2）规约：IEEE 802.5。

（3）介质：光纤（GI-50/125μm）。

（4）挂站数：255。

（5）站间距离：最大2km。

（6）总长：最大100km。

（7）通信方式：1∶*N*、1∶1均可。

（8）网络结构：双重化环形网。

（9）通信内存：最大256KB。

5. 控制级通信网络可靠性措施

（1）CRC校验。

（2）应答校验。

（3）网间冗余、备份。

（4）Loop Back功能。

6. HIACS系列系统基本控制器的设计思想

（1）快速性。控制器的快速性，基本上决定了整个系统的快速控制特性和快速保护特性，从而决定了系统的可控性。

（2）可靠性。控制器可靠性，直接影响系统可靠性。

二、HIACS系统的特点

1. 操作员站

操作员站多台并列运行，互为备份。

2. 通信网络

μΣ-100双重化。

3. 机器群级控制器

（1）CPU模板双重化。

（2）电源双重化。

（3）网络双重化。

（4）控制器双重化。

4. 工程师站（EWS）的特点

（1）强大的CAD功能，使组态编程更容易、方便，全图形化工作界面，自动编译，避免手工操作。

（2）具有避免非法访问的安全功能。

5. 强大的CAD功能

（1）采用全图形化工作界面，直观、方便。

（2）屏幕上图形文件直接编辑生成控制器执行程序文件。

（3）逻辑图上直接进行程序的增/删修改，可进行局部编译，生成执行文件，保证了图形文件和执行文件的一致性。

1）中间变量自动生成。

2）通信数据自动传送。

3）采用工程量数值表示，进行在线监视。

(4) 递阶分层的控制逻辑，使组态制作、监视更为容易。

6. 操作员站系统

系统可以设定900幅系统图，每一幅系统图可以定义200个动态点，动态点每秒刷新一次，并可以根据用户要求定义动态画面，显示设备运行情况，并可随意定义棒图、趋势、动态点等。

7. 历史站

历史站是历史数据存储专用设备，具有如下功能：

(1) 保存功能。硬盘保存周期为1个月，包括数据、报表、SOE、事故追忆、趋势。

(2) 采集功能。

1）数字量数据采集周期：1s——3000点。

2）模拟量数据采集周期：1s——512点，5s——240点，30s——480点。

(3) 存储功能。每月5号提示保存数据到外置光盘MO。

(4) 历史数据的显示功能：

1）按某一速度、时间段和起始时刻显示所选择数据的历史趋势。

2）可显示某一时间段的最多8点的历史数据一览。

3）显示存储的报表、事故追忆、SOE等。

(5) 历史站还可在硬盘保留和显示以下内容：

1）报警及报警恢复信息记录：35 000条。

2）状态变位：140 000条。

3）操作记录：140 000条。

4）SOE记录：3500条。

三、智能型PCM (P)（输入/输出）模板的主要特点和功能

(1) PCM (P) 模板与受控装置一一对应，高度分散。

(2) A/M为硬手操，当CPU故障时仍可工作。

(3) 设计了完善的辅机保护方案。此保护为硬件保护，当CPU故障时，保护仍然存在。故障率极低，平均无故障时间（MTBF）极高。

(4) 智能型PCM (P) 模板可提高基本控制器的可靠性。

(5) 智能型PCM (P) 模板的品种：

1）PCM (P)-MX：与气动执行器配套使用。

2）PCM (P)-MP：与电动执行器配套使用。

3）PCM (P)-BI：大型辅机ON/OFF控制。

四、H-5000M工程师站安装使用说明

(一) H-5000M操作员站安装条件

1. 硬件环境

(1) 计算机配置：IBM商用台式机PⅢ 550。

（2）内存容量：256MB。

（3）硬盘容量：4GB 以上。

（4）24X 光盘驱动器。

（5）21in 显示器，分辨率支持 1280×1024。

（6）10M 通信速率以太网卡。

（7）系统专用设备：日立 LANBOX 装置。

（8）SCSI 接口卡。

（9）网络通信光缆。

2. 需安装软件

（1）Microsoft Windows NT Workstation 4.0，序列号：311-0633801。

（2）Microsoft Windows NT Service Pack 4.0。

（3）Microsoft Office 97，序列号：3112-0184796。

（4）Control System Middleware For Windows NT 4.0（附带一张引导软盘，PP 软件）。

（5）随机显卡驱动程序。

（6）Winzip 8.0。

（7）CAD 软件安装。

（8）打印机驱动程序。

（二）操作系统安装

光盘引导设定：在 BIOS 中将启动盘改为光盘优先。

1. Window NT 4.0 软件安装

（1）NT 安装盘作为引导盘启动计算机开始安装。一般情况下，根据子屏提示可直接按 Enter 键进行安装。

（2）屏提示选项“PAGE DOWN”阅读授权合约后，按选项“F8”（我同意）。

（3）屏幕显示硬盘分区情况，选项“D”（删除原有分区）→“L”（删除）→“C”（创建），将高亮区域选定在 4000MB。具体步骤为：C:\未格式化　* * * *（可用 * * MB）处按 Enter 键，使用上、下键选择“NTFS 文件系统”，提示回车，系统开始格式化硬盘。安装路径选择缺省路径（C:\WINNT）。安装完后取出光盘重新启动，启动完后再放入光盘进行网络安装。

（4）网络安装过程中，网卡型号一定要选择正确，网络地址要合理使用，每台 POC 的网络地址不可重复，具体设定如下：

1）填写 POC 号。

2）选项“否”，单击“下一步”。

3）选项“用线路连接到网络”，单击“下一步”。

4）单击“从列表中选择”。

5）单击“从磁盘安装”，选网卡驱动程序的路径（如 A：\）。放入 NT 光盘输入 F：\i386（F 为该光驱盘）。

6）选项“3C900”，单击“下一步”。

7）协议全选，单击“下一步”。

8）选项“否”。

此时显示结果如下：

网络地址：128.127.055.＊＊＊

255.255.255.0

默认网关：128.127.55.10

其中，＊＊＊为POC网址，约定如下：POC1为111，POC2为112，POC3为113，POC4为114，POC5为115，POC6为116，HIST为117，EWS为200，EWS2为201。

9）工作组选项“DCS”，取出光盘重新启动。

2. Microsoft Windows NT Service Pack 4.0程序安装

（1）在系统备份MO上检索“Hist \ E：\ PC _ TOOL工具\ Windows NT Service Pack 4.0 \ ”路径。

（2）双击此路径下的Sp4i386.exe文件。

（3）系统自动进行解压缩，对话框显示“正在提取文件”；在随后出现的“欢迎使用……”画面中选择“接受许可协议……”选项，并取消“备份必需的文件……”选项，以节省硬盘空间。

（4）单击“安装”按钮。

（5）系统自动进行安装拷贝。

（6）安装完毕，单击“重新启动”按钮。

3. 显示驱动程序安装

（1）单击开始/设置/控制面板/显示/设置/显示类型/更改/从磁盘安装/浏览。

（2）在系统备份MO上检索“Hist \ E：\ PC _ TOOL工具\ POC显卡驱动(IBM6563－V1C) \ S3savage \ Winnt4 \ ”路径。

（3）双击Winnt4路径下的Sr9.inf文件。

（4）单击两次“确定”按钮，一次“是”按钮。

（5）系统自动复制文件，完成后单击“确定”按钮。

（6）单击两次“关闭”按钮，退出“显示属性”画面。

（7）单击“是”按钮，重新启动。

（8）单击右键“属性”，把桌面区域调至1280×1024，调色板设定为65536，频率为85Hz。

（9）测试正常，单击“确定”。

4. SCSI卡驱动程序安装

开始/控制面板/SCSI适配器/选驱动程序/添加/从磁盘安装/选路径（在“浏览”中选）/输入SCSI卡驱动程序路径。

（三）通信软件安装

（1）插入启动软盘及光盘。

（2）启动A:，单击“确定”按钮。

（3）选项“CDSETOP”。

（4）依次全部安装，序列号在A：\ SIREINFO。

（5）重新启动。

（四）安装 Office 97、VB4.0、VB5.0、VC4.0

（1）直接安装：开始/运行/E：\ setup/m。

（2）插入光盘。

（3）无特殊要求的均选用典型安装，默认安装路径，自定义安装 Excel、Word、Access。

（4）依次安装 VB4.0、VB5.0、VC4.0，插入光盘，无特殊要求的均选用典型安装，默认安装路径。

（五）打印机安装设定

（1）放入 NT 光盘。网上邻居/属性/服务/添加/选 Microsoft Top/Ip 打印/确定/输入 F：\ i386（F 为该电脑的光驱盘）。

（2）安装打印机的驱动程序（在 EWS 的 D 盘上）。先安装 Hp4500，后安装 Hp4050。安装完后，重新启动计算机。

（3）添加端口号。开始/程序/Hp Laser Ist/Hp Jetadmin/选项/参数选择/Tcp/Ip 查找/输入端口号/添加/确定。

（4）添加打印机。我的电脑/打印机/删除原有/添加打印机/选 LPT1/选打印机。

（5）改打印机端口。属性/端口/添加端口/LPR Port/新端口/输入：128.127.55.92（Hp4050），或输入：128.127.55.91（Hp4500）/确定/关闭。

（六）CAD 安装

（1）放入 HIACS-5000M 光盘。

（2）双击 Programing CAD/选第一项 Install/start/ok/close。

（3）双击 Programing CAD/选第二项 Maintenance Tool/输入 EWS2/Next/New install/Nest/输入两个 WT/选 256/Next/选 Password（默认）/选 NO/在 Do you use micro sigma transmission 处选 NO。

（4）双击 Programing CAD/选第三项 Only a setup of an environment/选 Toll/New case/在 Server name 处输入 EWS/map/双击 EWS/选 C/确定/Ref/选在 EWS 上的 C(G:)/lyrawin/New Hace/doc ok 输入 EWS/Connection/ok。

（七）影射

（1）双击桌面上 Maintenance _ Tool/选 Tool/Connection。

（2）开始/程序/Maintenance _ Tool/Maintenance _ Tool setup/输入密码：HITACHI/OK。

（3）在桌面上选 Match the controller information/configure/select/网上邻居/EWS/C：/Winnt/Mntsys.ini/打开/在 Select the Group that match Infor mation 处选 All Equipments/configure/确定/configure/Overwrite Back。

（4）在桌面上选 Network/configure/在 set the tool clock by this showed right side 处输入 EWS/configurd。

（5）网上邻居/EWS/C：/ctldata/wt/Hcommon/Hews/data/把 WT _ MSO1.Block 和 WT _ MSO1. Link 文件复制到本机相同目录下。

（6）选桌面上 Utility For Maker/Link Definition screen/Link FileRead/输入密码：HI-

TACHI/Link File load（如果修改单击 Link File write/Link File save）/选 WT _ MSO1. Link/打开。

(7) 选桌面上 Utility For Maker/Receive Block Definition Screen/输入密码：PRO/Reread Link file/save。

(8) 加强置数程序：C：/Smclient /选 Yes/密码：BHC/CANCEL。

五、H-5000M 操作员站安装使用说明书

(一) H-5000M 操作员站安装条件

(1) 计算机配置：IBM 商用台式机 PIII 550。

(2) 内存容量：256M。

(3) 硬盘容量：4G 以上。

(4) 光盘驱动器。

(5) 21in 显示器，分辨率支持 1280×1024。

(6) 10M 通信速率以太网卡。

(7) 系统专用设备：日立 LANBOX 装置。

(8) SCSI 接口卡。

(9) 网络通信光缆。

(二) 要安装的软件

(1) Microsoft Windows NT Workstation 4.0，序列号：311-0633801。

(2) Microsoft Windows NT Service Pack 4.0。

(3) Microsoft Virtual Basic 4.0。

(4) Microsoft Virtual Basic 5.0，序列号：4667-0009757。

(5) Microsoft Virtual C_{++} 4.0，序列号：411-0430266。

(6) Microsoft Office 97，序列号：3112-0184796。

(7) Control System Middleware For Windows NT 4.0（附带一张引导软盘，PP 软件）。

(8) 随机显卡驱动程序。

(9) Winzip 8.0。

(10) DAS-NT 系统软件。

(11) SCSI 卡驱动程序。

(12) 打印机驱动程序。

(三) 操作系统安装

光盘引导设定：在 BIOS 中将启动盘改为光盘优先。

1. Window NT 4.0 软件安装

(1) NT 安装盘作为引导盘启动计算机开始安装。一般情况下，根据子屏提示可直接按 Enter 键进行安装。

(2) 屏提示选项“PAGE DOWN”阅读授权合约后，选项“F8”(我同意)。

(3) 屏幕显示硬盘分区情况，选项“D”（删除原有分区）→“L”（删除）→“C”（创建），将高亮区域选定在 4000MB。具体步骤为：C：\ 未格式化 * * * *（可用 * * MB）处按 Enter 键，使用上、下键选择“NTFS 文件系统”，提示回车，系统开始格式化硬盘。

安装路径选择缺省路径（C：\ WINNT）。取出光盘重新启动，启动完后再放入光盘进行网络安装。

（4）网络安装过程中，网卡型号一定要选择正确，网络地址要合理使用，每台 POC 的网络地址不可重复。具体设定如下：

1）填写 POC 号。

2）选项“否”，单击“下一步”。

3）选项“用线路连接到网络”，单击“下一步”。

4）单击“从列表中选择”。

5）单击“从磁盘安装”，选网卡驱动程序的路径（如 A：\）。放入 NT 光盘，输入 F：\ i386（F 为该光驱盘）。

6）选项“3C900”，单击“下一步”。

7）协议全选，单击“下一步”。

8）选项“否”。

此时，显示结果为：

网络地址：128.127.055. * * *

255.255.255.0

默认网关：128.127.55.10

其中，* * * 为 POC 网址，约定如下：POC1 为 111，POC2 为 112，POC3 为 113，POC4 为 114，POC5 为 115，POC6 为 116，HIST 为 117，EWS 为 200，EWS2 为 201。

9）工作组选项“DCS”。

10）取出光盘重新启动。

2. Microsoft Windows NT Service Pack 4.0 程序安装（service pack4）

（1）在系统备份 MO 上检索“Hist \ E：\ PC _ TOOL 工具 \ Windows NT Service Pack 4.0 \ ”路径。

（2）双击此路径下的 Sp4i386.exe 文件。

（3）系统自动进行解压缩，对话框显示“正在提取文件”。

在随后出现的“欢迎使用……”画面中选择“接受许可协议……”选项，并取消“备份必需的文件……”选项，以节省硬盘空间。

（4）单击“安装”按钮。

（5）系统自动进行安装拷贝。

（6）安装完毕，单击“重新启动”按钮。

3. 显示驱动程序安装

（1）单击开始/设置/控制面板/显示/设置/显示类型/更改/从磁盘安装/浏览。

（2）在系统备份 MO 上检索“Hist \ E：\ PC _ TOOL 工具 \ POC 显卡驱动(IBM6563-V1C) \ S3savage \ Winnt4 \ ”路径。

（3）双击 Winnt4 路径下的 Sr9.inf 文件。

（4）单击两次“确定”按钮、一次“是”按钮。

（5）系统自动复制文件，完成后单击“确定”按钮。

(6) 单击两次“关闭”按钮，退出“显示属性”画面。

(7) 单击“是”按钮，重新启动。

(8) 单击右键“属性”，把桌面区域调至 1280×1024，调色板设定为 65536，频率为 85Hz。

(9) 测试正常，单击“确定”。

4. SCSI 卡驱动程序安装

开始/控制面板/SCSI 适配器/选驱动程序/添加/从磁盘安装/选路径（在浏览中选）/输入 SCSI 卡驱动程序路径。

(四) 通信软件安装

(1) 插入启动软盘及光盘。

(2) 启动 A：单击“确定”按钮。

(3) 选项“CDSETOP”，依次安装“NETDRV”、“SMG/UTL”、“SMG/BS”。

(4) 重新启动。

(五) LANBOX 的安装

(1) 右键单击网上邻居属性/适配器/添加/从磁盘安装。

(2) A：改为 C：\ winnt \ renix \ usr \ netdrv \ inst 下，约定 ao：POC1 为 0X050，POC2 为 OX052，POC3 为 0X054，POC4 为 0X056，POC5 为 0X058，POC6 为 0X05A；HIST 为 05C，EWS 为 0X044，EWS2 为 ID 选“1”。

(3) IP 地址为 192.168.2. * *（网络数+1）.ao（10 进制+1）。其中，* *为 POC 网址，约定如下：POC1 为 81，POC2 为 83，POC3 为 85，POC4 为 87，POC5 为 89，POC6 为 91，HSIT 为 93，EWS 为 69。

(六) 安装 Office97、VB4.0、VB5.0、VC4.0

(1) 直接安装：开始/运行/E：\ setup /m。

(2) 插入光盘。

(3) 无特殊要求的均选用典型安装，默认安装路径，自定义安装 Excel、Word、Access；依次安装 VB4.0、VB5.0、VC4.0，插入光盘，无特殊要求的均选用典型安装，默认安装路径。

(七) 安装 POC 站

(1) 先安装压缩文件。从系统备份检索（Hist \ E：\ POCV1.9 \）路径下 11 个文件：app、das、dcm、ddcs、drawings、gettask、grafix、users、colpid、opekey、wn，把 11 个文件复制粘贴到 C 盘下，并用 Win Zip 表逐一解压。

建立路径：右键单击“我的电脑”→“属性”→“环境”，单击系统变量中“Path”文件，将“值（L)”这一行文件删除，从系统备份（Hist/C：/Path）上的文件打开，复制粘贴到“值（L)”，单击“设置”、“确定”。

(2) 设置虚拟内存：右键单击“我的电脑”→“属性”→“性能”，选择最大值，单击“更改”、“确定”，在“起始大小”处键入“512”，“最大值”处键入“768”，单击“设置”、“确定”、“关闭”。

(3) 创快捷方式：将 HIST 站 D 盘 /PC-TOOL 工具/das _ nt.zip 的压缩文件复制到桌面并解压缩。重新运行需要的快捷方式，再修改属性。

（4）操作员站本机属性设定：启动 SHMGR，双击 DAS_NT 中初始化设置图标“inibuld. exe”，单击“本机名称”，改为应设置的主机名称，退出后对“本机属性”转换，双击“APBLDR”，对配置器进行转换（全选/转换），转换完后运行“Microsoft Word”、“Microsoft Excel”，将帮助文件关闭。

（八）打印机安装设定

（1）放入 NT 光盘。网上邻居/属性/服务/添加/选 Microsoft Top/Ip 打印/确定/输入 F：\i386（F 为该电脑的光驱盘）。

（2）安装打印机的驱动程序（在 EWS 的 D 盘上）。先安装 Hp4500，后安装 Hp4050。安装完后，重新启动。

（3）添加端口号。开始/程序/Hp Laser Ist/Hp Jetadmin/选项/参数选择/Tcp/Ip 查找/输入端口号/添加/确定。

（4）添加打印机。我的电脑/打印机/删除原有/添加打印机/选 LPT1/选打印机。

（5）改打印机端口。属性/端口/添加端口/LPR Port/新端口/输入：128. 127. 55. 92（Hp4050），或输入：128. 127. 55. 91（Hp4500）/确定/关闭。

（九）安装完后检查项目

（1）删除 C：/winnt/system32/drivers/etc/lmhost 从网上拷贝一个 lmhost 文件。

（2）删除 C：/programfiles/Microsoft Office/Office/findfast. exe 文件。

（3）删除 C：/winnt/system32/Gapi. dll。

（4）去除 EXCEL 宏病毒保护。打开 Excel/工具/选项/常规/宏病毒防护功能不选。

（5）去掉开始菜单的任务栏选项，自动隐藏不选。

（6）键盘缓存区由 100 改为 200。打开 C：/ddcs/tool/bin/kbBufTool. exe/确定。

第四节　EDPF-NT 控制系统

一、综述

EDPF-NT 是典型的双总线型拓扑结构的 DCS，所有操作站、工程师站以及各个 DPU 站都挂接在总线上，而实际上总线被交换机所替代，所以，EDPF-NT 系统在网络外观上是星型连接，但实际是总线型的拓扑结构。

各个操作站、工程师站和历史站之间的操作系统为 MicroSoft 的 WINDOWS XP，DPU 站的操作系统为 INTEL 的实时操作系统 iRMX，操作站之间的通信协议为 TCP/IP，操作站和 DPU 站之间的通信协议为 NETBEUI。

操作员和工程师站的文件系统一般如下：C 盘为 WINDOWS XP，D 盘为 EDPF-NT 系统支持软件，E 盘为其他的文件。

历史站的文件系统的 C 盘仅装 WINDOWSXP，D 盘仅装 EDPF-NT 系统文件。历史站最好不用硬盘克隆的方法安装。

二、硬件介绍

（一）DPU 控制器

EDPF-NT+ 的 DPU Ⅲ型控制器是这套系统最新研制的控制器，具有体积小、性能高、维护方便、可靠性高等特点。

1. 技术特点

在 DPU 模块内集成了主 CPU、I/O 通信控制器、双网卡和 GPS 模块，DPU 控制器与 I/O 模块具有同样的大小。采用 PENTIUM 级高性能、低功耗 CPU。采用双机、双网、双电源，大大提高了系统的可靠性。采用模块化设计，由 DPU 单元和底板组成。DPU 模块带有标准欧式插座，主、副站可独立插拔。接受两路宽范围 DC 18～72V 电源输入，内部实现冗余切换。内部采用 DC/DC 与电源以及 I/O 通信网络进行隔离，硬件和软件都具有多重抗干扰和容错纠错能力。采用 CF 卡保存组态数据，无需电池，确保数据的长期保存。模块底座除了提供端子式 I/O 出线外，还提供两个 DB25 I/O 标准接口，可直接与模块底座拼接，方便组屏安装。

(1) DPU 外形，见图 2-7。

(2) DPU 面板布局，见图 2-8。

图 2-7　DPU 外形

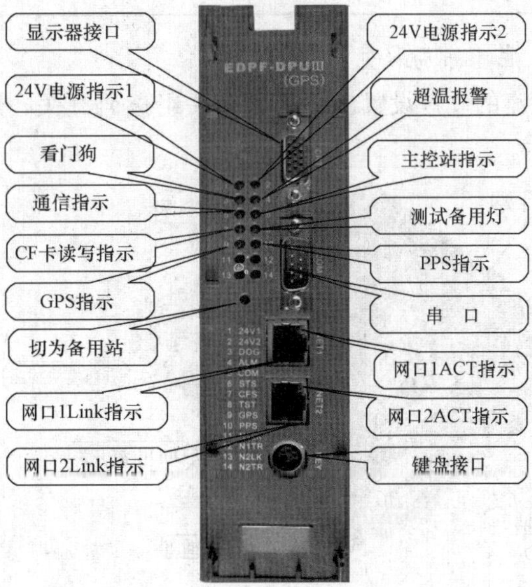

图 2-8　DPU 面板布局

面板指示说明见表 2-1。

表 2-1　面板指示说明

编　号	名　称	意　义	备　注
1	24V1	24V 1 电源指示	正常为亮
2	24V2	24V 2 电源指示	正常为亮
3	DOG	看门狗	正常为闪烁
4	ALM	超温报警	高于 60℃后亮

续表

编 号	名 称	意 义	备 注
5	COM	通信指示	正常为亮或闪烁
6	STS	主控状态指示	主控站为亮
7	HDD	CF 卡操作指示	操作 CF 卡时亮
8	TST	测试备用指示灯	测试使用
9	GPS	GPS 时钟同步信号接收指示	每秒一次闪烁
10	PPS	GPS 秒脉冲接收指示	每秒一次闪烁
11	N1LK	N/A	N/A
12	N1TR	N/A	N/A
13	N2LK	N/A	N/A
14	N2TR	N/A	N/A

2. 底座布局（见图 2-9）

底座的硬件设置。底座只有一组拨码开关，用来设置双机的通信方式，放大图如图 2-10 所示。

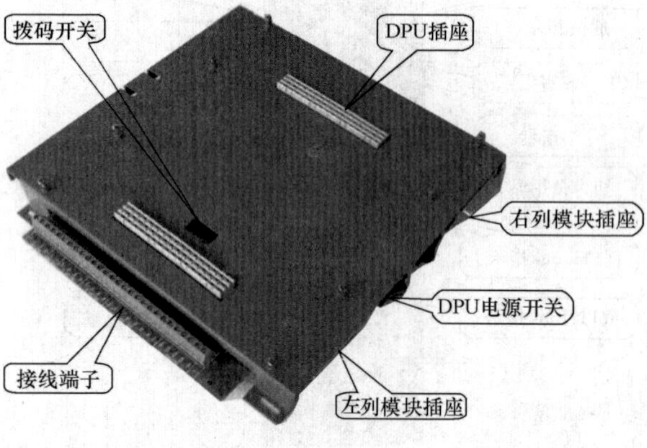

图 2-9 底座布局

图 2-10 底座放大图

当作为 DPU 底座使用时，拨码开关将 1、2、3、4 设置为 ON，将 5、6、7 设置为 OFF，安装时务必检查这一项，否则会使右侧控制器无法接收 GPS 信号；当作为公用系统路由器底座使用时，拨码开关将 1、2、3、4 设置为 OFF，将 5、6、7 设置为 ON。

3. 软件配置

DPU 站在初始状态下，IP 地址为 172.101.1.254，子掩码为 255.255.255.0。初始状态的控制器必须逐个上电，否则会因地址冲突而使网卡无法工作。

设置步骤：

（1）逐个打开 DPU，每设置完一个 DPU 再启动另一个。

（2）当一个 DPU 运行正常时，运行 DIS 程序（DIS 程序可在 DPU 启动前运行）。

（3）选择安装对钩，当前要设置的 DPU 的域号和站号，以及需要执行的命令。

1）安装软件：更新 DPU 系统文件。

2）安装组态文件：将工程师服务站中生成的 SAMA 图、数据库、站点配置等下载进 DPU，若不选中该项，DCS 自检无法识别改站。

3）安装完成后重启 DPU：安装只是将文件写进 DPU，需重启后才执行。

（4）登录项 IP 填写 172.101.1.254（见图 2-11），命令行提示符为 root，当前口令为 edpf。

（5）点击“安装”后，等待 LOG 对话框中提示安装完成（在点“安装”按钮前，用 ping 工具先检查 DPU 是否正常运行起来）。

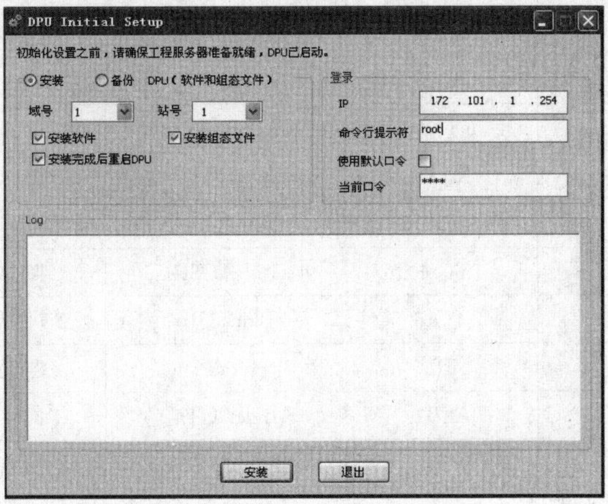

图 2-11 DPU 安装和设置图

（二）I/O 模块

EDPF-NT100 系列的 I/O 模块按功能分，有模拟量输入卡（AI）、模拟量输出卡（AO）、开关量输入卡（DI）、开关量输出卡（DO）、单回路控制卡（CT）、脉冲量测量卡（PI）、测速 OPC 卡（SD）、纯电调伺服卡（VC）、电调与 DCS 接口卡（DCI）、开关量输入/输出卡（DIO）、电流输出型多回路控制卡（ACT4）、脉冲输出型多回路控制卡（CT4）、PT/CT 电量测量模块（EM）等。模块的电路板，包括开关电源、直流电源转换、I/O 板以及调理板等，都封装在铝壳中。模块通过底座与现场相接，并通过底座与主机通信和获得电源。模块的地址由设置在底座上的 DIP 开关来设定，地址范围为 01～63（00H～3FH）。

面板指示灯：模块上部都有三个指示灯，其指示和功能见表 2-2。

表 2-2　　模块指示和功能

序号	指示灯	指示功能	正常状态	故障状态
1	PWR	电源	亮	灭
2	CPU	模块 CPU	闪烁	常亮或灭
3	COM	通信	闪烁	灭

对于带开关量的模块，另有指示灯显示出该通道的状态。

1. 模块地址设定

模块的地址由设置在底座上的一组七位拨码开关来设置。七位地址为 A0～A6，分别对应开关的 1～7，拨码开关处于 ON 的位置，该位为 0，反之则为 1。

EDPF-NT＋系统软件目前允许的模块地址为 01H～3FH（0000001B～0111111B），即十进制的 1～63。模块地址设定见图 2-12。

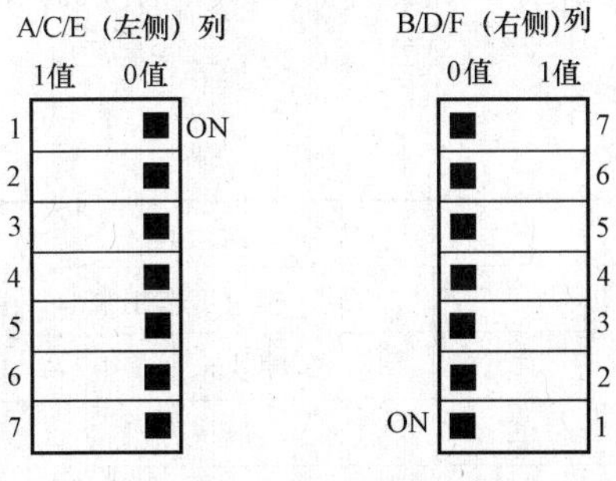

图 2-12 模块地址设定

2. 模块与模块算法对照表（见表 2-3）

表 2-3　模块与模块算法对照表

序号	模块名称	模块算法名称	备　注
1	ATMA16	BidcAIMA16	16 路 0～20MA 输入
2	A008	BidcA08	8 路 0～20MA 输出
3	RTD16	BidcRTD16	16 路热电阻输入
4	RTD8	BidcRTD8	8 路热电阻输入
5	TC15R	BidcTC16R	15 路热电偶输入，1 路 Pt100 冷端补偿
6	TC8R	BidcTC8R	8 路热电偶输入，1 路 Pt100 冷端补偿
7	TC16	BidcTC16	16 路热电偶输入
8	PI	BidcPI	8 路无源脉冲输入测量卡
9	ACT4	BidcACT4	4 回路电流输出型控制卡
10	CT4	BidcCT4	4 回路脉冲输出型控制卡
11	DI16	BidcDI16	16 路 DI 输入，查询电压 24V 或 48V 可选
12	D016	BidcDO16	16 路 DO（24V 有源输出）
13	DI32	BidcDI32	32 路 DI 输入，查询电压 24V 或 48V 可选
14	DI032	BidcDT032	16 路 DI（查询电压 24V 或 48V 可选），16 路 DO 输出（24V 有源输出）

3. 模拟量输入模块 AIMA16/AIMA8

（1）8/16 通道 0～20mA 电流输入，0～10V 电压输入。

（2）二线制传感器/变送器工作方式。

（3）接口与系统隔离。

（4）电流过载保护，24V DC 电源反向保护。

（5）硬件看门狗。

（6）支持热插拔。

（7）实时状态显示。

EDPF-AI8(mA)/EDPF-AI16(mA)模拟量测量模块主要用于 0～20mA 电流测量，也可测量 0～10V 电压信号，电流信号通过 250Ω 精密采样电阻，经仪表放大器和 A/D 转换器放大和模数转换后供系统使用。

（1）指示灯说明。模块加电时，其面板上的状态指示灯（PWR、CPU、COM）显示当前的工作和通信状态，具体组合状态及含义如表 2-4 所示。

表 2-4　模块指示灯组合状态及含义

PWR	CPU	COM	含　义
亮	均匀闪	亮或均匀闪	模块工作正常
亮	均匀闪	灭	模块未通信上
亮	恒亮或恒灭	灭	模块死机
灭	灭	灭	模块未上电或损坏

(2) 模块设置说明。EDPF-AI16(mA)、EDPF-AI8(mA)接口板拨码开关设置说明，出厂设置为电流变送器由模块外部提供电源方式输入。

1) 电压输入时，接口板拨码开关第1位拨到ON位置，第2~4位拨到OFF位置，如图2-13所示。

2) 电流变送器由模块外部提供电源时（外供电），接口板拨码开关第1、2位拨到ON位置，第3、4位拨到OFF位置，如图2-14所示。

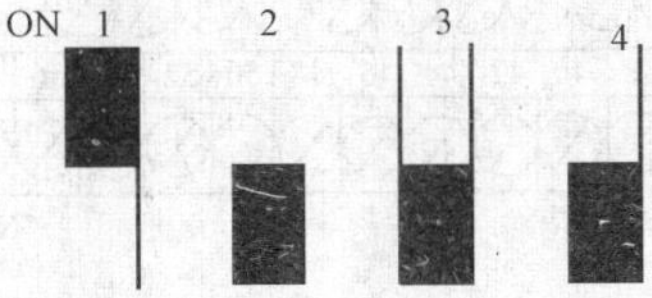

图2-13 模块设置说明（一）

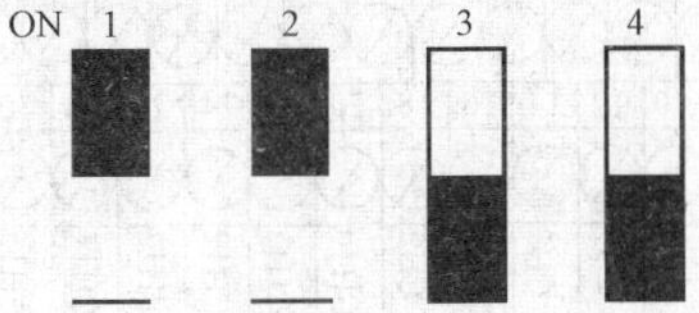

图2-14 模块设置说明（二）

3) 电流变送器由模块内部提供电源时（内供电），接口板拨码开关第2~4位拨到ON位置，第1位拨到OFF位置，如图2-15所示。

注意：接口板拨码开关第1、3、4位不能同时拨到ON位置，并且保证拨码开关只处于上述两种状态，否则可能烧坏接口板。

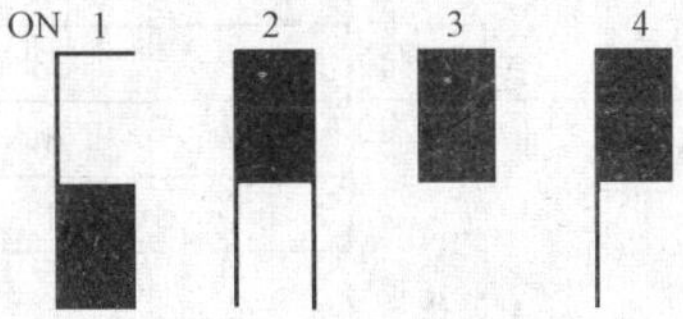

图2-15 模块设置说明（三）

(3) 工程接线说明。

模块端子信号的接线，要求每路信号采用带屏蔽双线电缆接到模块底座端子上。

根据信号和供电方式不同，接线方式也不同：

1) 电压信号输入：电压信号输入时电压正端接入底座奇数端子，负端接接入底座偶数端子。

2) 电流信号输入（设备由模块外部提供电源）：电流变送器电源不由模块提供，而采用其他方式时，变送器输出电流信号，将电流信号正端接入底座奇数端子，负端接入底座偶数端子。

3) 电流信号输入（设备由模块内部提供电源）：电流变送器电源由模块提供，并且作为电流信号回路时，将变送器负端接入底座奇数端子，变送器正端接入底座偶数端子。

注意：在接入电流信号前，请确定接口板拨码开关是否与输入信号匹配。如果不匹配，可能造成设备的损坏。

4. 热电阻测量模块RTD16

热电阻测量模块RTD 16功能特性如下：

(1) 8/16通道热电阻输入。

(2) 接口与系统隔离。

(3) 支持断线检测。

(4) 电流过载保护，24V DC电源反向保护。

(5) 硬件看门狗。

(6) 支持热插拔。

（7）实时状态显示。

EDPF-RTD8/RTD16 热电阻模拟量测量模块主要用于热电阻（Pt100、CU50）的测量，测量原理采用桥路原理，将热电阻的阻值转换成相应的电压值，经仪表放大器和 A/D 转换器放大和模数转换后供系统使用。

EDPF-RTD16 端子底座的接线端子如图 2-16 所示，接线端子定义见表 2-5。

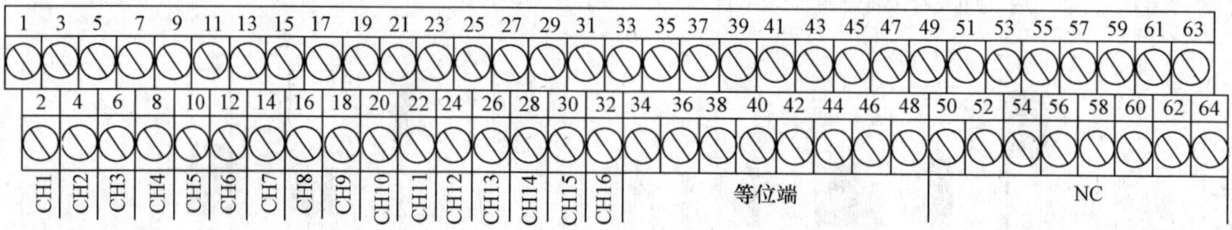

图 2-16 EDPF-RTD16 端子底座的接线端子

表 2-5 **接线端子定义**

通道编号	端子编号	端子名称	描述
1	1	A1	通道 1 奇数端
	2	B1	通道 1 偶数端
	33	C1	通道 1 等位端
2	3	A2	通道 2 奇数端
	4	B2	通道 2 偶数端
	34	C2	通道 2 等位端
⋮	⋮	⋮	⋮
16	31	A16	通道 16 奇数端
	32	B16	通道 16 偶数端
	48	C16	通道 16 等位端
NC	49～64	NC	未用端子

模块端子信号的接线，要求每路信号采用两根或三根导线（屏蔽电缆）接到模块底座端子上。针对供电情况的不同，有两种端子接线方式，即三线制和两线制，具体接线分别如图 2-17 和图 2-18 所示。

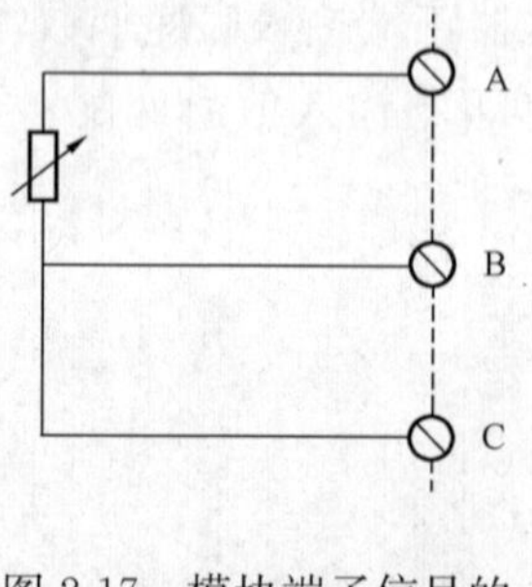

图 2-17 模块端子信号的三线制接线图

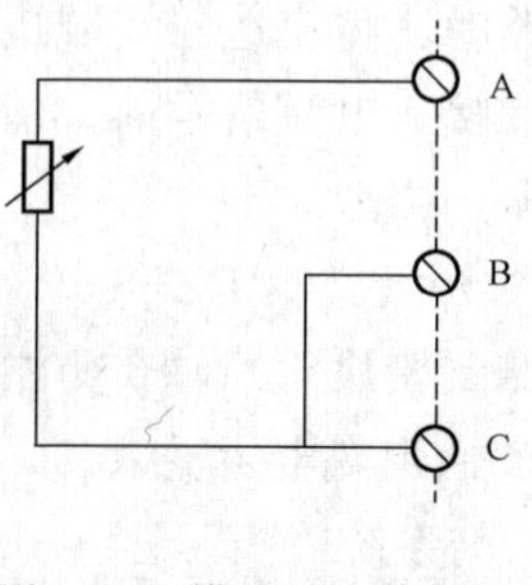

图 2-18 模块端子信号的两线制接线图

“三线制”的接线要求热电阻的一端与一根导线相连，另一端同时接两根导线，这两根导线分别接到同一通道的 S 和 C 端子。其中，C、S 端可以互换，不会对结果有任何不良影响；E、S 端则严禁互换。在实际应用中，可能会出接错的情况，解决方法是：用万用表测量该通道三个接线端子处任意两两间的电阻值，如果有两根线间的电阻值是“0”，则把它接到 S、C 端，另一根线接到 E 端即可。

当对温度信号要求不高时，可采用“两线法”的方法把热电阻信号接到 RTD 模块，即把热电阻的两端引线分别接到端子底座的 E、S 端子上，再将 S 端子和 C 端子用短接线短接。

模块端子信号的两线制接线法可减少信号电缆的用量，但信号转换精度有损失，温度比实际温度高，误差大小与信号电缆长度有关，电缆长度越长，误差越大；场合于现场信号距离模块较近、信号精度要求不高的场合。

5. 热电偶测量模块 TC15R

(1) 15 通道热电偶或毫伏信号输入。

(2) 第 16 通道作为冷端温度补偿输入。

(3) 支持断线检测。

(4) 接口与系统隔离。

(5) 电流过载保护，24V DC 电源反向保护。

(6) 硬件看门狗。

(7) 支持热插拔。

(8) 实时状态显示。

EDPF-TC15R /EDPF-TC16 热电偶模拟量测量模块主要用于处理从现场来的热电偶毫伏电压和毫伏级别电压输入信号。

6. 16 路开关量输入模块 DI16

(1) 16 路开关量输入通道。

(2) 干接点输入方式。

(3) 模块提供电源：+48V DC。

(4) 50Hz 低通数字滤波器。

(5) 接口与系统隔离电压：1500V。

(6) 接口过压过流。

(7) 电源反向保护。

(8) 硬件看门狗。

(9) 支持热插拔。

(10) 实时状态显示。

EDPF-DI16 是开关量输入模块，可以实时采集 16 路开关量状态。具有低通数字滤波器，截止频率为 50Hz，可有效消除小于 20ms 的开关量抖动。接口与系统电气隔离，防止各模块接口之间相互干扰。16 通道的开关量输入为干节点输入，提供了过流过压保护，反向电压保护，可在接入错误信号时，保护模块接口不损坏。

三、系统维护注意事项、常见问题和处理方法

1. 注意事项

(1) 机组运行时，原则上不再进行软、硬件的改动。

(2) 日常维护过程中，在不需要修改 DPU 组态的情况下，应以 opr 级别登录工程师站，

工程师站所有的共享目录只能是只读模式。

(3) 对DCS系统所有的修改，无论是组态软件、系统软件还是文件属性，都应在工程师站（记录本）有详细的文字记录。

(4) 应定期（建议两个月一次）让所有的操作员站重新启动一次，以消除计算机长期运行的累计误差。

(5) 参照国外DCS系统的维护要求，应利用停机时间逐个复位EDPF-NT系统的DPU和OPR站。

(6) OPR主机放置的地方，应定期检查工作环境和通风状况，避免通风散热不良导致硬件故障或硬件加速老化。一般每个季度给操作员站和DPU站进行一次吹灰（DPU站最好不要拿下来）。

(7) 对于DCS系统和其他系统（如MIS、SIS等）的接口，建议在其他系统侧的网关站上，加装病毒防火墙，并及时更新病毒库。同时及时更新操作系统的补丁，从而提高系统的安全性，如果在EDPF-NT上安装第三方的软件，请向国电智深技术支持部咨询，以获得更为安全的方案。

(8) 系统设计上必须充分考虑安全原则，涉及机组安全停机和失电情况下的安全联锁功能以及汽轮机、给水泵汽轮机油系统的联锁功能，除在控制器逻辑内实现外，还应在硬通道中设计实现。

(9) 定期检查系统风扇是否工作正常，风道有无阻塞，以确保系统能长期可靠地运行。

(10) 每次改动组态后都要进行主副站是否同步的检查。

(11) 历史站站名不能改动，即使改动后改回来也会使历史站不记录历史。

(12) 养成定期备份EDPF-NT系统的习惯，每次更新点目录后应该把工程师站的EDPF-NT安装目录进行备份，否则工程师站的损坏可能会导致系统无法恢复。以及历史数据的备份，以防止历史站的硬盘损坏导致历史数据丢失。

(13) DCS电子间要保证在合适的温度、湿度、灰尘度。

(14) 在每次插卡前，要量端子对地电压（开关量不超过50V，因DI均为干结点接入不应有电压，感应电压不能太大。对于模拟量输入，若是对方供电电压一般不超过24V），对地电阻不小于20KΩ，对于DI点一定要弄清楚就地设备的公用端是否接地且要把其公用端与DCS公用端接在一起。DCS的DI卡公用端是单号端子（卡件内部接地）如1、3、5等。否则信号会产生错误。例如就地公用端（接地或有其他信号存在时）为单号，接到DCS侧时接到偶数端，就会使该信号一直存在，这是将DCS侧端子接线到一下就好了。当遇到现场信号未来，而DCS侧现实有信号时一般是这种情况。对于AI卡，当通道作为变送器方式即外供电时，除检查以上两项还要保证该通道两端子间不能短路，否则会因回路短路而烧坏通道保护电路。对于AI卡的具体适用对象的拨码方式必须按照硬件手册严格执行。当通道作为变送器方式即外供电时，必须保证外回路正常才能拨码，以免误接线烧通道。对于DO输出是通过继电器输出的干结点。当DO输出已经从控制器发出，且卡件灯也亮但继电器不动作，可能是因预制电缆没插好或脱落。对AO输出，在ACT4卡的9～12通道，也要求端子间不能短路。

2. 系统软件维护注意事项

所有组态操作只能针对小号站，禁止对大号站进行任何组态操作，如小号站有故障，可把大号站配置改为小号站后进行。

3. EDPFNT 常见问题和处理方法

(1) 操作站 WINDOWS 系统无法正常启动。系统无法启动的原因是多种多样的，一般来说，请先查找硬件是否有问题，一般硬件故障引起的，可能是计算机的各个插槽出现松动，或是灰尘太大导致的故障。若系统告知某某文件无法加载，则需重新安装操作系统。

(2) 操作站系统死机或者不稳定。若偶尔出现一次两次重启后正常，则属于正常现象；若出现比较频繁，则多数是由于硬件故障引起的。此时，应检查以下方面：机箱内灰尘吹灰、机箱风扇通风是否正常，CPU 散热风扇是否正常，主板及其他板卡是否插实，主板靠近 CPU 的电容是否有鼓包、冒泡现象等。

(3) I/O 卡件离线或故障。一般由以下两个方面导致：

1) 组态设置不正确（ECBW 里类型设置以及底座跳线）。

2) 底座或卡件自身故障，如果有备件，可以更换备件进行观察一下。

(4) SOE 点总是调不出报警历史。开关量的报警级别和模拟量是不同的，模拟量 0XAB，0X 表示十六进制，A 表示高限报警优先级，B 表示底线报警优先级（选择范围为 0～3，0 不报警，数字越大，报警级别越高）。而开关量的报警优先级也是 0XAB 的形式，只是 A 无实际意义，B 为 0 不报警，在 APPBAR 和报警一览的历史里都没有。一般设置为 0X0B，B 为 0～3，0 不报警。

(5) 应该正常显示测点显示颜色不正常（显示品质坏或者是超限等）。此时，先退出扫描，人工强制一个合适的数值后再启动扫描。

第三章

660MW超超临界机组的启动系统

由于超超临界直流锅炉与亚临界汽包锅炉在系统组成上的水—汽转换原理不同，锅炉蓄热能力不同，负荷和扰动的响应速度也不同，而最大的区别还在于锅炉启动系统的差异，因此掌握超超临界机组的启动系统运行控制特性，对于超超临界机组的控制而言十分重要。

第一节　启动系统的功能和分类

一、启动系统的功能

超超临界压力电站锅炉启动、停炉和极低负荷运行期间，汽水分离器内的汽水工质流量的分配是：当锅炉燃烧负荷大于30%BMCR时，进入汽水分离器的工质全部是微过热蒸汽；当锅炉燃烧负荷小于30%BMCR时，水冷壁系统维持30%BMCR恒定给水流量循环，水冷壁出口30%BMCR的汽水混合物进入汽水分离器，汽水分离后，蒸汽进入过热器、汽轮机或汽轮机旁路系统，高温、高压疏水疏往除氧器或经再循环泵进入水冷壁。

超超临界压力锅炉启动系统的功能是：

(1) 维持锅炉水冷壁最小循环流量。

(2) 合理疏放从水冷壁流出而又不能进入过热器的疏水。

(3) 协调锅炉启动期间燃料量、给水量、产汽量之间的比例关系。

(4) 保证锅炉安全、可靠、经济地启停及极低负荷运行。

二、启动系统的分类

无论直流锅炉的启动系统类型如何变化，按分离器在直流负荷以上运行时，分离器是参与系统工作，还是解列于系统之外，可以分为内置式分离器启动系统和外置式分离器启动系统两种。

外置式分离器启动系统是指启动分离器在机组启动和停运过程中投入运行，而在直流负荷以上运行时解列于系统之外的启动系统。内置式启动系统指在机组启动、正常运行、停运过程中，启动分离器均投入运行，在锅炉启停及低负荷运行期间，启动分离器处于湿态运行，分离器如同汽包一样，起汽水分离作用；而在锅炉正常运行期间，启动分离器处于干态运行，从水冷壁出来的微过热蒸汽经过分离器，进入过热器，此时分离器仅起一连接通道作用。外置式分离器启动系统配置复杂，在解列和投运时操作复杂，汽温波动较大，对汽轮机运行不利。内置式分离器启动系统的启动分离器设在蒸发区段和过热区段之间，启动分离器与蒸发段和过热器之间没有任何阀门，系统简单，操作方便，不需要外置式分离器启动系统所涉及的分离器解列或投运操作，从根本上消除了分离器解列或投运操作所带来的汽温波动问题，但分离器要承受锅炉全压，对其强度和热应力要求较高。内置式分离器启动系统适用于变压运行锅炉。

内置式分离器启动系统可分为扩容式（大气式、非大气式两种）、疏水热交换器式和循环泵式等。扩容式（大气式和非大气式）低负荷和频繁启停特性较差，但初投资较前者少，适用于带基本负荷的电厂。启动疏水热交换式和带再循环泵式的启动系统具有良好的极低负荷运行和频繁启动特性，适用于带中间负荷和两班制运行。简单的内置式分离器启动系统分类比较见表 3-1。

表 3-1　　内置式分离器启动系统分类

形　式	大气式	扩容式	疏水热交换式	锅炉再循环方式
系统	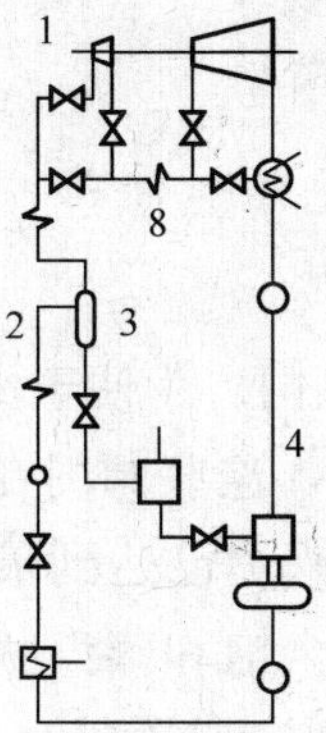	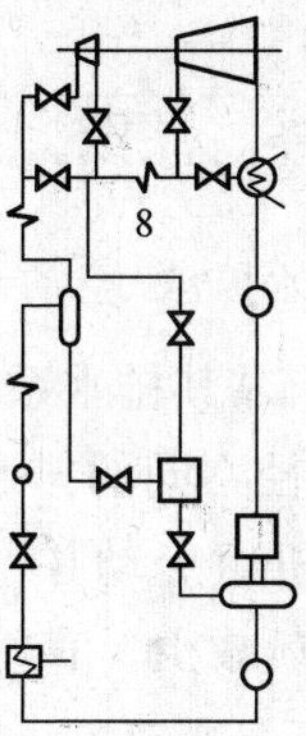	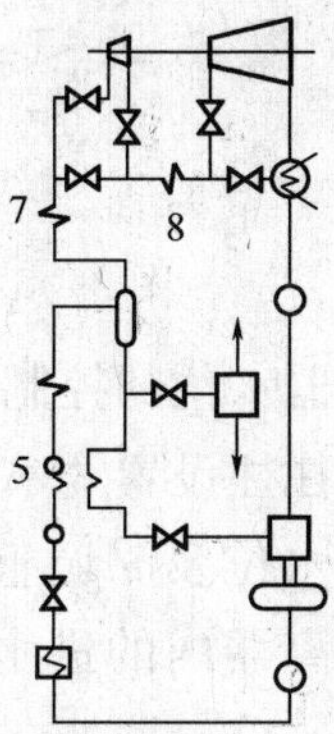	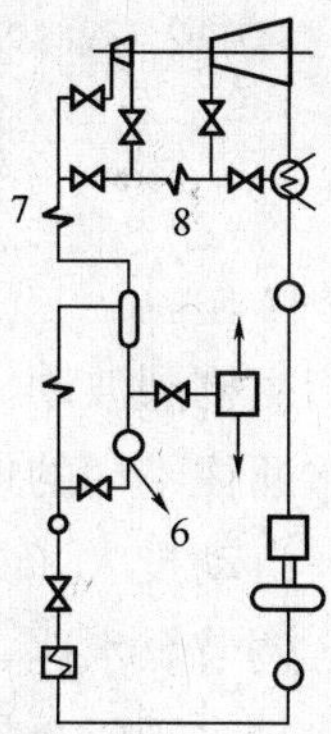
极低负荷运行	×	×	△	○
频繁启动	×	△	○	○
价　格	○	○	△	△

注　1. ○—良；△—中；×—差。
　　2. 1—汽轮机；2—炉膛；3—分离器；4—扩容器；5—热交换器；6—再循环泵；7—过热器；8—再热器。

第二节　启动系统的控制特点

一、简单疏水扩容式启动系统的控制特点

在机组启动过程中，启动分离器中的疏水经大气式扩容器扩容，二次蒸汽排入大气，二次水经集水箱、疏水泵排至凝汽器。简单疏水扩容式启动系统主要由除氧器、给水泵、大气式扩容器、集水箱、HWL 阀、NWL 阀、启动分离器等组成，具体流程见图 3-1。

锅炉启动时，分离器水位容器建立水位，此时压力为零；点火后，炉水被加热并逐渐开始蒸发产生蒸汽，分离器内开始建立压力，此时蒸汽压力通过汽轮机旁路门开度来维持和控制，水位由分离器排水阀控制。立式内置式分离器（或水位容器）的高度很高，主要是为了满足水位的较大波动并便于控制。因为立式容器横断面积很小，单位长度储水量不大，所以水位波动往往很大，有时波动量达±5m，甚至更大一些；特别是在炉水开始蒸发的阶段，由于水冷壁系统产生汽水膨胀现象，因此瞬间会有远多于给水流量的水涌往分离器，使其水

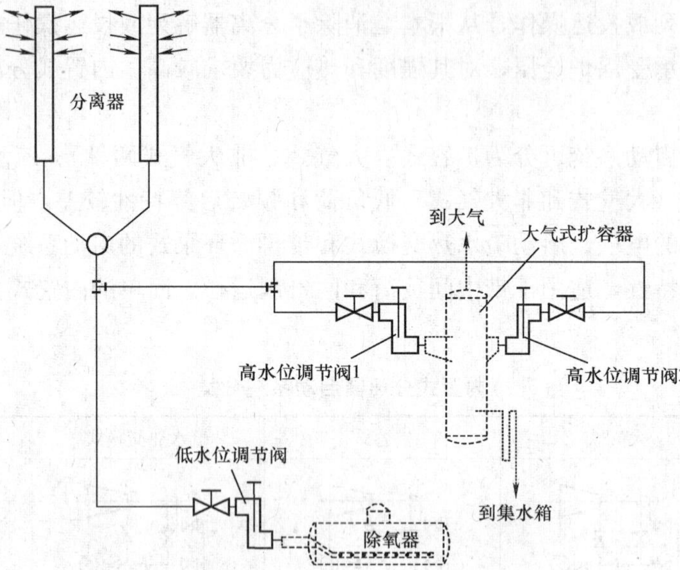

图 3-1 简单疏水扩容式启动系统流程

位产生剧烈波动。分离器水位的控制主要依靠其排水系统的阀门。为便于水位控制，以及将排水通往不同的地方，往往设置 2～3 只口径不同的排水阀门，这些阀门在启动阶段都依照程序自动投入，并根据水位及时调整。当机组启动并网，且锅炉已达到最低直流运行工况时，调节煤水比，使分离器内的进水量逐渐减少，直至达到全饱和蒸汽状态，水位自动消失，排水阀门全部关闭，分离器处在“干态”下运行，这样便完成了整个启动过程。此后，锅炉负荷不断增加，进入分离器的介质由饱和蒸汽状态开始变为微过热状态，分离器本身仅仅作为一个连接水冷壁和过热器的通道。分离器从有水位（称为湿态）到无水位（称为干态）的转换过程，称为切除分离器的“切分”过程。

对于简单疏水扩容式启动系统而言，在分离器切除之前，除了能回收部分工质和热量之外，大部分疏水经大气式扩容器扩容后仅回收部分工质，而热量则全部浪费掉。为了满足在启动工况下分离器的疏水能安全地排出，根据启动系统的容量，在启动初期，水冷壁中会出现汽水膨胀现象，此时的疏水量远大于正常情况下的疏水量，约为正常疏水量的 1.7 倍。如果疏水泵的容量过小，将会出现分离器疏水在集水箱中积聚起来，不能及时排掉，导致超过集水箱的最高水位限制的现象。如果选用的疏水泵容量过大，会过于浪费，因此合适容量的疏水泵的选取十分重要。

超超临界锅炉与亚临界汽包锅炉在自动控制方面有所不同，其实质是直流锅炉与汽包锅炉之间的差别，因为超超临界锅炉必须是直流锅炉。

直流锅炉中没有汽包，蒸发与过热受热面之间没有固定的分界线，当给水量或燃料量变化时，都会引起蒸发量、蒸汽温度和蒸汽压力的同步变化，从而给控制系统的设计和调整增加了灵活性，但也增添了复杂性。

在启动初期，给水泵按照最低直流负荷的给水流量提供给水。由于此时没有蒸汽产生，因此全部给水经过分离器变成疏水；一旦有蒸汽产生，分离器中的水位开始下降，给水泵维持最低直流负荷的给水，同时疏水量开始减少。这样的状态一直要维持到最低直流负荷，在该负荷以上锅炉进入直流运行方式，进入蒸发器的水全部变成蒸汽。

启动系统中疏水调节阀的功能如下：

（1）NWL阀的功能。一是保持分离器最低水位；二是可回收工质的热量，只要水质合格，就可以通过疏水调节阀进入除氧器水箱回收部分热量。

（2）HWL阀的功能。一是在水质不合格时和冷态、温态启动过程中，一旦锅炉发生汽水膨胀现象，进入启动分离器的大量疏水便可通过此阀排至大气式扩容器；二是在冷态和温态启动过程中，使启动分离器水位不超过最高水位，以防止启动分离器满水，避免水冲入过热器而危及过热器甚至汽轮机的安全。

启动系统中的调节阀需具有良好的调节特性，能抗汽蚀，防泄漏，达到ANSI Ⅴ级，承受高压差。所有调节阀能在各种启动工况下，满足不同组合运行方式时排放流量的要求。截止阀能承受高压差，关闭严密，不会发生泄漏。

二、带循环泵的启动系统的控制特点

对于配置带循环泵的启动形式，在锅炉的启动及低负荷运行阶段，炉水循环确保了在锅炉达到最低直流负荷之前的炉膛水冷壁的安全性。当锅炉负荷大于最低直流负荷时，一次通过的炉膛水冷壁质量流速能够对水冷壁进行足够的冷却。带循环泵的启动系统主要由除氧器、给水泵、大气式扩容器、集水箱、启动循环泵、启动分离器等组成，具体流程见图3-2。

在炉水循环中，由分离器分离出来的水往下流到锅炉启动循环泵的入口，通过泵提高压

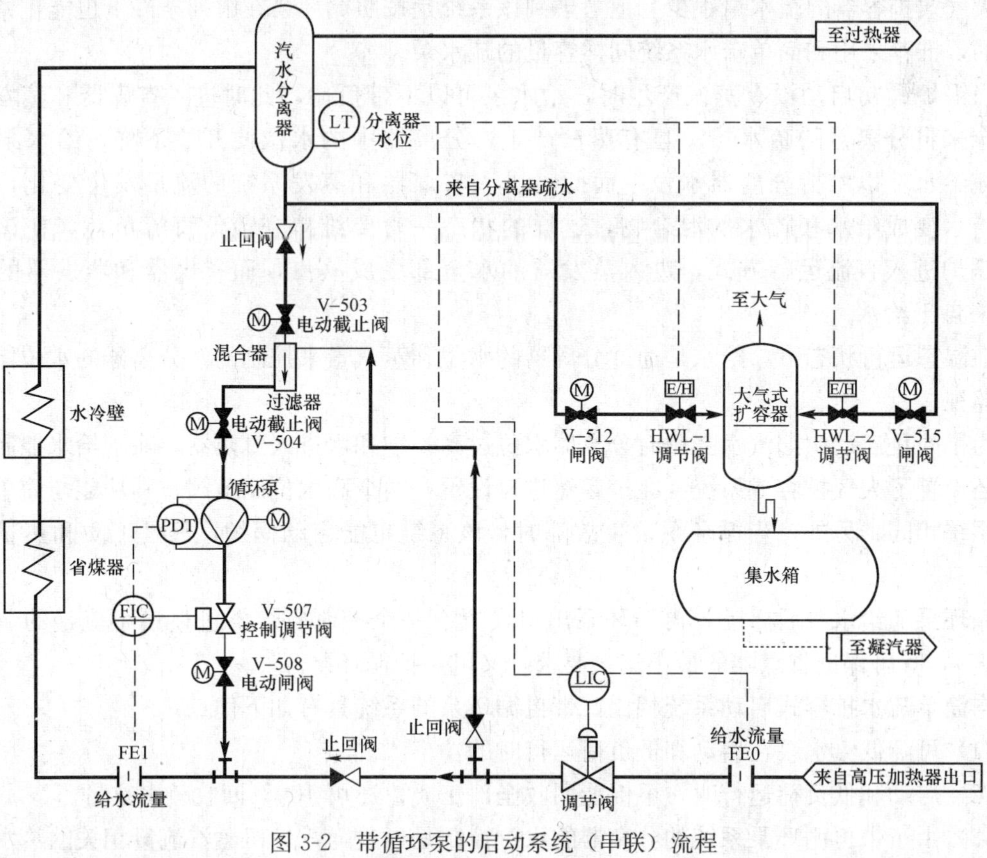

图3-2 带循环泵的启动系统（串联）流程

力来克服系统的流动阻力和省煤器最小流量控制阀（V-507）的压降；水冷壁的最小流量是通过省煤器最小流量控制阀来实现控制的，即使当一次通过的蒸汽量小于此数值时，炉膛水冷壁的质量流速也不能低于此数值。炉水再循环提供了锅炉启动和低负荷时所需的最小流量，选用的循环泵能提供锅炉冷态和热态启动时所需的体积流量，在启动过程中，并不需要像简单疏水扩容器系统那样连续地向扩容器排水。循环泵的设计必须提供足够的压头，来建立冷态和热态启动时循环所需的最小流量。

分离器靠近炉顶布置，这样可以提供循环泵在任何工况下（包括冷态启动和热态再启动）所需要的净吸压头。分离器的较高位置同样也提供了锅炉初始启动阶段汽水膨胀时疏水所需要的静压头。

在图 3-2 所示启动系统中，循环泵和给水泵为串联布置，这样的布置具有以下优点：

（1）进入循环泵的水来自下降管或锅炉给水管，或同时从这两者中来。这样的布置使得在各个启动过程中，总是有水流过循环泵，泵的流量恒定，无须设置任何最小流量的泵循环回路及其必须的控制设备。

（2）锅炉给水的欠焓可增加循环泵的净吸压头。当分离器由湿态转向干态时，疏水流量为零，但此时循环泵能从给水管道中得到足够的流量，可保证分离器平滑地从干态转向湿态，无须在此时进行循环泵的关停操作。

对于带循环泵的启动系统而言，在循环泵投运的情况下，能回收大部分的工质和热量。带循环泵的启动系统的疏水量（在循环泵投运时）大部分经再循环泵重新回到省煤器，所以经过大气式扩容器的疏水量很少。但考虑到该系统是按照循环泵在解列条件下也能正常启动设计的，推荐采用和简单疏水系统同样容量的疏水泵。

当锅炉最初启动没有蒸汽产生时，给水泵可以不带负荷，此时进入省煤器和蒸发器的水完全来自分离器的疏水；一旦有蒸汽产生，分离器中的水位便开始下降，给水泵需启动补充给水，以维持分离器水位。而此时进入省煤器和蒸发系统的流量发生变化，由纯粹的疏水变成给水和疏水的混合物，这样的状态一直要维持到最低直流负荷，在该负荷以上锅炉进入直流运行方式，进入蒸发器的水全部变成蒸汽，而省煤器和蒸发器的流量完全来自于给水。

在湿态运行状态下，给水是通过分离器的水位和蒸汽量来控制的，分离器的水位需要连续地监视。

为了防止启动初期汽水膨胀时分离器水位过高，饱和水进入过热器，除了给水控制水位外，还设置了大气扩容式系统。在扩容器进口设置有两个高水位调节阀，其功能与简单疏水启动系统相同；另外，当循环泵发生故障时，该系统也能启动锅炉，只是工质和热量损失较多。

循环泵随给水泵后启动，再循环泵出口设置有一个控制省煤器进口最小流量的调节阀（V-507），既可保证省煤器的最小流量要求，又可保护循环泵。

与简单疏水扩容式启动系统相比，带再循环泵的系统具有如下优点：

（1）可降低给水泵在启动和低负荷运行时的功率。

（2）启动和低负荷运行时，不但能回收全部工质，还可 100％回收疏水热量。

（3）由于带再循环泵系统的分离器的水位控制是通过与汽轮机蒸汽流量相关的给水控制

来完成的，因此，在通常情况下不需要使用启动系统的排放阀门，这样可以减小系统的热量和工质的损失。

(4) 带泵的启动系统与简单疏水型启动系统相比，能够回收更多的热量，同时也可减小工质损失。炉水再循环确保了炉水本身所带的热量都回到炉膛水冷壁，在启动的大部分时间内，几乎没有什么热损失和工质损失。带泵的启动系统与疏水型启动系统在排放水量上有巨大区别，后者在锅炉整个启动过程中，从炉膛水冷壁来的水被连续地排放，导致了大量的热损失和工质损失。与此相比，带泵的启动系统只需要在锅炉启动的早期汽水膨胀阶段排水到扩容器中，在此时间段，由于排放的水是处于大气压力下的饱和水，因此热损失很小，而且排放水的焓值也较低，不会有工质在扩容器中被蒸发掉。

简单疏水型启动系统是通过给水泵来提供必需的水冷壁最小流量，而带泵的启动系统则是通过循环泵来实现的。对于疏水型启动系统的启动过程，所有最小流量的水都在炉膛中被加热，没有蒸发成水蒸气的部分则携带着从炉膛吸收的热量被排到扩容器中，带泵的启动系统排放水量很小，其热损失也很小，其启动过程中总的热损失约为疏水型启动系统的3%。

由于带循环泵的启动系统在整个启动过程中能100%吸收疏水热量，可有效缩短冷态和温态启动时间，相比于简单疏水扩容式启动系统，当冷态启动时，点火至汽轮机冲转的时间可缩短70～80min，温态启动时间可缩短10～20min，因此，该系统更适合于频繁启动、带循环负荷和两班制运行机组。

通过对超临界直流锅炉启动系统几种常见类型及其技术特点的分析比较发现，外置式启动系统目前应用较少，而内置式启动系统中，带再循环泵的启动系统在极低负荷运行和频繁启动的特性较好，而疏水扩容式启动系统较差，但初投资少且控制简单。

系统运行原则是：当锅炉负荷大于30%BMCR工况时，汽水分离器干态运行，锅炉设计要求此时水冷壁出口进入汽水分离器的工质必须是微过热蒸汽，锅炉为直流运行；当锅炉负荷小于30%BMCR工况时，汽水分离器湿态运行，水冷壁维持30%BMCR循环流量，汽水混合物在汽水分离器内分离后，疏水由疏水调节阀控制，疏往除氧器。

三、超临界直流锅炉启动系统的运行特点

以带炉水泵的启动系统为例，点火初期，在没有蒸汽产生时，给水泵带很小的负荷(0～3%MCR)，此时进入省煤器和水冷壁的水几乎完全来自分离器疏水；当有蒸汽产生时，分离器和储水箱的水位开始下降。这时，来自给水泵的流量应缓慢增加以维持储水箱的水位，而此时进入省煤器和水冷壁的水量，由单一储水箱疏水变化为疏水和给水的混合物。随着产汽率的变化，两者的比例也逐渐变化，这样的状态一直要维持到最低直流负荷(30%MCR)。在该负荷以上，锅炉为直流运行方式，进入水冷壁的水全部变成蒸汽，这时进入省煤器和水冷壁的流量完全来自给水。在最低直流负荷之前的阶段，由于负荷低，抽汽回热系统没能正常投入，给水温度较低，蒸汽温度对给水流量的变化异常敏感，这时应注意控制给水的比例不要过大。

在锅炉度过膨胀期时和升压过程中，储水箱水位波动比较大。水位高了影响蒸汽温度，水位接近炉水循环泵保护动作值时，为防止炉水循环泵跳闸，省煤器入口流量低发生MFT，运行人员要迅速提高给水流量，而提高给水流量将要造成汽温的大幅度下降。所以，在这个过程中，运行人员要特别注意给水量和储水箱水位的调整。

对于直流锅炉的启动系统，在启动阶段都有一个从水位控制到温度控制的切换过程，在维持省煤器和水冷壁最小流量的同时，对于燃烧率的控制也是很重要的。在湿态运行期间，省煤器和水冷壁的流量基本是恒定值，此时燃烧率要逐渐地增加，以满足产汽量的要求。

当负荷增长时，为了维持分离器出口压力，燃烧率也要相应增长。在湿态运行过程中，要根据分离器压力和温度来调整燃烧率。最低直流负荷是启动系统由湿态转入干态运行的起始点。当接近最低直流负荷时，分离器水位逐渐降低，炉水循环泵退出运行；水位消失后，启动系统转为干态运行，此时分离器由原来的水位控制过程转为分离器出口蒸汽温度控制过程，以分离器出口温度作为前置控制点。为了防止温度降低而使启动系统又返回湿态运行，此时分离器出口要保持10～15℃的过热度。在直流方式运行时，通过煤水比来调节分离器出口温度。相关经验数据表明，在BRL工况下，当燃料量和给水温度不变时，分离器出口温度改变1℃，相应的给水流量改变约10t/h，才能保持分离器出口温度不变；当给水流量和给水温度不变时，分离器出口蒸汽温度改变1℃，相应的燃料量（低位发热量约为24000kJ/kg）改变约1.2t/h，才能维持分离器出口蒸汽温度基本不变。

第三节　锅炉循环泵启动系统的基本控制

启动系统运行方式为：由锅炉给水自动控制分离器水位，负荷逐渐增加，一直到纯直流负荷方式后切换到温度自动控制方式，如图3-3所示。

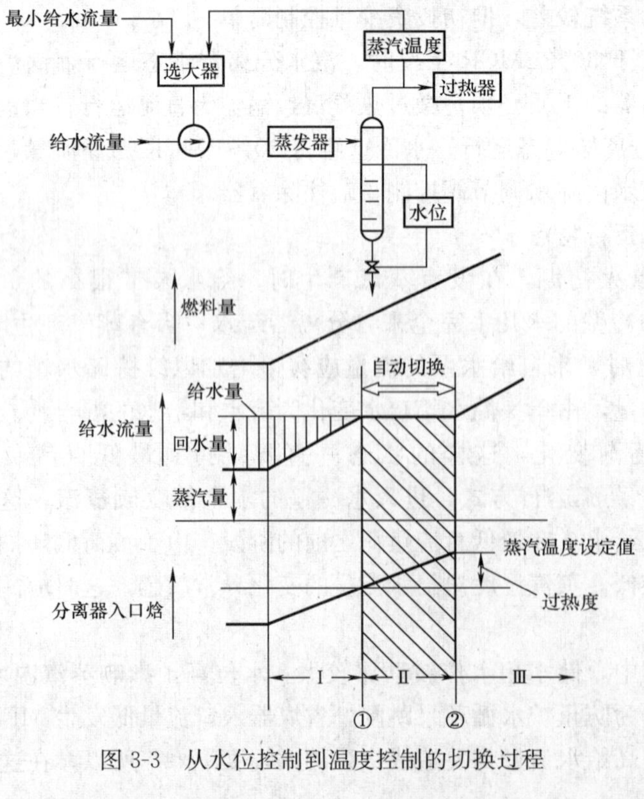

图3-3　从水位控制到温度控制的切换过程

一、机组启动

从水位控制到温度控制的切换过程：对于直流炉而言，为了确保水冷壁在低负荷时有效地冷却，通过水冷壁的流量不能小于某个值（30%BMCR暂定），即最低直流负荷。当机组启动和停炉时，启动系统投入使用，由于启动系统要经历不同的运行状态（湿态和干态），故须采用不同的控制方式（湿态和干态），且能平稳、自动地切换。

Ⅰ阶段以前：按照冷态、温态及热态（含极热态）启动方式，顺序启动锅炉及相关的锅炉辅机，循环泵启动系统投运；分离器水位由控制锅炉母管给水流量来实现。

Ⅰ阶段：省煤器入口的给水流量保持在某个最小常数值（30%BMCR暂定）；当燃料量逐渐增加时，随之产生的蒸汽量也增加，从分离器下降管返回的水量逐渐减少，锅炉给水流量逐渐增加，以保证省煤器入口的给水流量保持在某个最小常数值，分离器入口湿蒸汽的焓值增加。

①点：分离器入口蒸汽干度达到Ⅰ，饱和蒸汽流入分离器，此时没有水可分离，锅炉给水流量等于省煤器入口的给水流量，但仍保持在某个最小常数值（30%BMCR暂定）。

Ⅱ阶段：给水流量仍不变，燃烧率继续增加，在分离器中的蒸汽慢慢地过热。分离器出口实际温度仍低于设定值，温度控制还未起作用。所以，此时增加的燃烧率不是用来产生新的蒸汽，而是用来提高直流锅炉运行方式所需的蒸汽蓄热。

②点：分离器出口的蒸汽温度达到设定值，进一步增加燃烧率，使温度超过设定值。

Ⅲ阶段：进一步增加燃烧率，给水量也相应增加，锅炉开始由定压运行转入滑压运行。蒸汽温度信号通过选大器，温度控制系统投入运行，分离器出口的蒸汽温度由煤水比控制。当锅炉主蒸汽流量增加至40%BMCR（暂定）时，锅炉正式转入干态运行。在干态自动方式时，循环泵自动停。

二、停炉

温度控制到水位控制的切换：图3-4表明，负荷降低，从纯直流锅炉方式后切换到启动运行方式，由温度控制切换到水位控制的过程。

Ⅰ阶段：锅炉负荷指令同时减小燃烧率和给水流量，蒸汽温度控制系统自动；当锅炉主蒸汽流量降至40%BMCR（暂定）以下时，干态信号消失，湿态信号还没有满足（注：满足条件为炉膛有火，且给水母管给水量小于30%BMCR暂定）。

①点：给水流量达到最低直流负荷流量（30%BMCR暂定）。

Ⅱ阶段：给水流量仍不变，燃烧率继续减小，在分离器中的蒸汽过热度降低，开始有水分离出。

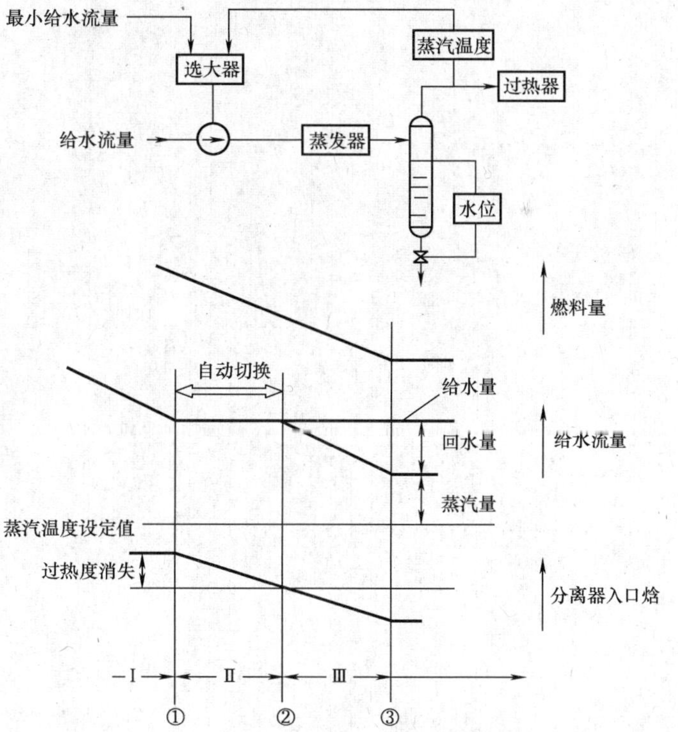

图3-4 从温度控制到水位控制的切换过程

②点：蒸汽过热度完全消失，流入分离器的蒸汽呈饱和状态。

Ⅲ阶段：进一步减小燃烧率，给水流量不变，分离器入口蒸汽湿度增加，分离器中开始积水；当分离器水位上升到一定高度时，循环泵启动条件满足，手动或顺控启动循环泵。当给水母管流量小于30%BMCR（暂定）时，能自动切换为湿态运行。

Ⅲ阶段以后：随着负荷的降低，蒸汽量减小，母管给水量也减小；当母管给水量减小到5%BMCR时，保持该值不变。

随着蒸汽量减少，分离器水位会上升。当分离器水位上升到一定高度时，水位调节阀会自动调节分离器水位在设定值以内。注意：当分离器水位上升到MFT设定值时，锅炉跳闸。

第四章 660MW 超超临界机组数据采集系统(DAS)

第一节 数据采集系统的主要功能

数据采集系统（DAS）的主要功能为数据采集与显示，而人们通常所称的计算机数据采集系统（DAS），从广义上来说应称为计算机监视系统。I/O 通道从生产过程采集各种过程变量，并将采集到的数据先进行初步的数据处理，如滤波、隔离、A/D（模拟量/数字量）转换、标度变换等，然后送到高速数据通信网络（总线）。操作员站从高速数据通信网络上获取全部信息，经复杂的数字处理后，经人机接口装置——CRT 显示屏及键盘（或鼠标、球标、光笔）、打印机、硬拷贝机等实现显示、打印制表、拷贝等功能，并建立实时数据库、历史数据库。工程师站用于系统的组态和修改，亦可作为操作员站的后备。

生产过程的各种变量，如温度、压力、流量等称为模拟量；而设备状态，如泵、风机的启/停，阀门、挡板的开/关等称为开关量。数据采集系统的数据采集就是通过各种测量元件、变送器、开关接点、继电器等将模拟量和开关量信号引入计算机系统。对于模拟量中的温度信号，通常直接由测温元件引入计算机系统，这些测温元件通常为热电偶或热电阻；压力、流量、差压以及其他非电量的测量，通常要通过变送器及开关接点，将过程变量转换成标准的电信号，如 4～20mA DC、0～10mA DC、0～20mA DC、0～5V DC、1～5V DC、0～24V等，其中 4～20mA DC 为变送器输出的国际通用标准信号。

对于一台大型火电机组来说，数据采集系统要采集的数据面广而量大。一台 660MW 超超临界机组所要采集的模拟量和开关量的数据总和达 1 万点以上，这些数据的测点分布在电厂的各个部位，仅在主厂房内，常常距集控室也有数百米的距离。数据采集通常有两种方法：一种是将就地测量的测温元件、变送器、开关触点等用电缆引到电子设备间 DAS 系统的机柜内集中处理，I/O 卡件可有较好的工作环境，系统的通信、扩展、接地和屏蔽等方面较为有利，为目前大多数大型分散控制系统（包含 DAS 系统）所采用，其缺点是需耗用大量的电缆；另一种是采用智能测量前端，智能测量前端可安装在环境条件恶劣的现场，由它们将现场的模拟量和开关量直接转换为数字信息，采用数字通信与远方的主机进行通信联系，以构成 DAS 系统。

第二节 数据采集系统的设计说明

一、概述

数据采集系统（DAS）包括汽轮机、锅炉、电气各部分的数据采集和流程图画面显示等功能。在机组启停、正常运行以及事故工况等过程中，DAS为运行人员提供主要的设备操作接口及监视记录手段，运行人员可从DAS中获得大量实时的或经过处理的机组信息，在DAS画面中直接对机组的绝大多数设备进行操作，并在需要的情况下获得各种操作指导或操作帮助等信息。

二、设计说明

以望亭发电厂2×660MW超超临界机组为例进行说明。

（一）DAS的硬件组成及现场采集信号的处理

1. DAS的硬件组成

DAS没有配置单独的控制处理器，而是将相关测点分配在MCS、SCS、FSSS、ECS各系统中。

2. 现场数据采集信号的处理

对于DAS现场采集信号的处理过程而言，保证各种采集数据的实时性、正确性、准确性及安全性非常重要，它是实现机组安全、高效运行的基础。从现场采集到的各种开关量和模拟量在进入计算机系统以前，要进行如下各种信号的预处理：

（1）模拟量正确性判断。

（2）数字滤波。

（3）参数补偿。

（4）非线性校正。

（5）工程量单位变换。

（6）开关量接点的有效性检查。

（7）脉冲量输入累积。

DAS的信号采集及处理过程充分利用OVATION系统软硬件的高效性和安全性，经过合理的组态，使最终进入DCS的各种信号和参数满足各方面的性能指标要求。

（二）DAS画面显示

DAS画面显示分流程图显示、操作窗口显示等几类画面。

1. 流程图画面结构

DAS流程图画面的结构是：最上面一行为画面名称、报警区域及进入帮助画面的快捷按键区及进入相关DAS画面的快捷按键区，中间部分为流程图画面显示区，最下面是机组主要参数区。

流程图顶部最左端为该流程图的图号和名称；画面名称右侧是6个操作区域，依次为MFT切入操作区、树结构菜单切入操作区、系统状态监视区、锅炉光字报警切入操作区、汽轮机光字报警切入操作区、电气光字报警切入操作区。流程图顶部的右端为进入帮助画面的快捷按键区及进入相关DAS画面的快捷按键区，如果在该流程图显示出来的设备有程控操作，则在画面右上部显示有进入程控操作窗口画面的快捷按键。

用户单击各切入操作区，会弹出各相关显示画面。

画面顶端流程图图号和名称右侧的 6 个操作区域，除树结构菜单切入操作区外，其余 5 个操作区还有报警状态显示功能。例如，当锅炉光字报警画面有报警信号时，各流程画面上的锅炉光字报警键会显示红光，当点击按键切入光字报警画面并进行确认后，报警键红光消失。

流程图中部是主画面区，其特点和内容将在后面的章节中进行介绍。

流程图下部是机组主要参数区。

2. 流程图画面分类

流程图画面分为锅炉画面、汽轮机画面、电气画面三部分。由菜单可切换到具体的流程图画面中，也可由操作员键盘的方向按键按预定的顺序切换画面。

(1) 锅炉部分流程画面（包括 FSSS）显示。锅炉部分流程画面（包括 FSSS）系统分类见表 4-1。

表 4-1　锅炉部分流程画面（包括 FSSS）系统分类

编号	名称	编号	名称
3001	机组汽水系统	3015	磨煤机制粉系统
3002	锅炉主启动系统	3016	磨煤机 A 制粉系统
3003	汽温调节系统	3017	磨煤机 B 制粉系统
3004	锅炉疏水放汽系统	3018	磨煤机 C 制粉系统
3005	风烟系统	3019	磨煤机 D 制粉系统
3006	一次风机及火检风机系统	3020	磨煤机 E 制粉系统
3007	送引风系统	3021	磨煤机 F 制粉系统
3008	二次风挡板系统	3022	磨煤机油站系统
3009	锅炉烟气系统	3023	锅炉燃油系统
3010	微油点火系统	3024	炉膛吹扫系统
3011	一次风机本体系统	3025	锅炉本体系统
3012	送风机本体系统	3026	SCR 系统
3013	引风机本体系统	3027	氨站系统
3014	空气预热器本体系统		

(2) 汽轮机部分流程画面显示。汽轮机部分流程画面系统分类见表 4-2。

表 4-2　汽轮机部分流程画面系统分类

编号	名称	编号	名称
3501	主蒸汽、再热蒸汽系统	3512	汽动给水泵 B 本体系统
3502	备汽系统	3513	汽动给水泵蒸汽、疏水系统
3503	高压加热器抽汽疏水系统	3514	汽轮机总疏水系统
3504	低压加热器抽汽疏水系统	3515	汽轮机润滑油系统
3505	汽轮机轴封系统	3516	汽轮机润滑油净化系统
3506	凝结水系统	3517	汽轮机 EH 油系统
3507	开式冷却水系统	3518	汽轮机本体热控
3508	闭式冷却水系统	3519	发电机定子冷却水
3509	给水系统	3520	发电机密封油系统
3510	电动给水泵本体系统	3521	凝汽器真空系统
3511	汽动给水泵 A 本体系统		

（3）电气部分流程画面显示。电气部分流程画面系统分类见表4-3。

表4-3 电气部分流程画面系统分类

编号	名称	编号	名称
3800	发电机—变压器组总图	3805	机组控制用110V直流系统
3801	发电机—变压器组系统	3806	动力用220V直流系统
3802	6kV厂用电系统	3807	机组UPS系统
3803	保安电源系统	3808	单元机组参数显示
3804	励磁系统		

（4）公用系统流程画面显示。公用系统流程画面显示分类见表4-4。

表4-4 公用系统流程画面显示分类

编号	名称	编号	名称
3900	空气压缩机系统	3903	辅助厂房系统
3901	循环水泵房系统	3904	输煤6kV系统
3902	6kV 3C、4C系统	3905	公用PC系统

（三）显示及操作说明

系统各流程画面的静态部分按如下规定着色：

蒸汽管道　　红色
水管道　　绿色
风烟管道　　蓝色
燃油管道　　黄色
煤粉管道　　褐色
氢管　　蓝色
500kV　　乳白色
110kV　　蓝色
27kV　　梨黄色
6kV　　深蓝色
380V　　黄褐色
直流　　褐色
励磁　　浅绿色
UPS　　粉色

主画面上过程参数、阀门、电动机等以前景颜色显示，用红、蓝、黄、绿等亮色代表不同的状态，如下所列。

1. 模拟量的显示

正常　　绿色平光
高一限　　红色平光
低一限　　黄色平光
传感器报警　　紫色

坏点	粉红色
操作员输入	蓝色
超时报警	蓝色
退出扫描	灰色

2. 电动门的显示

电动门全开	红色平光
电动门正在开过程	红色闪烁
电动门全关	绿色平光
电动门正在关过程	绿色闪烁
超时故障	黄色
I/O故障	白色
就地故障或过力矩	在电动门图标周围出现红色闪烁方框
打在试验位	在电动门图标旁显示红色手状闪烁 
挂牌	在本电动门图标上显示红色圆圈 

3. 电磁阀的显示

电磁阀运行	红色
电磁阀停运	绿色
超时故障	黄色
I/O故障	白色
就地故障	在电磁阀图标周围出现红色闪烁方框
打在试验位	在电磁阀图标旁边显示红色手状闪烁 
挂牌	在本电磁阀图标上显示红色圆圈

4. 调节阀门的显示

手动	天蓝色
自动	粉红色

5. 电动机的显示

电动机运行	红色
电动机停运	绿色
超时故障	黄色
I/O故障	白色
异常跳闸（不是DCS发指令电动机停止）	绿色闪烁
电气故障	在电动机图标周围出现红色闪烁方框
打在试验位	在电动机图标旁边显示红色手状闪烁 
挂牌	在该电动机图标上显示红色圆圈 

6. 电气开关的显示

开关合闸	红色

开关断开	绿色
超时故障	黄色
I/O 故障	白色
异常跳闸（不是 DCS 发指令电机停止）	绿色闪烁
电气故障	在电动机图标周围出现红色闪烁方框
打在试验位	在电磁阀图标旁边显示红色手状闪烁 
挂牌	在该电磁阀图标上显示红色圆圈

（四）操作面板详细说明

1. 设备操作面板

设备操作面板如图 4-1 所示。

设备操作面板共分为以下 3 个区域：

（1）说明区：设备名称描述。

（2）报警信息区：黑色背景框，一般阀门提供 7 种报警指示，电动机提供 8 种报警指示。操作面板相同的指示有：

1）故障：设备操作（开/关、启/停）超时故障，操作面板上显示为黄色“开/关故障”、“启/停故障”或“合闸/分闸故障”，正常时显示为灰色。

2）操作允许：当设备启/停（开/关）操作允许条件满足时，操作面板上分别显示为绿色“启”和“停”（以电动机操作面板为例），不满足时显示为灰色。

3）I/O 故障：当设备反馈同时消失或同时存在时，显示白色“I/O 失电”，否则显示为灰色。

4）手动方式：当设备手动时，操作面板上显示红色“调试位”，否则为灰色。

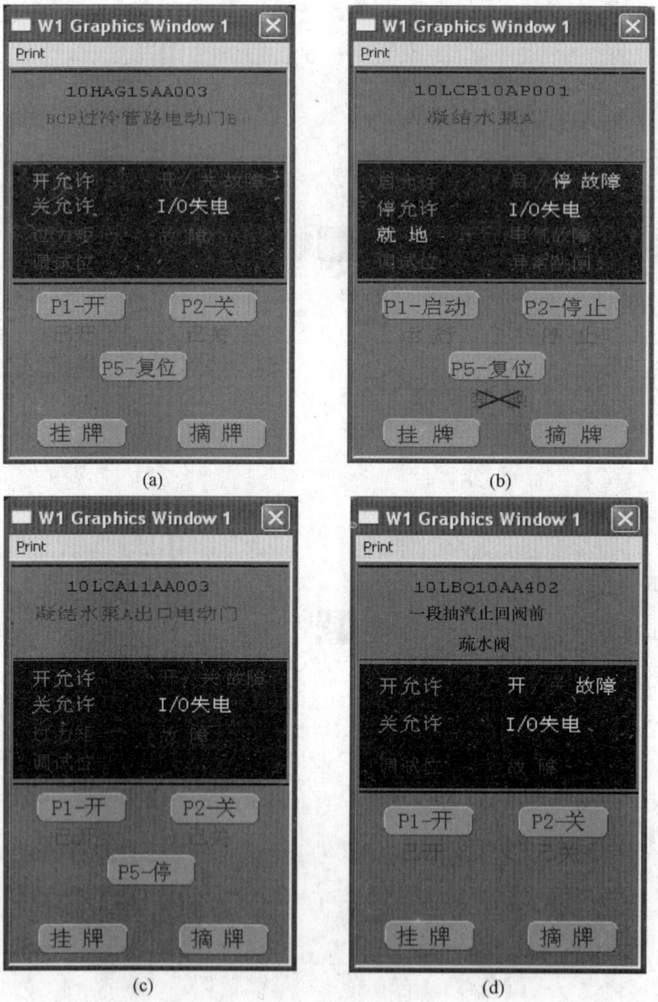

图 4-1 设备操作面板示意

阀门的报警指示还有过力矩。当阀门出现过力矩时，操作面板上显示黄色“过力矩”，否则为灰色。

电动机的报警指示还有：①电气故障，当电动机电气故障时，操作面板上显示黄色“电气故障”，否则为灰色；②异常跳闸，当设备出现异常跳闸时，操作面板上显示绿色“异常跳闸”，否则为灰色。

(3) 操作区：设备进行启/停（开/关）操作及复位和挂牌操作，并指示设备状态。

面板下按钮为操作按钮，进行设备操作。按钮下面的文字为该设备的状态指示，当阀门已开、电动机运行、电气开关在合位时，分别显示“已开”、“运行”、“合闸”；当阀门已关、电动机停止、电气开关在分位时，分别显示“已关”、“停止”、“分闸”。

操作面板上还有挂牌、摘牌和复位按钮，当电动门、电动机或电气开关操作时出现故障或异常跳闸时，用复位按钮来复位此故障，否则该设备不能操作。

在复位按钮下显示绿色禁操，并在字上有红色 X，同时在流程画面中显示红色圆圈状时，表示该设备挂牌，此时电动门、电动机或电气开关不允许操作；摘牌时，复位按钮下无显示，同时流程画面中红色圆圈状消失。

2. 备用操作面板

(1) 两个设备互为备用的操作面板如图 4-2 所示。

在图 4-2 所示面板中，按钮“A”、“B”分别是设备 A、B 的备用投切按钮。若对设备 A 投备用，点“A”按钮即可；设备 A 在备用的情况下，要切除设备 A 的备用，再次点“A”按钮即可。设备 B 投备用以及切除备用的方法同设备 A。如果均不在备用状态，则按钮显示“无备用”。

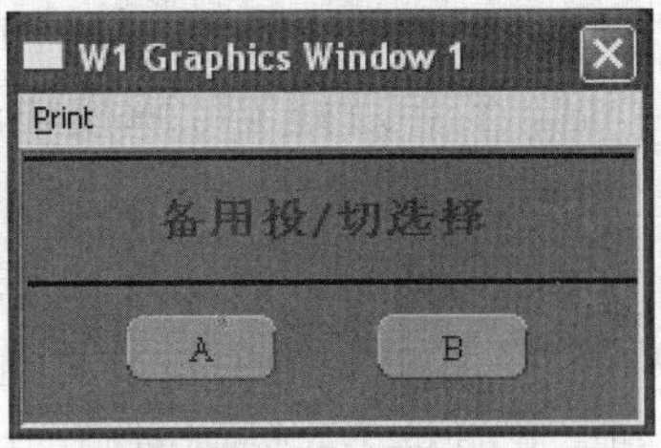

图 4-2 两个设备互为备用的操作面板示意

对于一投一备的设备，若设备 A 在备用，则设备 B 投上备用后自动切除设备 A 的备用。投上备用的设备运行后自动切除该设备的备用。运行中的设备不能投上备用。

(2) 设备各自投备用的操作面板如图 4-3 所示。

在图 4-3 所示面板中，若对设备投备用，点“投/切”按钮即可。设备在备用情况下按钮显示“备用投入”，要切除设备的备用，再次点“投/切”按钮即可，此时按钮显示“备用切除”。

(3) 三个设备互为备用的操作面板如图 4-4 所示。

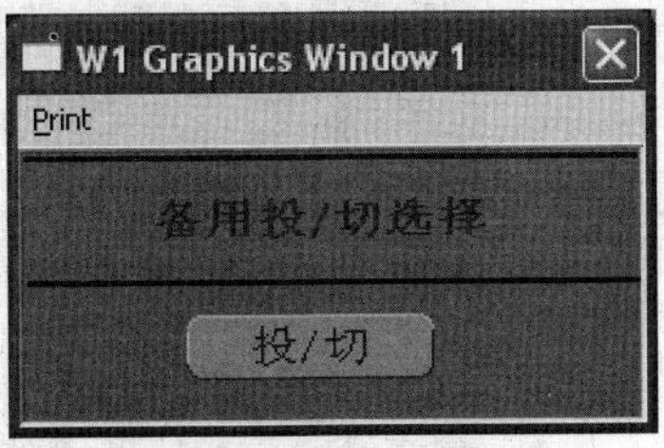

图 4-3 设备各自投备用的操作面板示意

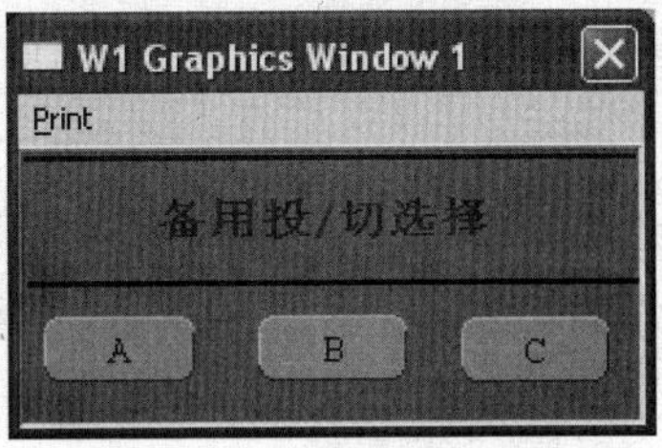

图 4-4 三个设备互为备用的操作面板示意

在图 4-4 所示面板中，按钮“A”、“B”、“C”分别是设备 A、B、C 的备用投切按钮。若对设备 A 投备用，点“A”按钮即可；设备 A 在备用的情况下，要切除设备 A 的备用，再次点“A”按钮即可。设备 B 和 C 投备用以及切除备用的方法同设备 A。如果均不在备用状态，则按钮显示“无备用”。

图 4-5 程控操作面板示意

3. 程控操作说明

程控操作面板如图 4-5 所示。

该操作面板显示当前程控的工作模式，有“自动”和“手动”模式。在“自动”模式下，程控才能开始启动并且可以连续执行；在“手动”模式下，当前步执行成功，且程控不在故障时，按下“步进”按钮，程控将执行下一步，并且下一步执行成功后，停在当前步，相当于步进，但必须在程控启动后才有效。

图 4-5 中还显示有程控当前执行的步数和当前步所剩余的时间，该时间为倒计时，计时到 0 后，程控就处于故障模式，同时面板上显示红色闪烁的“FAIL”。该故障必须用“确认”按钮来复位，否则一直保持；此时程控不能进行其他操作。

程控启动时，首先要按下“自动”按钮，在面板上显示“AUTO”，说明该程控处于“AUTO”模式，这时按下“启动”按钮就可以启动该程控，同时面板中显示当前步和剩余时间。此时程控按照画面所列的步骤一步一步向下执行，直到结束为止。当程控完成时，画面会显示红色“SUCCESS”，一段时间后自动消失。

“复位”按钮是程控停止按钮，程控在进行中按下此按钮，程控就停止进行并退出。

程控画面如图 4-6 所示，其中黑色背景中的内容是每步的指令（可有多条），下面的内容是其反馈条件，每个反馈条件成立后其左边会出现红色对钩，表示该条件满足，所有条件满足后说明该步完成。程控在进行中，当前步的指令文字会闪烁时，表明程控正在进行哪一步。

（五）画面图标说明

1. 启动允许

条件满足时，所列条件前的圆形指示灯○为红色，否则为灰色。

2. 首出

（1）跳闸条件不存在时，显示[×××]，背景框为绿色。

（2）跳闸条件存在时，显示[×××]，背景框为红色。

（3）跳闸条件为首出时，显示[NO1]，背景框根据跳闸条件目前是否存在显示相应的颜色。

3. 软光字报警

软光字报警如图 4-7 所示，各种状态表示：

（1）报警信号产生时，光字牌红色/黄色闪烁。

（2）经过报警确认，报警信号仍然存在时，光字牌红色/黄色平光。

（3）经过报警确认，报警信号消失时，光字牌恢复为灰色平光。

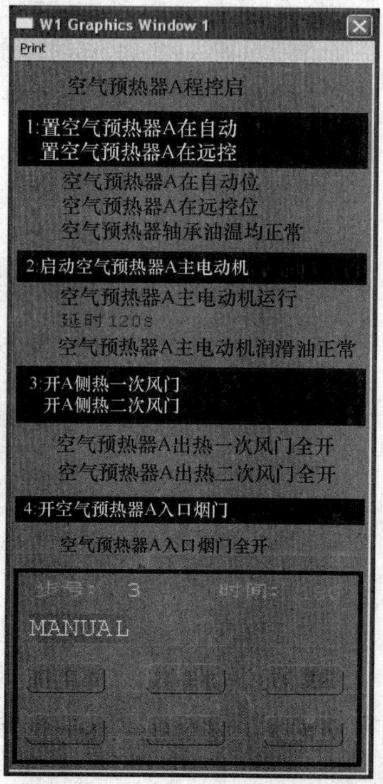

图 4-6 程控画面示意

（4）无报警时，光字牌灰色平光。

（六）备用状态

两个设备互为备用的情况，当设备处于备用状态时，设备附近有例如“A备用”或“B备用”字样指示；若没有设备在备用状态，则显示“无备用”。

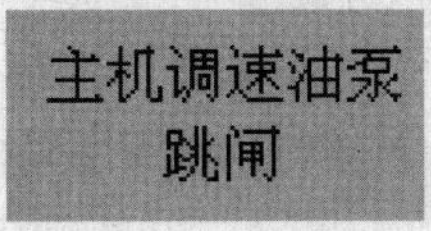

图4-7 软光字报警示意

设备各自投备用的情况，当设备处于备用状态时，设备附近有“备用投入”字样指示；若设备没有在备用状态，则显示“备用切除”。

三个设备互为备用的情况，当设备处于备用状态时，设备附近有例如“A备用”、“B备用”或“C备用”字样指示；若没有设备在备用状态，则显示“无备用”。

第五章

模拟量控制系统(MCS)

第一节　热工自动控制基础

一、概述

生产过程自动化是保持生产稳定、降低成本、改进劳动条件、促进文明生产、保证生产安全和提高劳动生产率的重要手段。电厂热工自动化水平的高低是衡量电厂生产技术先进与否和企业现代化的重要标志。

二、自动控制系统的组成

工业生产过程中将温度、压力、流量、液位等状态参数作为被控参数的控制系统称为过程控制系统。

自动控制系统由以下几个部分组成：

（1）测量变送器。用来测量被调量，并把被调量转换为与之成比例的某种便于传递和综合的信号（直流 4～20mA、0～1V 等）。

（2）给定元件。用来设置被调量的给定值或与该给定值对应的电信号（直流 4～20mA、0～1V 等）。

（3）调节器。接收被调量信号和给定值比较后的偏差信号，输出一定规律的控制指令给执行器（0～100%）。PID 调节器原理如图 5-1 所示。

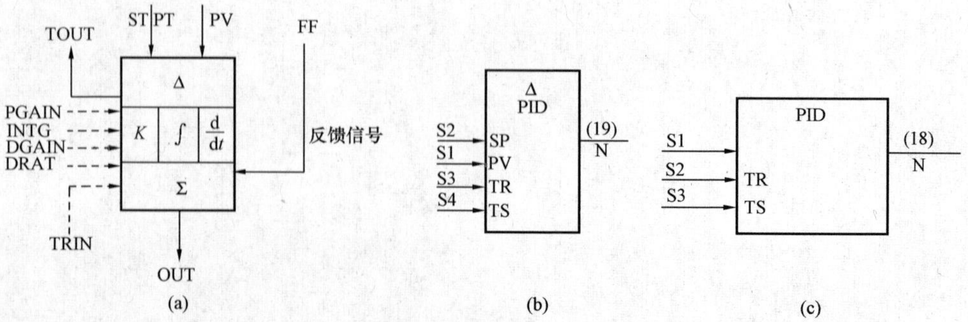

图 5-1　PID 调节器原理

（a）调节器原理；（b）调节器输入；（c）调节器跟踪

（4）执行器。根据调节器送来的控制指令去推动调节机构，改变调节量（气动、电动、液动等）。

（5）调节机构。接受控制作用去改变调节量变化的具体设备。

（6）控制对象。被控制的热工生产过程或设备（锅炉、汽轮机、给煤机等）。

（7）被调量。表征热工过程是否符合规定工况的物理量（温度、压力、流量、液位等）。

（8）扰动。生产过程中引起被调量偏离给定值的各种因素。

（9）调节量。由控制作用来改变并去控制被调量变化的物理量。

三、自动控制系统的分类

1. 按控制方式分类

（1）闭环控制系统（也称反馈控制系统）。闭环控制系统的被控量信号反馈到控制设备的输入端，成为控制设备生产控制作用的依据。只要被控量与给定量之间有偏差，控制设备就要对控制对象施加作用，直到被控量符合要求为止。特点：基于偏差，消除偏差，可克服各种扰动对被控量的影响。由于控制作用落后于干扰，因此相对来讲控制不及时。

（2）开环控制系统（也称前馈控制系统）。控制设备和控制对象在信号关系上没有形成闭合回路的控制系统，其被控量没有反馈到控制设备的输入端。特点：按扰动进行控制，结构简单，精度差，只能克服单一扰动。

（3）复合控制系统。开环控制和闭环控制组合的一种控制系统。

2. 按闭合回路的数目分类

（1）单回路控制系统。只有一个被控量信号反馈到控制器的输入端，形成一个闭合回路，如图 5-2 所示。

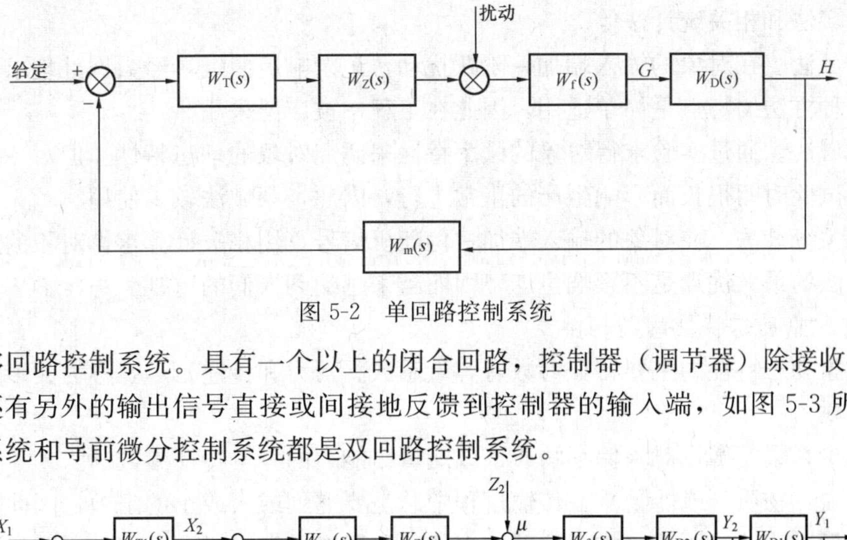

图 5-2　单回路控制系统

（2）多回路控制系统。具有一个以上的闭合回路，控制器（调节器）除接收被控量反馈信号外，还有另外的输出信号直接或间接地反馈到控制器的输入端，如图 5-3 所示。例如，串级控制系统和导前微分控制系统都是双回路控制系统。

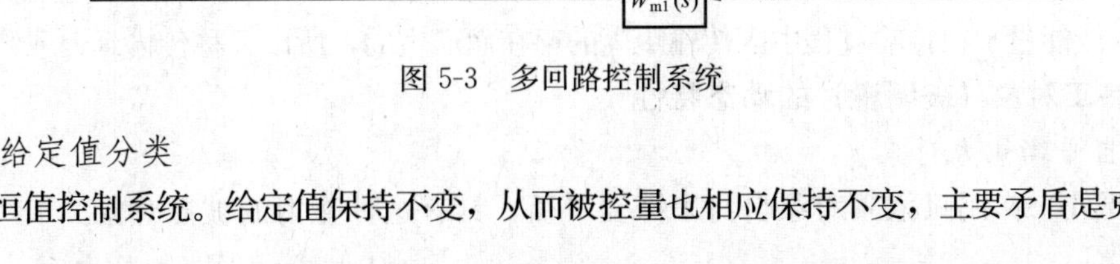

图 5-3　多回路控制系统

3. 按给定值分类

（1）恒值控制系统。给定值保持不变，从而被控量也相应保持不变，主要矛盾是克服扰动对被控量的影响，最终使被控量与给定值相等，如给水控制系统、再热蒸汽温度控制系统等。

（2）随动控制系统。给定值按预先不能确定的一些随机因素变化，因而被调量也跟随给定值随机变化，如单元机组负荷控制系统。

（3）程序控制系统。给定值按已知的时间函数变化，控制的任务是使被控量尽快与给定值相等，如汽轮机自动启停系统 TAS（汽轮机启动过程中，要求汽轮机的转速按一定程序升降）、炉膛吹灰系统等。

四、热工被控对象（被调量）

1. 了解对象动态特性的意义

（1）热工对象是热工自动控制系统的重要组成部分，要设计一个合理的控制系统，必须了解对象的动态特性。

（2）要确定出控制器的最佳整定参数，也必须了解对象的动态特性。

（3）了解对象的动态特性，还可以对新设计的工艺设备提出要求，使之满足所需要的动态特性，为设计满意的控制系统创造先决条件。

2. 相关概念

（1）对象的动态特性。就是对象的某一输入量变化时，其被控参数随时间变化的规律；其取决于工艺设备的结构、运行条件和内部物理（或化学）的过程。

（2）理论建模。可以用机理分析的方法导出对象的动态特性。

（3）实验建模。用实验的方法获取对象的动态特性，是工程中常用的建模方法，目前有时域法、频域法和相关统计法等。

（4）时域法。在对象的输入端加一阶跃扰动，记录响应曲线，经数据处理求得对象的传递函数。这种方法的特点是简单适用，因此在工程中被广泛采用。

（5）频域法。通过实验求得对象的频率特性来研究对象的动态特性。但对一些惯性大的对象，则因试验时间很长而影响生产的正常进行，因此，频域法较少使用。

（6）相关统计法。在对象的输入端加一伪随机信号，用相关计算求得对象的脉冲响应函数。这种方法的最大优点是不影响生产，因而越来越受到人们的重视。

3. 影响对象动态特性的结构性质

影响对象动态特性的主要特征参数有容量系数、阻力和传递延迟，称为大多数对象所共有的结构性质。

（1）容量系数。衡量对象储存物质（或能量）能力的一个特征参数。

（2）阻力。物质（或能量）在传输过程中总是要遇到或大或小的阻力，因此需给予推动物质（或能量）流动的压差（如电位差、水位差、温度差等）。

对象的自平衡：不需要外来作用，只依靠对象自身来恢复平衡的现象。显然，对象的阻力使之在动态过程中表现出自平衡能力。

（3）传递延迟。被调量的变化时刻落后于扰动发生时刻的现象称为对象的传递延迟。由于延迟是物质（或能量）在传输过程中因传输距离的存在而产生的，所以又称传输延迟或纯延迟。

五、热工对象（被调量）的动态特性

1. 有自平衡能力对象

不需要外来作用只依靠对象自身来恢复平衡，具有这种能力的被控对象。

2. 无自平衡能力对象

在受到扰动后，其被调量不能依靠对象自身能力使之趋于某一稳定值，而不管对象的容积多少及容量系数的大小。

3. 热工对象的特点

（1）被调量的变化大多是不振荡的。

（2）被调量在干扰发生的开始阶段有延迟和惯性。

（3）在响应曲线的最后阶段，被调量可能达到一个新的平衡状态（对象有自平衡能力），也可能不断变化而无法进入平衡状态（对象无自平衡能力）。

（4）描述对象动态特性的特征参数有放大系数、时间常数、延迟时间。

4. 阶跃响应曲线求取对象传递函数

时域法是目前应用最多的一种方法，其主要内容是：给对象人为加一阶跃扰动，记录下响应曲线，然后根据该响应曲线求取对象的传递函数。

阶跃扰动作用下的对象的动态特性为阶跃响应曲线，即飞升曲线。阶跃响应曲线能比较直观地反映对象的动态特性；其次，特征参数直接取自记录曲线而无须经过中间转换，试验方法也很简单。

5. 阶跃响应曲线的测定

系统处于稳定工况下时，通过手动或遥控装置，使调节阀作一次阶跃变化；与此同时，记录表记录下扰动量和被调量的变化过程。

（1）扰动量的确定。扰动量应足够大，减小其他干扰信号对测试结果的相对影响。然而，扰动量又不宜过大，过大的扰动量会使对象本身的非线性因素增大，有时还会影响生产设备的正常运行。通常，扰动量一般为对象额定负荷下的10%～15%。

（2）试验前应将对象调整到所需工况，并保持稳定运行一段时间。如果做负荷上升扰动试验，则应将对象输出调整到允许变动范围的下限值（或上限值）；反之，则应将对象输出调整到允许变动范围的上限值（或下限值）。

（3）扰动加入时应尽量快。设扰动开始到结束所花时间为 $t_0 \sim t_1$，在处理试验数据时一般认为扰动是在 t_0 时刻加入的。

（4）要仔细记录阶跃响应曲线的起始部分，因为这一部分数据的准确性对确定对象动态特性参数的影响很大。对有自平衡能力的对象，试验过程应在输出信号达到新的稳定值时结束。

（5）试验应在主要运行工况下（如额定负荷、平均负荷）进行，每一工况下应重复几次，至少要得到两条基本相同的曲线，以消除偶然性干扰的影响。

（6）应进行正、反两个方向的试验，以检验对象的非线性。线性对象在正向扰动和反向扰动下，两条响应曲线应该是一样的。

六、常规 PID 调节器

（一）常规 PID 控制规律

常规 PID 控制规律即比例—积分—微分控制规律，如图 5-4 所示。

1. 比例调节规律

比例调节规律：调节器输出的控制作用 $u(t)$ 与其偏差输入信号 $e(t)$ 之间成比例关

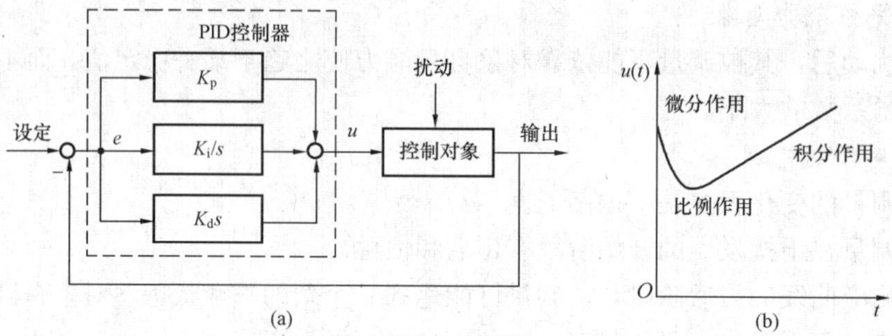

图 5-4 常规 PID 控制规律示意

（a）结构图；（b）三个控制作用的配合

系，即

$$u(t) = K_p e(t) \tag{5-1}$$

工程中，常用比例带 δ 来描述其控制作用的强弱，即

$$\delta = \frac{1}{K_p} \tag{5-2}$$

其物理意义是在调节机构的位移发生改变时，被调量应有的改变量。

比例调节的阶跃响应曲线如图 5-5 所示。

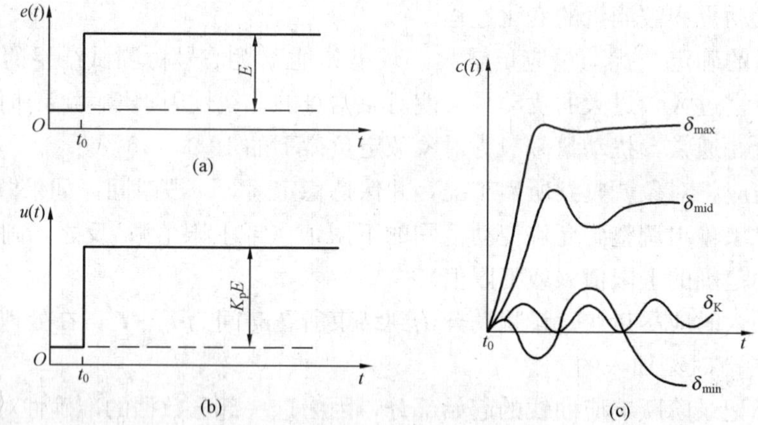

图 5-5 比例调节的阶跃响应曲线

（a）调节量输入曲线；（b）调节量输出曲线；（c）被调量变化曲线

比例调节规律的特点：①动作快，调节及时、迅速；②对干扰有很强的抑制作用；③调节过程结束，被调量偏差仍存在，存在静态偏差，称为有差调节。

结论：比例带大，则调节阀动作幅度小，被调量变化平稳，超调量小，但残差较大，静态偏差随比例带的加大而加大；减小比例带导致系统激烈振荡甚至不稳定，比例带设置必须有一定的稳定裕度。

2. 积分调节规律

积分调节规律：调节器输出控制作用 $u(t)$ 与其偏差输入信号 $e(t)$ 随时间的积累值成正比，即

$$u(t)=u(0)+\frac{1}{T_i}\int e(t)\mathrm{d}t$$

积分作用曲线如图 5-6 所示。

积分作用的特点是：①只要偏差存在，积分控制作用一直增加；②消除稳态偏差，实现无差调节，其控制作用体现在调节过程的后期。

积分调节器的积分时间 T_i 对控制过程的影响如图 5-7 所示。

结论：积分时间越小，积分速度越快，调节阀动作越快，容易引起和加剧振荡。积分调节作用是随时间逐渐增强的，与比例调节作用相比过于迟缓，恶化了动态品质，使过渡过程的振荡加剧，甚至造成系统的不稳定。

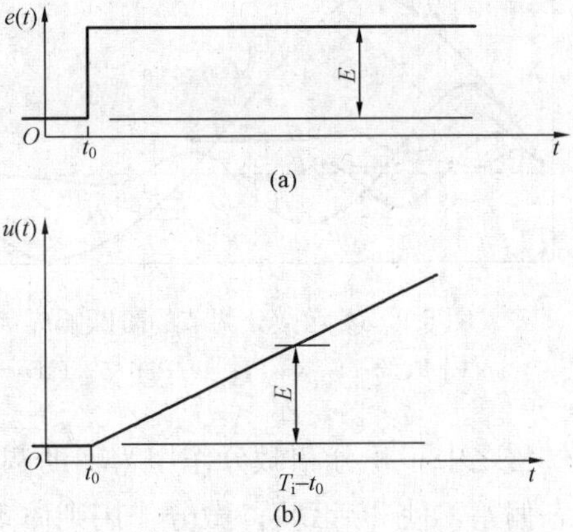

图 5-6　积分作用曲线

(a) 调节量输入曲线；(b) 调节量输出曲线

3. 微分调节规律

微分调节规律：调节器输出的控制作用与其偏差输入信号的变化速度成正比。对于定值控制系统，偏差信号的变化速度就是被调量的变化速度。

加入微分调节的作用是实现超前调节，这样有利于克服动态偏差，将大大改善调节过程。微分调节作用的大小仅与偏差信号的变化速度有关，而与偏差值大小无关。实际微分调节的调节量输入和输出曲线如图 5-8 所示。

结论：微分作用的引入，使系统控制过程的稳定性和准确性都得以提高，可适当减小静态偏差，但它不能像积分作用那样消除稳态偏差。调节过程开始时，被调量偏差小，但其变化速度却较大，可使执行机构产生较大的位移。但当调节过程结束时，执行机构位置最后总是回复到原来的数值，不能适应负荷的变化。

实际微分调节的阶跃响应如图 5-9 所示。

由于比例调节规律具有调节及时的特点，因此曲线 1 的调节过程时间较曲线 2 短，动态偏差也较曲线 2 小，而比例调节为有差调节。通过减小调节器的比例带可减小静态偏差，但会使系统的稳定性下降。

曲线 3 所示过程能消除静态偏差，实现无差调节。然而，积分作用的调节不及时，又使调节过程的动态偏差加大、过渡过程时间加长（与曲线 1 相比），

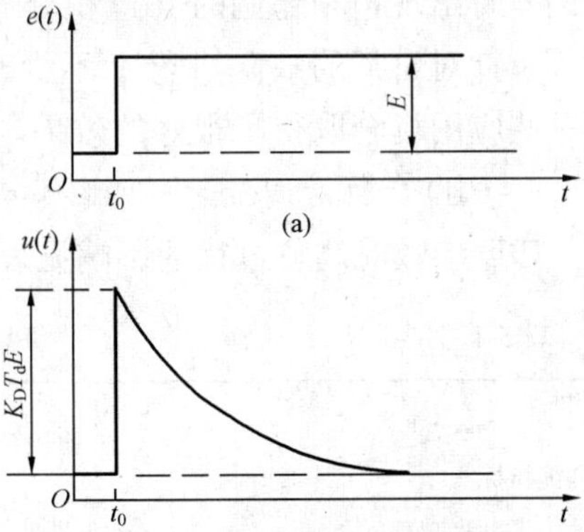

图 5-8　实际微分调节的调节量输入和输出曲线

(a) 调节量输入曲线；(b) 调节量输出曲线

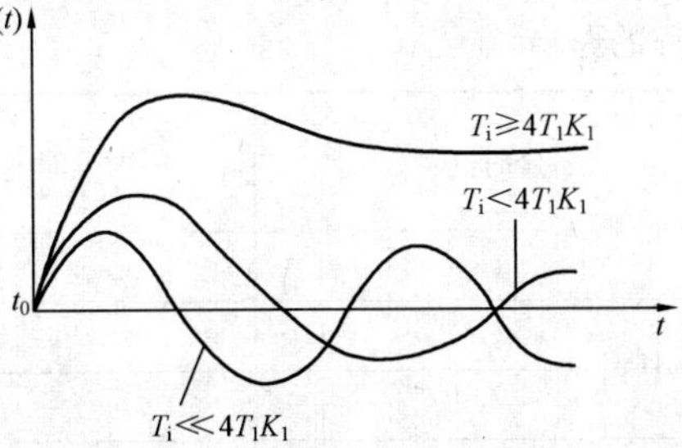

图 5-7　积分调节器的积分时间 T_i 对控制过程的影响

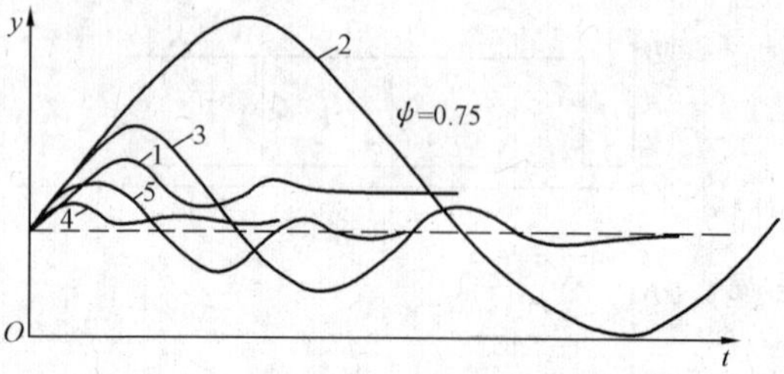

图 5-9 实际微分调节的阶跃响应

1—P；2—I；3—PI；4—PD；5—PID

相对而言又使系统的稳定性下降。

曲线 5 所示为配比例积分微分调节器的控制过程。微分调节是一种超前调节方式，其实质是阻止被调量的一切变化。适当的微分作用可减小动态偏差，缩短调节过程时间，这样可适当减小比例带和积分时间。

综上所述：比例调节作用是最基本的调节作用，使“长劲”，比例作用贯穿于整个调节过程之中；积分和微分作用为辅助调节作用。积分作用体现在调节过程的后期，用以消除静态偏差，使“后劲”；微分作用则体现在调节过程的初期，使“前劲”。

4. PID（比例—积分—微分）控制的特点

（1）缺点：不适用于有大时间滞后、参数变化较大甚至结构也变化的控制对象，以及系统复杂、环境复杂、控制性能要求高的场合。

（2）优点：

1）PID 算法蕴涵了动态控制过程中过去、现在和将来的主要信息，而且其配置几乎最优。比例（P）代表了当前的信息，起纠正偏差的作用，使过程反应迅速。微分（D）在信号变化时有超前控制作用，代表了将来的信息。在过程开始时强迫过程进行，过程结束时减小超调，克服振荡，提高系统的稳定性，加快系统的过渡过程。积分（I）代表了过去积累的信息，能消除静差，改善系统静态特性。这三个作用配合得当，可使动态过程快速、平稳、准确，收到良好的效果。

2）PID 控制适应性好，有较强的鲁棒性。

3）PID 算法简单明了，形成了完整的设计和参数调整方法，很容易被工程技术人员掌握。

4）许多工业控制回路比较简单，控制的快速性和精度要求不是很高，特别是对于那些1～2阶的系统，PID 控制已能得到满意的结果。

5）PID 控制根据不同的要求，例如，克服微分带来的高频干扰的滤波 PID 控制，克服大偏差时出现饱和超调的 PID 积分分离控制，补偿控制对象非线性因素的可变增益 PID 控制等。针对自身的缺陷进行了不少改进，形成了一系列改进的 PID 算法。这些改进算法，在一些应用场合取得了很好的效果。

5. PID 参数对调节过程的影响分析

PID 参数对调节过程的影响见表 5-1。

表 5-1　　PID 参数对调节过程的影响

整定参数 / 性能指标	比例带↓	积分时间↓	微分时间↓
衰减率	↓	↓	↑
超调量	↑	↑	↓
静态偏差	↓	—	—
振荡频率	↑	↑	↓

6. PID 控制器的整定

在火力发电生产过程中，热工自动控制系统的稳定优化运行十分关键，而随着机组运行工况的变化、大小修工程的实施，热工对象特性必将发生变化。为了实现热工系统稳定优化运行，控制器参数需要重新进行整定。

在热工过程控制中，PID 控制算法以易于实现和被工程技术人员熟悉掌握等特点，至今仍被工程控制界所广泛采用。

常规 PID 控制器参数的优化整定为热工控制系统维护的重要工作之一。调节器的参数整定就是合理地设置调节器的各个参数，在热工生产过程中，通常要求控制系统具有一定的稳定裕量，即要求过程有一定的衰减率 ψ。在这一前提下，要求调节过程有一定的快速性和准确性，换言之，稳定性是首要的。所谓准确性，就是要求控制过程的动态偏差（以超调量 MP 表示）和静态偏差（ess）尽量小，而快速性则是要求控制过程的时间尽可能地短。

控制系统参数整定方法有理论计算方法和工程整定方法。

理论计算方法：基于一定的性能指标，结合组成系统各环节的动态特性，通过理论计算求得调节器的动态参数设定值。

工程整定法：源于理论分析，结合试验、工程实际经验等一套工程上的方法。

（1）广义频率特性法。广义频率特性法是通过调整调节器的动态参数，使控制系统的开环频率特性具有规定相对稳定度的衰减频率特性，从而使闭环系统响应满足规定衰减率的一种参数整定方法。

特点：利用广义频率特性法计算调节器的参数，其前提是获得对象的传递函数，这一点给工程实际应用带来了困难。此外，该方法计算工作量也较大。

（2）临界比例带法。临界比例带法又称边界稳定法，其要点是将调节器设置成纯比例作用，将系统投入自动运行并将比例带由大到小进行调整，直到系统产生等幅振荡为止。这时控制系统处于边界稳定状态，记下此状态下的比例带值 δ_k（即临界比例带）及振荡周期 T_k，然后根据经验公式计算出调节器的各个参数。

特点：临界比例带法无须知道对象的动态特性，而是直接在闭环系统中进行参数整定。

具体步骤：

1）将调节器的积分时间置于最大，即 $T_i \to \infty$；置微分时间 $T_d=0$；置比例带 δ 于一个较大的值。

2）将系统投入闭环运行，待系统稳定后逐渐减小比例带 δ，直到系统进入等幅振荡状态。一般振荡持续 4～5 个振幅即可，试验记录曲线如图 5-10 所示。

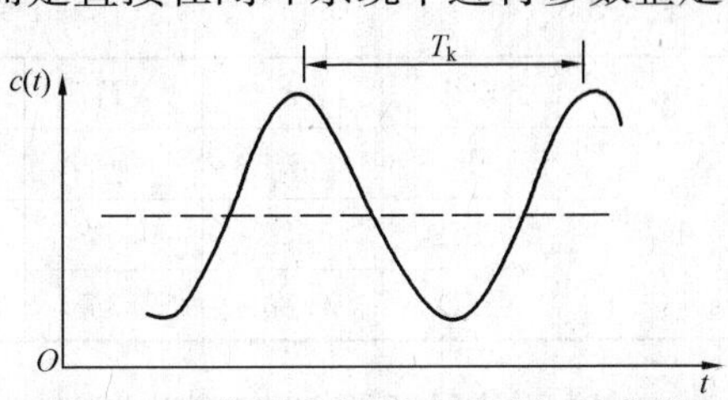

图 5-10　临界比例带法试验记录曲线

3）据记录曲线得振荡周期 T_k，此状态下的调节器比例带为 δ_k，然后按表 5-2 计算出调节器的各个参数。

表 5-2　　临界比例带法计算公式（ψ=0.75）

规　律	δ	T_i	T_d
P	$2\delta_k$	—	—
PI	$2.2\delta_k$	$0.85T_k$	—
PID	$1.7\delta_k$	$0.5T_k$	$0.125T_n$

4）将计算好的参数值在调节器上设置好，做阶跃响应试验，观察系统的调节过程，适当修改调节器的参数，直到调节过程满意为止。

临界比例带法在实际应用中具有一定的局限性：有的生产过程不允许产生等幅振荡，如火力发电厂锅炉汽包水位控制；此外，某些惯性较大的单容对象配比例调节器很不容易产生等幅振荡过程，得不到临界状态下的调节器比例带 δ_k 及振荡周期，T_k，则无法应用临界比例带法。

（3）衰减曲线法。衰减曲线法是在总结临界比例带法的基础上发展起来的，它利用比例作用下产生的 4∶1 衰减振荡（$\psi=0.75$）过程时的调节器比例带 δ_k 及过程衰减周期 T_k，或 10∶1 衰减振荡（$\psi=0.9$）过程时调节器比例带 δ_k 及过程上升时间 T_k，根据经验公式计算出调节器的各个参数。

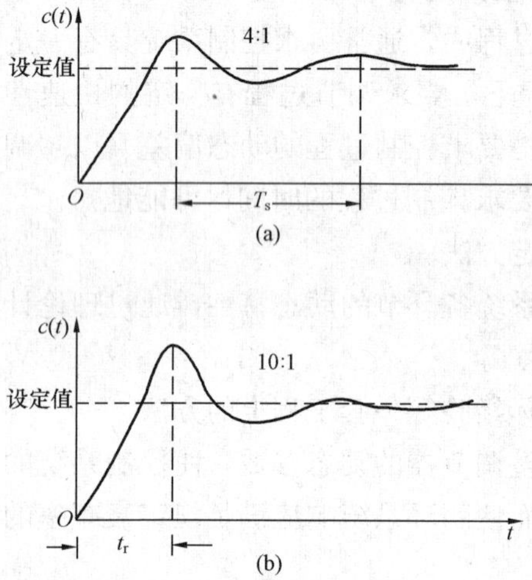

图 5-11 衰减曲线

（a）4∶1 的衰减振荡过程曲线；

（b）10∶1 的衰减振荡过程曲线

具体步骤：

1）将调节器的积分时间置于最大，即 $T_i\rightarrow\infty$；置微分时间 $T_d=0$；置比例带 δ 于一个较大的值，将系统投入闭环运行。

2）在系统处于稳定状态后做阶跃扰动试验，观察控制过程。如果过渡过程衰减率大于 0.75，应逐步减小比例带值，并再次试验，直到过渡过程曲线出现 4∶1 的衰减过程。对于 $\psi=0.9$ 的调节过程，也一样做上述试验，直到出现 10∶1 的衰减过程。记录下 4∶1（或 10∶1）的衰减振荡过程曲线，如图 5-11 所示。

在图 5-11 所示的衰减曲线上求取 $\psi=0.75$ 的振荡周期 T_k 或 $\psi=0.9$ 时的上升时间 t_r，结合此过程下的调节器比例带，按表 5-3 计算出调节器的各个参数。

表 5-3 衰减曲线法计算公式

ψ	规律	δ	T_i	T_d	ψ	规律	δ	T_i	T_d
0.75	P	δ_s	—	—	0.9	P	δ_s	—	—
	PI	$1.2\delta_s$	$0.5T_s$	—		PI	$1.2\delta_s$	$2t_r$	—
	PID	$0.8\delta_s$	$0.3T_s$	$0.1T_s$		PID	$0.8\delta_s$	$1.2t_r$	$0.1t_r$

3）按计算结果设置好调节器的各个参数，做阶跃扰动试验，观察调节过程，适当修改调节器的参数，直到满意为止。

（4）经验法。根据经验进行参数试凑的方法，首先根据经验设置一组调节器参数，然后将系统投入闭环运行，待系统稳定后做阶跃扰动试验，观察调节过程；如果过渡过程不令人满意，则修改调节器参数，再做阶跃扰动试验，观察调节过程。反复上述试验，直到调节过程满意为止。

具体步骤：

1）调节器的积分时间放到最大，微分时间置于最小，据经验设置比例带值。将系统投入闭环运行，稳定后做阶跃扰动试验，观察调节过程，若过渡过程有希望的衰减率（$\psi=0.75\sim0.9$）则可，否则改变比例带值，重复上述试验。

2）将调节器的积分时间由最大值调整到某一值，由于积分作用的引入使系统的稳定性下降，这时应将比例带值适当增大，一般为纯比例作用的 1.2 倍。做阶跃扰动试验，观察调节过程，修改积分时间重复试验，直到满意为止。

3）保持积分时间不变，改变比例带，看调节过程有无改善，若有改善则继续修改比例带，如无改善则反向修改比例带，直到满意为止。保持比例带不变，修改积分时间，同样反复凑试直到满意为止。如此反复凑试，直到有一组合适的积分时间和比例带。

4）对于采用三参数的调节器，在进行完上述调整试验后，将微分时间由小到大地进行调整，观察每次试验过程，直到满意为止。

设定值扰动下整定参数对调节过程的影响，见表 5-4。

表 5-4　设定值扰动下整定参数对调节过程的影响

整定参数 / 性能指标	$\downarrow\delta$	$\downarrow T_I$	$\downarrow T_D$
最大动态偏差	↑	↑	↓
残　差	↓	—	—
衰减率	↓	↓	↑
振荡频率	↑	↑	↑

这种方法使用得当，同样可以获得满意的调节器参数，取得最佳的控制效果，而且此方法省时，对生产影响小。

（5）动态参数法。动态参数法是在系统处于开环状态下，做对象的阶跃扰动试验，根据记录下的阶跃响应曲线求取一组特征参数（无自平衡能力对象或有自平衡能力对象），再根据经验公式计算出调节器的各个参数。

1）有自平衡能力对象。过图 5-12 中响应曲线拐点 P 作切线交稳态渐近线于 A，交时间轴于 C；过 A 点作时间的垂线交于 B，则

$$\tau=OC$$

$$T=CB$$

$$\varepsilon=AB/CB$$

2）无自平衡能力对象。作图 5-13 中响应曲线直线段的渐近线交时间轴于 C，过直线段

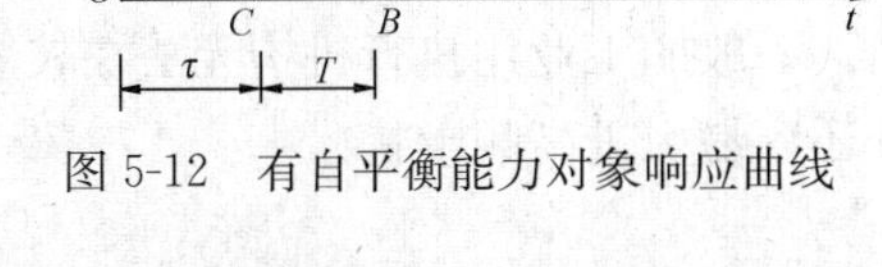

图 5-12　有自平衡能力对象响应曲线

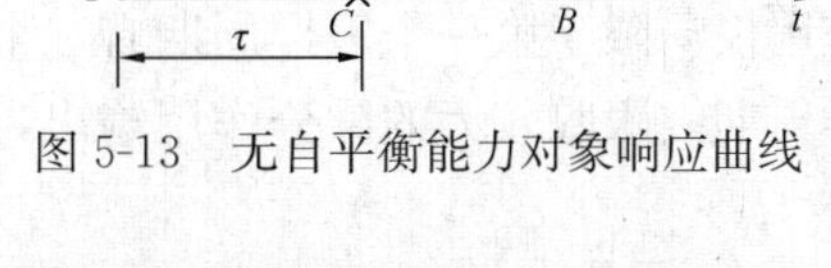

图 5-13　无自平衡能力对象响应曲线

上任一点 A 作时间垂线并交于 B，则

$$\tau = OC$$
$$\varepsilon = AB/CB$$

对象特征参数 ε 和 τ 的乘积 $\varepsilon\tau$ 反映了控制的难易程度。$\varepsilon\tau$ 越大，对象就越不好控制，因此调节器的比例带应该取大一些。对于比例积分调节，由于积分作用的加入，使系统的稳定性下降，因此比例带为纯比例作用时比例带的 1.2 倍；对于采用比例—积分—微分调节，由于微分作用提高了系统的稳定性，因而比例带可为纯比例作用时比例带的 0.8 倍。

（二）基本的数字 PID 控制算法

工业控制中最常用的数字控制算法是数字 PID 控制算法。除了少数有特殊控制要求或具有复杂对象特性的系统需用先进控制策略或智能控制外，对大多数控制对象（90%以上），采用数字 PID 控制均可达到满意的控制效果。

数字 PID 控制算法用计算机实现 PID 控制，不仅仅是简单地把 PID 控制规律数字化，而是进一步与计算机的逻辑判断功能结合起来，使 PID 控制更加灵活多样，更能满足生产过程提出的各式各样的要求。

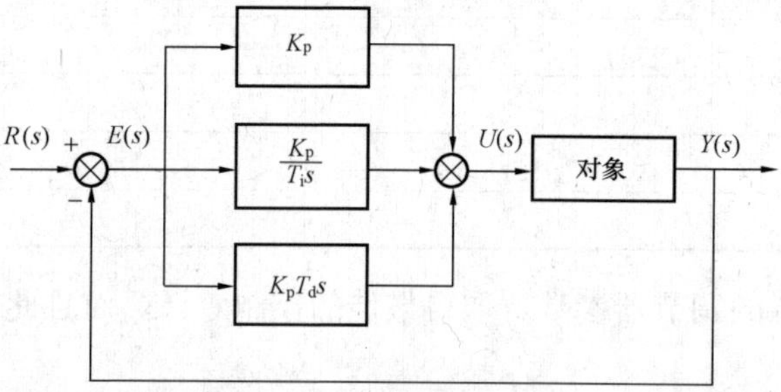

图 5-14 理想 PID 算式框图

在计算机控制系统中，一般采用两种基本的数字 PID 控制算法：一种是理想 PID 控制算法，另一种是实际 PID 控制算法。两种 PID 控制算法的比例及积分运算都是一样的，其差别主要是微分项不同。

1. 理想 PID 控制算法

理想 PID 算式框图如图 5-14 所示。

2. 实际 PID 控制算法

由于实际计算机控制系统的采样回路都可能存在高频干扰，因此几乎所有的数字控制回路都设置了一级低通滤波器（一阶滞后环节或一阶惯性环节）来限制高频干扰的影响，其算式框图如图 5-15 所示。因为低通滤波器的传递函数为

$$G_F(s) = \frac{1}{T_F s + 1}$$

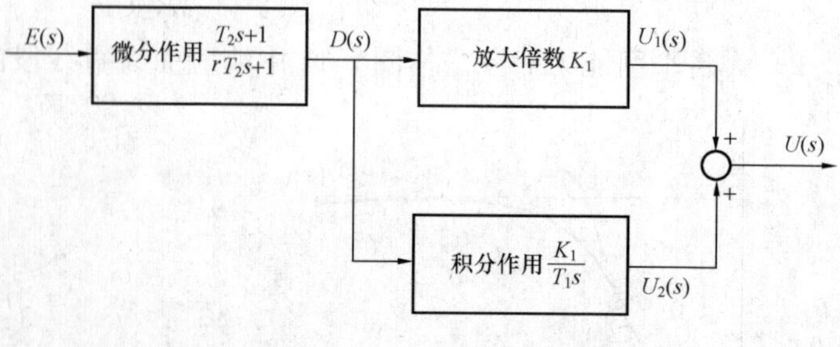

图 5-15 实际 PID 算式框图

理想 PID 数字控制算法和实际 PID 数字控制算法的阶跃响应如图 5-16 所示。

结论：

比较这两种 PID 数字控制算法的阶跃响应，可以得知：

（1）理想 PID 数字控制算法的控制品质较差，其原因是微分作用仅局限于第一个采样周期有一个大幅度的输出。一般的工业用执行机构无法在较短的采样周期内跟踪较大的微分作用输出，而且理想微分还容易引进高频干扰。

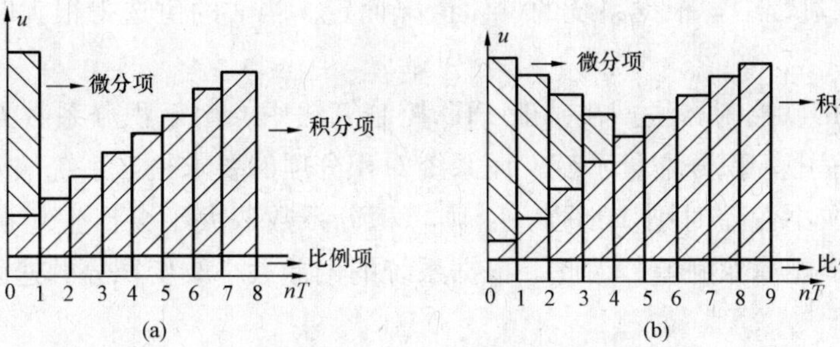

图 5-16 PID 数字控制器的阶跃响应

(a) 理相 PID；(b) 实际 PID

(2) 实际 PID 数字控制算法的控制品质较好，其原因是微分作用能缓慢地持续多个采样周期，使得一般的工业用执行机构能够比较好地跟踪微分作用输出。由于实际 PID 算式中含有一阶惯性环节，具有数字滤波的能力，因此，抗干扰能力也较强。

(三) 数字 PID 控制算法的改进

1. 积分项的改进

在实际使用中，这种基本的 PID 控制算法往往还存在着一些缺陷。其中，对控制系统影响比较大的一个问题就是积分器的饱和问题。

积分运算是通过对系统偏差的不断累加而实现的，积分器的积分值代表着系统偏差的面积。由于计算机输出接口（D/A 转换器）的字长是有限的，当系统在刚启动的一段时间内，系统的偏差较大，积分器经过若干个采样周期的积分运算以后，其积分结果就会超过计算机输出接口所能表示的最大值，从而使调节器从线性工作区进入饱和区。

进入饱和区以后，调节器便失去了调节能力，系统在调节器饱和输出值的作用下，以最大的加速度运动，一直到系统出现较大幅度的，并且持续时间较长的超调以后，在较大的负偏差的作用下，才能将积分器从饱和区拉到线性区，这就是积分饱和现象。被控对象的惯性越大，这种积分饱和现象就越严重。克服积分饱和现象的方法主要有积分分离与变速积分两种。

(1) 积分分离 PID 控制算法。为使数字调节器尽可能工作在线性区，可以采用积分分离的方法，即在系统的给定值附近画出一条带域，其宽度为 2ε（ε>0），为积分器投入或切除的切换点，如图 5-17 所示。

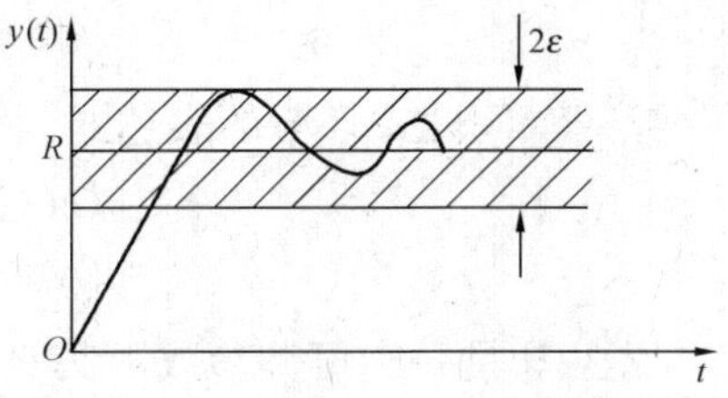

图 5-17 积分分离 PID 切换原理示意

在系统启动初期，系统的偏差较大时，暂时切除积分作用（将积分系数置 0）；当系统的输出接近给定值（进入到带域之内）时，再将积分器投入，即

$$u(k)=\begin{cases}K_{\mathrm{p}}e(k)+K_{\mathrm{d}}[e(k)-e(k-1)] & [\,|e(k)|\geqslant \varepsilon\,]\\ K_{\mathrm{p}}e(k)+K_{\mathrm{i}}\sum\limits_{j=0}^{k}e(j)+K_{\mathrm{d}}[e(k)-e(k-1)] & [\,|e(k)|<\varepsilon\,]\end{cases}\tag{5-3}$$

ε 为积分器分离值，为积分分离 PID 调节器的一个设计参数，算法程序将系统偏差 $e(k)$ 的绝对值与 ε 进行比较，然后作出使用 PID 调节器还是使用 PD 调节器的决策。

ε的值要在调试过程中，根据系统的具体情况而定。当ε的值选得很大时，调节器将失去积分分离的作用。

（2）变速积分 PID 控制算法。在一般 PID 控制算法中，由于积分系数是一个常数，因此，在整个控制过程中，积分增量不变。而系统对积分项的要求是，系统偏差大时积分作用减弱甚至全无，而在小偏差时则应加强，否则，积分系数取大了会产生超调，甚至积分饱和，取小了又迟迟不能消除静差。因此，根据系统的偏差大小改变积分的速度，这对提高调节品质是有益的。

变速积分 PID 控制算法的基本思想是设法改变积分项的累加速度，使其与偏差的大小相对应：偏差越大，积分越慢；反之越快。该控制算法的优点如下：

1）完全消除了积分饱和现象。

2）大大减小了超调量，可以很容易地使系统稳定。

3）适应能力强，某些用普通 PID 控制不理想的过程可采用此种算法。

4）参数整定容易，各参数间的相互影响减小了，而且对 A、B 两参数的要求不精确，可作一次性确定。

2. 微分项的改进

在数字 PID 中，干扰主要通过微分项起作用。但是，由于微分作用在 PID 调节中往往是必要的（它可以近似补偿对象的一个极点，扩大稳定域，改善动态性能），因此不能简单地将微分项弃去，而应设法减小数据误差和干扰在微分项中的影响。

3. 带死区（间隙）的 PID 控制算法

在计算机控制系统中，某些系统为了避免控制动作过于频繁，以消除由于频繁动作所引起的振荡，有时也采用带有死区的 PID 控制系统，如图 5-18 所示。

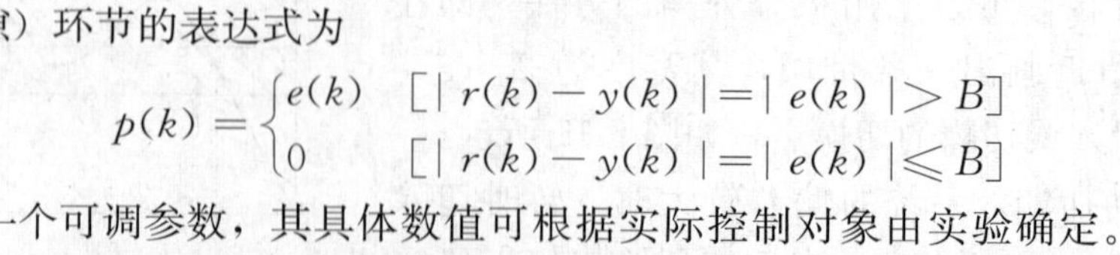

图 5-18　带死区的 PID 控制系统

死区（间隙）环节的表达式为

$$p(k)=\begin{cases}e(k) & [\,|r(k)-y(k)|=|e(k)|>B\,]\\ 0 & [\,|r(k)-y(k)|=|e(k)|\leqslant B\,]\end{cases} \tag{5-4}$$

死区 B 是一个可调参数，其具体数值可根据实际控制对象由实验确定。B 值太小，使调节过于频繁，达不到稳定被调对象的目的；B 值太大，则系统将产生很大的滞后；当 $B=0$ 时，即为常规 PID 控制。

七、热工系统的主要控制方式

（一）反馈控制

反馈控制是根据被控量与给定值的偏差值来进行控制的。反馈控制的特点是必须在被调量与给定值的偏差出现后，调节器才能对其进行调节来补偿干扰对被调量的影响。如果干扰已经发生，而被调参数还未变化，则调节器是不会动作的，即反馈控制总是落后于干扰作用，因此称为不及时控制。

反馈控制方案本身决定了无法将干扰对被控量的影响克服在被控量偏离设定值之前，从而限制了这类控制系统控制质量的进一步提高。主要原因包括：

（1）在热工控制系统中，由于被控对象通常存在一定的纯滞后和容积滞后，因而从干扰产生到被调量发生变化，需要一定的时间。

（2）从偏差产生到调节器产生控制作用，以及操纵量改变到被控量（被调量）发生变化，又要经过一定的时间。

（二）前馈控制

1. 基本原理

考虑到偏差产生的直接原因是干扰作用的结果，如果直接按扰动而不是按偏差进行控制，则当干扰一出现，调节器就直接根据检测到的干扰大小和方向按一定规律去进行控制。由于干扰发生后被控量还未显示出变化之前，调节器就产生了控制作用，因此理论上就可以把偏差彻底消除。像这样，若系统中的调节器能根据干扰作用的大小和方向，就对被调节介质进行控制来补偿干扰对被调量的影响，则这种控制就叫做前馈控制或扰动补偿。按照这种理论构成的控制系统称为前馈控制系统。显然，前馈控制对于干扰的克服要比反馈控制系统及时得多。

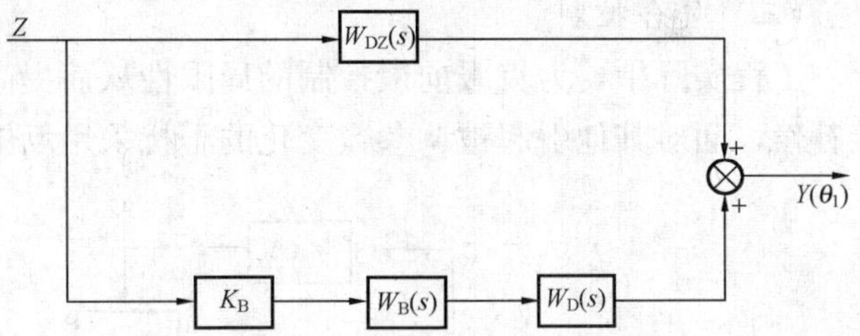

图 5-19 前馈控制系统的原理框图

K_B—测量变送器的变送系数；$W_{DZ}(s)$—干扰通道对象传递函数；$W_D(s)$—控制通道对象传递函数；$W_B(s)$—前馈调节器的传递函数

前馈控制系统的原理框图如图 5-19 所示。

2. 前馈控制系统的特点

理想情况下，针对某种扰动的前馈控制系统能够完全补偿因扰动而引起的对被调量的影响。实现对干扰完全补偿的关键是确定前馈控制器（前馈调节器）的控制作用，显然，$W_B(s)$ 取决于对象控制通道和干扰通道的特性。

由图 5-19 可得

$$Y(s)=[W_{DZ}(s)+K_BW_B(s)W_D(s)]Z(s) \tag{5-5}$$

令 $K_B=1$，则有

$$Y(s)/Z(s)=W_{DZ}(s)+W_B(s)W_D(s) \tag{5-6}$$

以上两式中，$Z(s)$ 为干扰；$Y(s)$ 为干扰引起的输出。

理想情况下，经过前馈控制以后，被调量不变，即实现了所谓的完全补偿，此时

$$Y(s)/Z(s)=W_{DZ}(s)+W_B(s)W_D(s)=0 \tag{5-7}$$

所以，前馈控制器的控制规律为

$$W_B(s)=-W_{DZ}(s)/W_D(s) \tag{5-8}$$

式（5-8）说明，前馈控制的控制规律完全是由对象特性决定的，它是干扰通道和控制通道传递函数之商；式中负号表示控制作用的方向与干扰作用相反。

如果 $W_{DZ}(s)$ 和 $W_D(s)$ 可以很准确地测出，且 $W_B(s)$ 完全和式（5-8）确定的特性一致，则不论干扰信号是怎样的形式，前馈控制都能起到完全补偿的作用，使被调量因干扰而引起的动态和稳态偏差均为零。

3. 前馈控制的局限性

（1）前馈控制系统中不存在被调量的反馈，即没有检验补偿结果的手段。因而，当前馈作用并没有最后消除偏差时，系统无法得知这一信息而作进一步的校正。

（2）由于实际工业对象存在着多个干扰，为了补偿它们对被调量的影响，势必设计多个前馈通道，从而增加了投资费用和维护工作量。

（3）当干扰通道的时间常数小于控制通道的时间常数时，不能实现完全补偿。

（4）前馈控制模型的精度也受到多种因素的限制，对象令特性受负荷和工况等因素的影响而产生偏移，必然导致 $W_{DZ}(s)$ 和 $W_D(s)$ 的变化，因此，一个事先固定的前馈模型不可能获得良好的控制质量。

（三）复合控制

工程实际中，为克服前馈控制的局限性从而提高控制质量，常对一两个主要扰动采取前馈补偿，而对其他引起被调参数变化的干扰采用反馈控制来克服。以这种形式组成的系统称为前馈—反馈复合控制系统。前馈—反馈复合控制系统既能发挥前馈调节控制及时的优点，又能保持反馈控制对各种扰动因素都有抑制作用的长处，因此得到了广泛的应用。

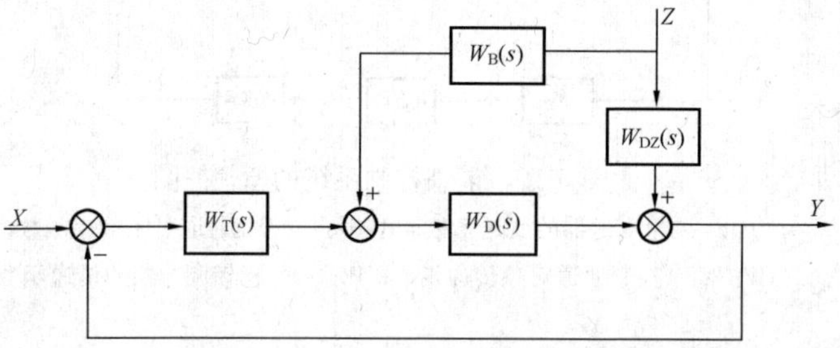

图 5-20 前馈—反馈复合控制系统的原理框图

前馈—反馈复合控制系统的原理框图如图 5-20 所示。

（四）串级控制

1. 基本原理

串级控制系统中，主调节器的输出是副调节器的输入，原理框图如图 5-21 所示。

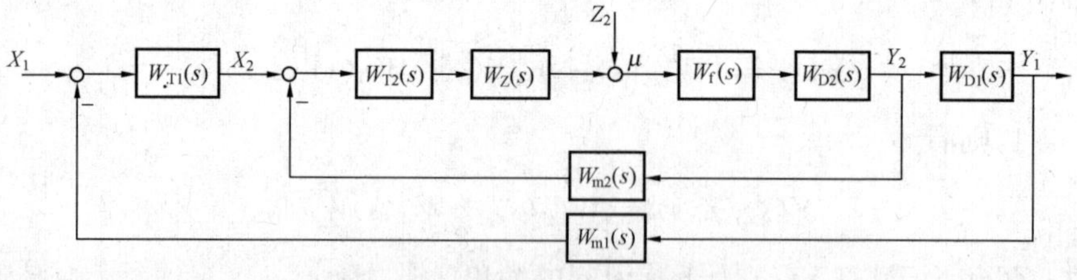

图 5-21 串级控制系统原理框图

串级控制系统中主要涉及的相关概念如下。

（1）主参数（主变量）：串级控制系统中起主导作用的被调参数。

（2）副参数（副变量）：其给定值随主调节器的输出而变化，能反映主信号数值变化的中间参数称为副参数。这是一个为了提高控制质量而引起的辅助参数。

（3）主调节器：根据主参数与给定值的偏差而动作，其输出为副调节器的给定值，记为

$W_{T1}(s)$。

（4）副调节器：其给定值由主调节器的输出决定，并根据副参数与给定值（即主调节器输出）的偏差动作，记为 $W_{T2}(s)$。

（5）主回路（外回路）：断开副调节器的反馈回路后的整个回路。

（6）副回路：由副参数、副调节器及其所包括的一部分对象等（内回路）环节所组成的闭合回路，有时亦称随动回路。

（7）主对象：主参数所处的那一部分工艺设备，其输入信号（惰性区）为副变量，输出信号为主参数，记为 $W_{D1}(s)$。

（8）副对象（导前区）：副参数所处的那一部分工艺设备，其输入信号为调节量，输出信号为副参数（副变量），记为 $W_{D2}(s)$。

2. 串级控制系统的特点

串级控制系统仍然是一个定值控制系统，主参数在干扰作用下的控制过程与单回路控制系统的控制过程具有相同的指标和形式。但与单回路系统相比，串级控制系统具有以下特点：

（1）串级控制系统具有很强的克服内扰的能力。

（2）串级控制系统可减小副回路的时间常数，改善对象动态特性，提高系统的工作频率。

（3）串级控制系统具有一定的自适应能力。

3. 串级控制系统主、副回路和主、副调节器的选择

（1）主、副回路的选择原则：

1）副回路应该把生产过程的主要干扰包括在内，力求把变化幅度最大、最剧烈和最频繁的干扰包括在副回路内，充分发挥副回路改善系统动态特性的作用，保证主参数的稳定。

2）选择副回路时，应力求把尽量多的干扰包括进去，以尽量减少它们对主参数的影响，提高系统的抗干扰能力。

3）主、副对象的时间常数应适当匹配。串级控制系统与单回路控制系统相比，其工作频率提高了，但这与主、副对象的时间常数选择是有关的，原则是两者相差大一些，效果好一些。

（2）主、副回路调节器调节规律的选择原则：

1）主参数控制质量要求不十分严格，同时在对副参数的要求也不高的情况下，为使两者兼顾而采用串级控制方式，主、副调节器均可采用比例控制。

2）要求主参数波动范围很小，且不允许有余差（稳态误差），此时副调节器可采用比例控制，主调节器采用比例积分控制。

3）主参数要求高，副参数亦有一定要求，这时主副调节器均采用比例积分控制。

（五）导前微分控制

1. 基本原理

引入导前微分信号送入调节器，原理框图如图 5-22 所示。

2. 导前微分控制系统的特点

（1）引入导前微分信号缩短了延迟时间，等效地改善了控制对象的动态特性。

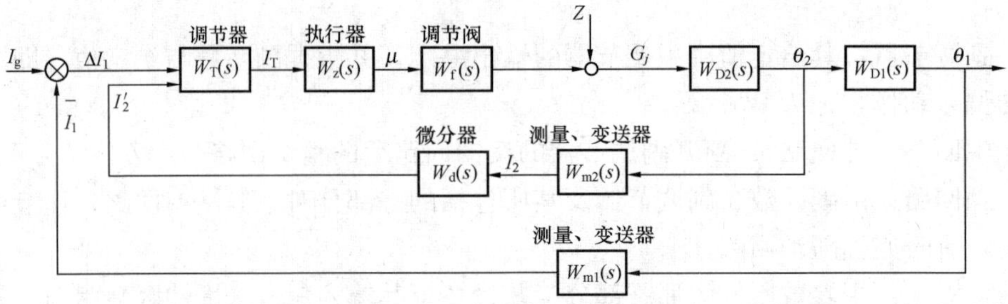

图 5-22 导前微分控制系统原理框图

在导前微分控制系统中，当控制量发生阶跃扰动时，I_1、I_2 的变化如图 5-23 所示。延迟时间缩短后，可控性变好，控制品质将得到改善。

（2）引入导前微分信号能减小动态偏差，改善控制品质，如图 5-24 所示。

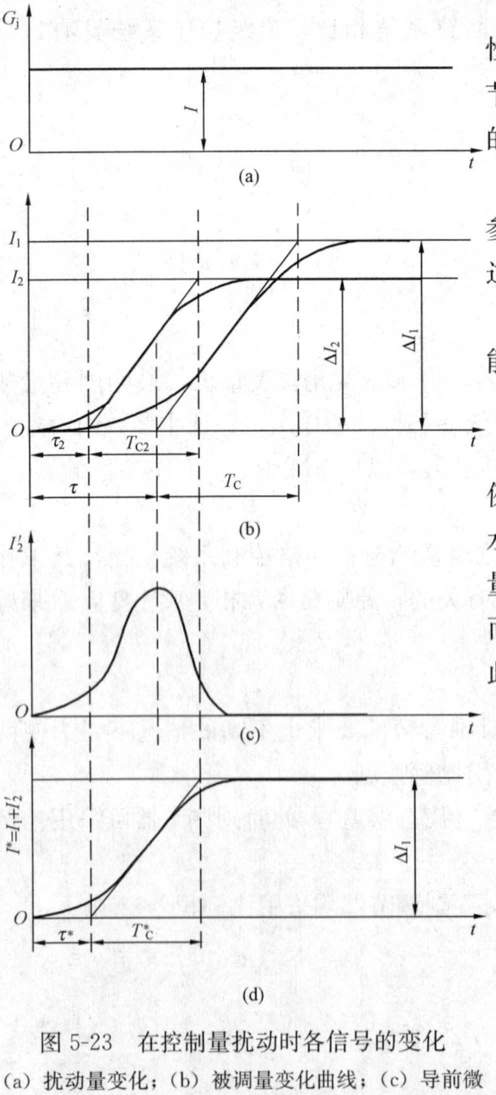

图 5-23 在控制量扰动时各信号的变化

(a) 扰动量变化；(b) 被调量变化曲线；(c) 导前微分变化曲线；(d) 微分作用改善后的被调量变化曲线

图 5-24 中，曲线 1、2 为 θ_1、θ^* 自平衡飞升特性曲线，曲线 3、4 为加导前微分信号前、后的调节曲线，曲线 5、6 则为加导前微分信号前、后 θ_1 的过渡过程曲线。

由于延迟时间和惯性都减小了，因而在调节器参数相同的情况下，加入微分信号，可以减小过渡过程时间，改善控制品质。

（3）导前微分控制系统有很强的克服内扰的能力。

（六）比值控制

在工业生产过程中，常需要保持两个变量成比例变化。在直流锅炉控制中，需保持燃料流量与给水流量成比例变化；在燃烧过程中，需保持燃料流量与空气流量成比例变化，以保证燃烧经济性。然而，目前尚无法直接或迅速地测量燃烧经济性。因此，在这种情况下，需采用比值控制系统，以维持

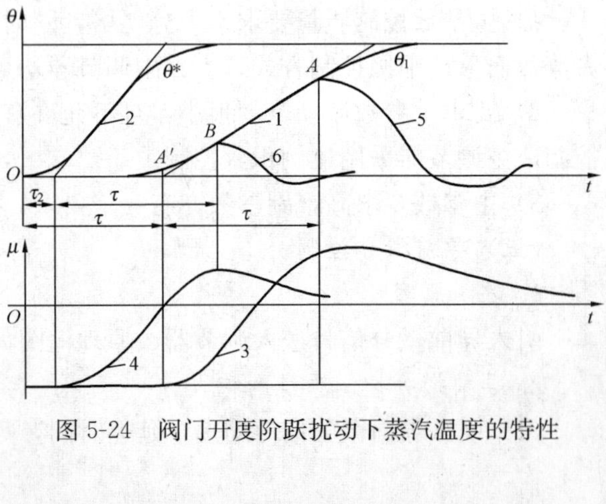

图 5-24 阀门开度阶跃扰动下蒸汽温度的特性

两个变量之间的比值关系。

1. 基本思路

比值控制系统中所指的两个流量，通常将其中之一 G_1 称为（或视为）主动流量，另一个流量 G_2 则称为从动流量。通常，主动流量 G_1 不加控制（G_1 可能作为其他系统的控制变量，而由别的系统加以控制），而以从动流量 G_2 作为系统的调节变量，通过改变 G_2，维持两个流量之间的比值关系。

比值控制系统中的被调量是两个流量的比值 R

$$R = G_2/G_1(\text{或}\ R = G_1/G_2) \tag{5-9}$$

比值 R 的求取，通常不是唯一的。

2. 主要类型

常见的比值控制系统为单回路的，可分为定值型与随动型两大类。除此之外，还有采用前馈—反馈复合控制的串级型比值控制系统的。

（1）定值型单回路比值控制系统，如图 5-25 所示。

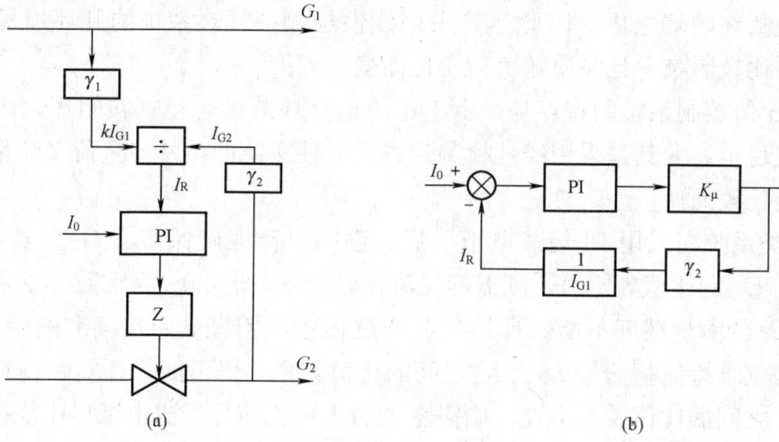

图 5-25　定值型单回路比值控制系统

（a）结构图；（b）原理框图

1）工作原理。流量 G_1、G_2 经检测元件转换为信号 I_{G1}、I_{G2} 送入除法器后，输出 I_R 即为代表 G_1、G_2 之间比值关系的函数的信号。$I_R = I_{G2}/I_{G1}$，I_R 作为系统的被调量，送入调节器，与给定值 I_0 相比较，其差值经调节器及执行机构控制作为系统调节变量的从动流量 G_2，以保持 G_1、G_2 之间的比值关系。若主动流量 G_1 增大，则除法器输出信号 I_R 减小，调节器输出增大，使流量 G_2 增加，I_R 增加。显然，G_1 作为主动流量，在此系统中是不加控制的。

2）系统分析。设系统中采用线性检测装置，其转换系数 r_1、r_2 为常数，因此 $I_{G1} = r_1 G_1$，$I_{G2} = r_2 G_2$；同样，假设系统中采用线性调节机构，其斜率 $k\mu$ 为常数。若采用 PI 规律调节器，静态时有 $I_0 - I_R = 0$，得 $G_1/G_2 = r_1/r_2 I_0$。

显然，由于 r_1、r_2 为常数，I_0 为给定值，因此，静态时 G_1、G_2 之间的比值为定值，改变给定值 I_0，可以调整 G_1、G_2 之间的比值。

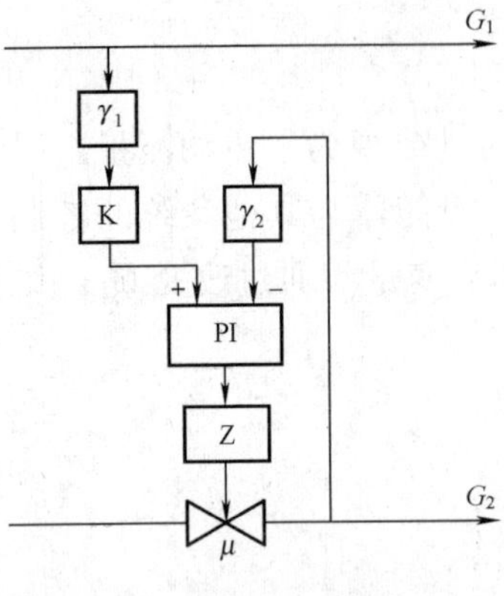

图 5-26 随动型单回路比值控制系统结构

在采用线性检测装置和线性调节机构时，系统闭环后，其品质与负荷有关。在小流量下整定好的系统，在大流量下将变得呆滞；在大流量下整定的系统，在小流量下将变得不稳定。

（2）随动型单回路比值控制系统。

随动型单回路比值控制系统结构如图5-26所示。该系统工作原理如下：

主动流量 G_1 经检测装置转换为信号 I_{G1}，送入乘法器乘以系数 K 后，作为从动流量 G_2 的给定值引入调节器，流量 G_2 作为调节变量受调节器控制，其流量经检测装置后作为反馈信号送入调节器与给定值相平衡。因此，系统是一个典型的随动系统。

（3）定值型与随动型单回路比值控制系统的特点。

1）定值型比值控制系统的特点是：G_1、G_2 的比值作为被调量，可直接读出。但由于将比值运算环节包括在闭环之内，因此尽管采用线性检测装置，系统的开环增益仍随负荷而变，使系统整定比较困难，且品质随负荷变化而变化。

2）随动型比值控制系统的特点是：由于比值运算环节没有包括在闭环之内，因此系统的品质指标比较稳定，尤其是采用线性检测装置后，使系统的特性与负荷（流量）无关。所以，系统的整定比较简便。

3）以上两类系统在采用 PI 规律调节器后，静态时都能确保 G_1、G_2 的比值为给定值，但若要保证 G_1、G_2 的比值为定值，则需确保流量转换系数 r_1、r_2 为常数。反之，在某些情况下，若 G_1、G_2 的测量精度不能保证，如燃烧过程中，燃煤量的连续准确测量有困难时，采用上述系统，仅维持流量信号 I_{G1}、I_{G2}之间的比值关系，仍不能保证实际物理流量（如燃煤量与空气量）之间的比值关系不变，则需考虑引入校正信号组成串级型比值控制系统。

3. 串级比值控制系统

串级比值控制系统属前馈—反馈复合调节系统，其基本结构如图 5-27 所示。主被调量 S 为能反映 G_1、G_2 之间实际比值关系的参数，通常为成分。主调节器 PI1 的作用是维持 S 为给定值 S_0，即维持实际流量 G_1、G_2 之间为最佳比值。由于通常 S 对 G_1、G_2 的响应而有较大延迟，因而 PI1 的输出 I_{T1} 不直接控制调节变量 G_2，仅对流量信号 I_{G1}、I_{G2}之间比值关系起校正作用，而由副回路对 G_1、G_2 进行比值控制。副回路即为单回路比值控制系统。

若主动流量 G_1 发生变化，增加 ΔG_1，则首先由副回路根据 ΔI_{G1}迅速增加 G_2，使 $\Delta I_{G2}=k\Delta I_{G1}$。若流量 G_1、G_2 能准确测量，则有 $G_2/G_1=(r_1/r_2)K=R$，因而确保 G_1、G_2 之间比值不变，S 基本不变，继续维持在给定值 S_0。反之，若流量 G_1 或 G_2 测量存在较大误差，则经副回路调节后，同样使得 $\Delta I_{G2}=K\Delta I_{G1}$，实际流量 G_1、G_2 之间的比值发生变化，使 S 偏离

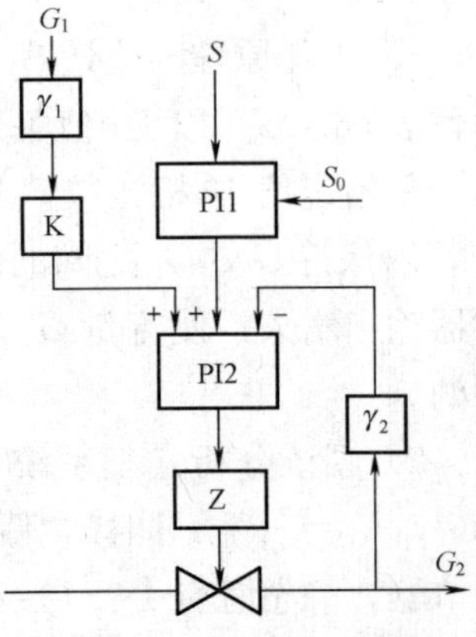

图 5-27 串级比值控制系统基本结构

给定值 S_0。其偏差 ΔS 通过主调节器 P I1，对 I_{G1}、I_{G2}之间的关系进行校正，改变从动流量(即调节变量)G_2，以使 S 回到给定值。

静态时有 $S=S_0$，$\Delta I_{G2}=K\Delta I_{G1}+\Delta I_{T1}$。

这表明，调节变量 G_2 的增量 ΔI_{G2} 由两部分组成，右边第一项为随流量信号 I_{G1} 而变化的部分，即由副调节器引入的前馈作用；第二项为主调节器引入的反馈作用，即由 S 引入的校正作用。静态时，G_1、G_2 的实际比值为给定值。

八、热工控制系统评价指标

1. 静态和动态的概念

(1) 静态：被控参数不随时间变化的平衡状态叫做静态或稳态。

(2) 动态：被控参数随时间变化的不平衡状态叫做动态。

2. 控制系统在受到干扰作用时的过渡过程

控制系统在受到干扰作用时的过渡过程曲线如图 5-28 所示。

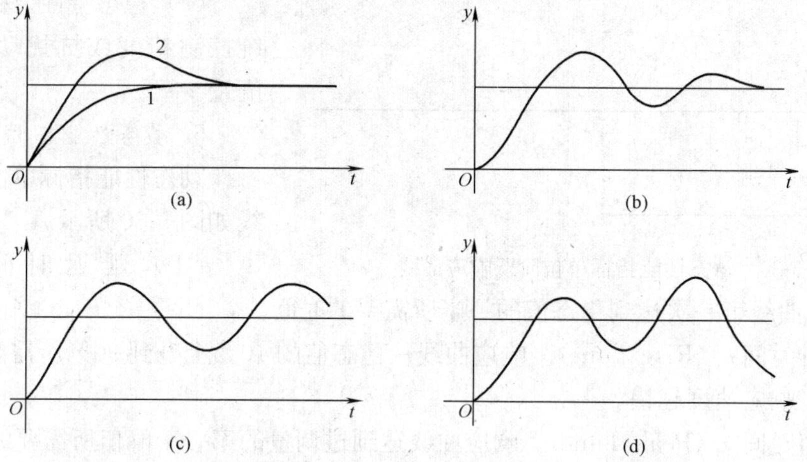

图 5-28 控制系统在受到干扰作用时的过渡过程曲线

(a) $\psi=1$；(b) $0<\psi<1$；(c) $\psi=0$；(d) $\psi<0$

控制的过程就是克服干扰的过程。一个系统的优劣在稳态下难以判别，只有在过渡过程中才能得以鉴别。

3. 控制系统的评价

(1) 稳定性。控制系统在受到干扰作用后，系统的平衡被破坏，在控制设备的控制作用下，控制系统能恢复到一个新的平衡状态，称为稳定的控制系统。稳定的控制系统的被控参数和控制参数的过渡过程曲线最后趋于平衡，如图 5-29 所示；不稳定的控制系统的过渡过程曲线则是渐扩的，无法恢复平衡。

稳定程度可以用衰减率指标来衡量。

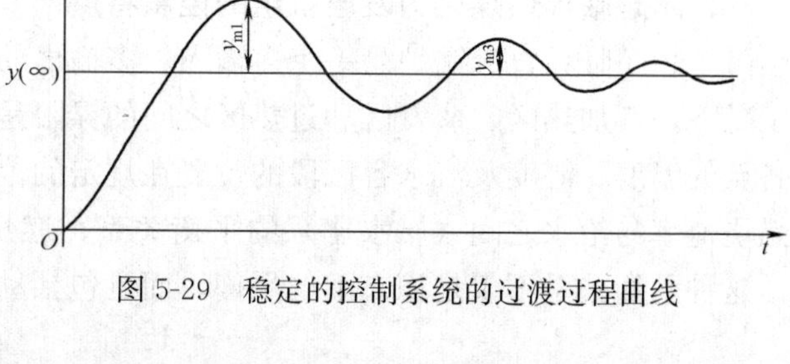

图 5-29 稳定的控制系统的过渡过程曲线

(2) 准确性。控制系统的准确性是指被控参数的实际值与给定值之间的动态偏差和静态偏差。最大动态偏差是指整个过渡过程中被控参数偏离给定值的最大差值，静态偏差是过渡过程结束后被控参数与给定值之间的差值。现场实践中希望两个偏差越小越好。

(3) 快速性。控制系统的快速性是指过渡过程的持续时间，即从干扰发生起，至被控参数又建立新的平衡状态为止的过渡时间。一般认为被控参数进入偏离给定值范围内就基本稳定了。当然，过渡时间越短，控制过程进行得越快，系统品质也越好。

以上三个方面的品质指标有时往往是相互矛盾的，在实际调试过程中应统筹兼顾。

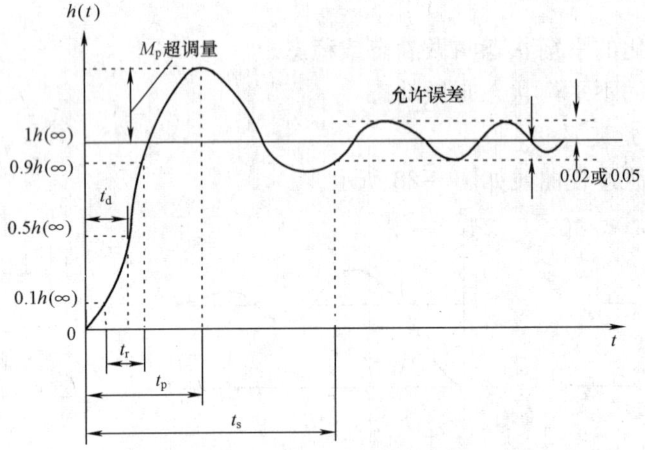

图 5-30 动态性能指标单位阶跃响应曲线

4. 稳态性能指标

(1) 稳态误差。如果在稳态时，系统的输出量与输入量不能完全吻合，就认为系统有稳态误差。稳态误差表示系统的准确度。

(2) 稳态特性。稳态特性是系统控制精度或抗扰动能力的一种度量。

5. 动态性能指标

动态性能指标单位阶跃响应曲线如图 5-30 所示。

(1) 延迟时间 φ (Delay Time)。响应曲线第一次达到稳态值的一半所需要的时间。

(2) 上升时间 κ (Rise Time)。响应曲线从稳态值的 10%上升到 90%所需要的时间。上升时间越短，响应速度越快。

(3) 峰值时间 λ (Peak Time)。响应曲线达到过调量的第一个峰值所需要的时间。

(4) 调节时间 μ (Settling Time)。响应曲线达到并永远保持在一个允许误差范围内所需要的最短时间，用稳态值的百分数（通常取 5%或 2%）作。

(5) 超调量 (Maximum Overshoot)。超调量是指响应的最大偏离量 $h(t_p)$ 与终值之差的百分比，即

$$\sigma=\frac{h(t_p)-h(\infty)}{h(\infty)}\times 100\%$$

第二节 660MW 超超临界机组主要控制特点的分析

一、超超临界燃煤火力发电机组的控制特点

(1) 超超临界直流锅炉是一个多输入、多输出的被控对象，没有汽包环节，在不同的运行工况下，其加热区、蒸发区和过热区之间的界限是变动的。因此，为了维持锅炉汽水行程中各点的温度、湿度及汽水各区段的位置在规定的范围内，就要求控制系统应更为严格地保持燃烧速率与给水之间（燃水比）的平衡关系、燃烧速率与风量之间（燃风比）的平衡关系。这种平衡关系不仅是稳态下的平衡，而且包括动态下的平衡。一旦失衡，产生的危险性

将十分严重，因此必须给予高度重视。

(2) 超超临界直流机组中，由于没有储能作用的汽包环节，因此，一方面，由于蓄能小，负荷调节的灵敏性好，可以实现机组的快速启停和负荷调节；另一方面，由于蓄能小，在外界负荷变动时蒸汽压力反映很敏感，所以机组变负荷性能较差，保持蒸汽压力较困难。

(3) 由于循环工质总质量下降、循环速度上升、工艺特性加快，因此要求控制系统的实时性更强、控制周期更短、控制的快速性更好。从汽轮机—锅炉协调控制的角度分析，要求协调控制更及时、准确。

(4) 在超超临界直流锅炉中，不同工况下各区段工质的比热容、比体积、热焓与其温度、压力的关系是非线性的，传热特性、流量特性是非线性的。

(5) 在直流锅炉工艺结构中，采用直吹式制粉系统，从给煤、制粉、送粉到燃烧环节，具有大的纯延迟和大的滞后特性，因此，燃烧系统成为机组的又一个控制难点。

(6) 在直流锅炉工艺结构中，从给水泵到汽轮机，汽水直接关联，因此锅炉各参数之间，以及汽轮机与锅炉之间具有较强的耦合特性，整个被控对象是一个多输入、多输出的多变量系统。

(7) 对超临界直流锅炉直吹式机组，控制系统应能最大限度地利用蓄能，快速响应发电负荷控制要求，实现发电负荷控制与锅炉控制的解耦以及锅炉与汽轮机的协调，以满足电网对机组既能带基本负荷，又能调峰运行的要求。因此，在进行控制系统配置和构造协调控制策略时，必须考虑控制作用的快速性、稳定性、准确性，控制系统要有变负荷、变工况的自适应能力。

二、控制量与被控量关系的选择

超超临界直流锅炉—汽轮机组是一个多输入、多输出的多变量控制对象，如何选择控制量与被控量的关系，是协调控制系统控制方案的关键。

1. 被控参数压力的控制

首先选择汽轮机调节阀门控制压力，因为压力的变化不仅会影响机组功率的变化，而且会影响给水流量的变化，从而进一步影响机组的负荷和温度。若利用压力对汽轮机调节阀门响应快的特点，可以足够好地控制机组压力，克服燃料、给水扰动对机前压力的影响，从而大大减小燃料扰动对给水流量的交叉影响。

同时，采用控制特性大大快于锅炉的汽轮机调节阀门控制压力，不仅提高了机组的内特性，而且由于汽轮机对压力的调节作用，还克服了燃料、给水对压力的影响，简化了直流锅炉的控制对象，使其变为燃料与给水对应机组负荷、温度的双输入和双输出的控制对象。

2. 被控参数温度的控制

直流锅炉中影响中间点温度的主要因素是锅炉的燃水比。从中间点温度对燃料的响应曲线及中间点温度对给水的响应曲线可以看到：燃料增加时，中间点温度经过 90s 左右的延迟才随燃料的增加而升高；给水增加时，中间点温度经过 90s 左右的时间才开始下降；若变负荷时燃料与给水按同一比例变化，则可在动态过程中保持中间点温度基本稳定。在稳定工况下，可以在稳定燃料的前提下控制给水流量来控制炉顶温度，也可以在稳定给水的前提下控制燃料量来控制炉顶温度。但是，对于一次循环的直流锅炉来说，给水流量的变化直接影响锅炉出口蒸汽流量的变化，对机组负荷的影响较大。同时，从直流锅炉对象分析中也可以看到：给水流量的增加，首先会降低微过热温度。加负荷时必须增加水，而水的增加却导致温度的降低，控制的作用将减少水的增加，只有在燃料增加反映到温度的变化，才能使水流量满足负荷的要求。因此，由给水控制温度，在变负荷时不但会使温度的稳定性变差，而且会使机组的响应性变慢；若由燃料控制温度，则变负荷时给水和燃料与负荷的变化方向是一致的，燃料与温度要求的变化方向也是一致的。所以，采用以燃烧控制微过热温度、给水控负荷、汽轮机调节阀门控制机组压力的协调控制系统的控制方案，有利于保持系统的稳定性及响应性。

三、MCS逻辑组态需注意的几个问题

（1）锅炉控制采用以给水为基本量的控制方案。湿态方式下，燃料量控制主蒸汽压力；干态方式下，给水控制主蒸汽压力。应同时考虑燃料量交叉限制及防止省煤器出口汽化。燃料量控制以锅炉输入指令为基础，同时考虑燃水比校正、给水量交叉限制、风量比交叉限制及防止锅炉受热面超温。

（2）锅炉水分离器疏水箱水位在湿态时主要由锅炉循环泵再循环流量控制，同时考虑机组在非冷态方式启动时第1支油枪点火，防止疏水箱的虚假水位。考虑机组用汽动给水泵启动的应对策略。

（3）二次风控制策略。综合考虑机组负荷、炉膛与风箱差压、燃油压力、运行磨煤机组合及相应的给煤机出力，并以锅炉输入率为前馈指令，以实现锅炉的最佳燃烧。

（4）控制系统（包括过热、再热蒸汽温度控制系统）考虑全面的前馈和变参数控制，使控制系统在机组的不同负荷段都能达到较好的控制效果。

（5）过热蒸汽温度调温方式为燃水比加三级喷水，再热蒸汽温度调温方式为烟气挡板、燃烧器摆动以及事故紧急喷水。

（6）一次调频功能考虑主蒸汽压力的修正，提供频差的高/低和速率限制，防止锅炉输入控制需求指令的波动，以维持锅炉在安全的范围内运行。

四、超超临界直流锅炉协调控制系统的控制策略

协调控制系统的控制思路是将汽轮机、锅炉作为整体考虑。在能量平衡控制策略基础上，通过前馈/反馈、连续/断续、非线性、方向控制等控制机理的有机结合，来协调控制机组功率与机前压力，协调处理负荷要求与实际能力的平衡。在保证机组具备快速负荷响应能力的同时，维持机组主要运行参数的稳定。协调主控系统由负荷指令形成部分和机炉主控制器两部分组成，如图5-31所示。

机组指令处理回路是机组控制的前置部分，它接受AGC指令、一次调频指令和机组运行状态。根据机组运行状态和调节任务，对负荷指令进行处理，使之与运行状态和负荷能力相适应。当协调主控在手动方式时，负荷指令来源于运行人员的手动设定；AGC投运后，负荷指令来源于中调远程指令，即由中调人员远方设定。同时，运行人员还可根据具体情况投入一次调频（转速或频差控制）功能。该功能投入时，将自动根据频差情况，在汽轮机转速偏差超过±2r/min时，对负荷指令进行频差修正。

机组指令的实际能力识别限幅是根据机组运行参数的偏差、辅机运行状况，识别机组的实时能力，使机组在其辅机或子控制回路局部故障或受限制的情况下，机组实际负荷指令与机组稳态、动态调节能力相符合，保持机组/电网、锅炉/汽轮机和机组各子控制回路间需要

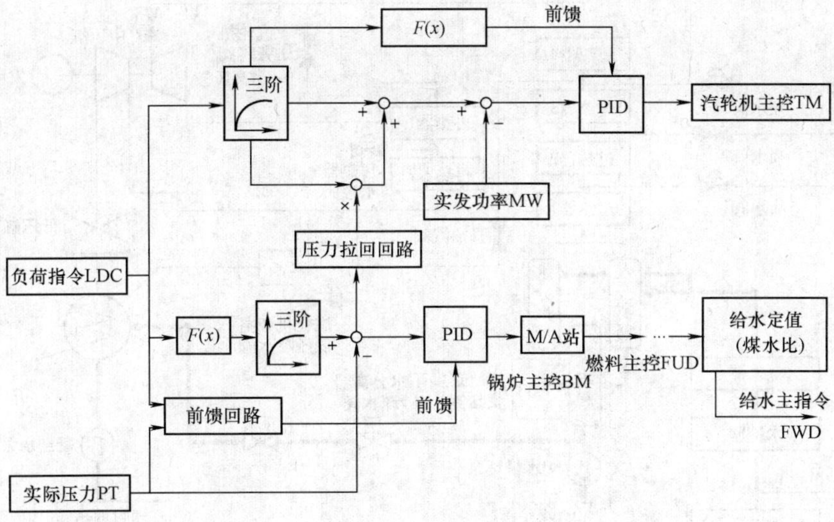

图 5-31　600MW 超临界机组协调控制系统示意

/可能的协调，以及输入/输出的能量平衡。机组指令的实际能力识别限幅功能，反映了协调控制系统的一种重要设计思想——控制系统自适应能力。机组指令的实时能力识别限幅功能主要包括：

(1) 方向性闭锁。

(2) 迫升/迫降 (RunUp/Run Down)。

(3) 辅机故障快速减负荷 (Run Back)。

五、超超临界燃煤发电机组主要控制系统原理和系统分析

(一) 超超临界燃煤发电机组燃水比控制

1. 超超临界直流锅炉协调控制系统的燃水比控制

直流锅炉在控制上与汽包锅炉区别很大，尤其是超超临界变压运行的直流锅炉，其燃烧与给水的自动控制更为复杂。如果锅炉效率、燃料发热量、给水热焓均保持不变，则过热蒸汽温度只取决于燃料量与给水量的比值。若该比值保持一定，则出口过热蒸汽和给水的热焓将保持不变。但在实际运行过程中，受煤质变化、负荷变化、配风变化、给水温度变化等各种因素的影响，要精确保证燃水比很困难。如果燃水比失调，将严重影响机组的安全运行，并且导致主蒸汽温度的波动。这不但影响机组的效率，而且可能造成设备的损坏，影响整个系统的稳定。因此，在控制上必须保证燃水比作为维持主蒸汽温度的粗调，而把减温水作为辅助的细调手段。考虑到给水到出口主蒸汽温度这一流程的惯性较大，为保证调节迅速并排除喷水调节的干扰，一般情况下，取微过热蒸汽温度或微过热蒸汽焓值来反应燃水比状况。过热蒸汽温度一般采用燃水比作为粗调，以一、二、三级喷水减温作为细调，同时使用水分离器入口温度信号作为中间点温度控制。超超临界燃煤发电机组原则性热力系统简图见图 5-32。

2. 微过热蒸汽温度信号的采用

超超临界直流锅炉正常运行时，水冷壁出口（即水分离器入口）的蒸汽温度处于微过热状态，它可灵敏地反映燃料和水的关系变化，称为中间点温度。中间点温度还需根据锅炉热负荷、喷水量进行修正。锅炉运行中，将中间点温度控制在一定范围内，就可以认为锅炉汽

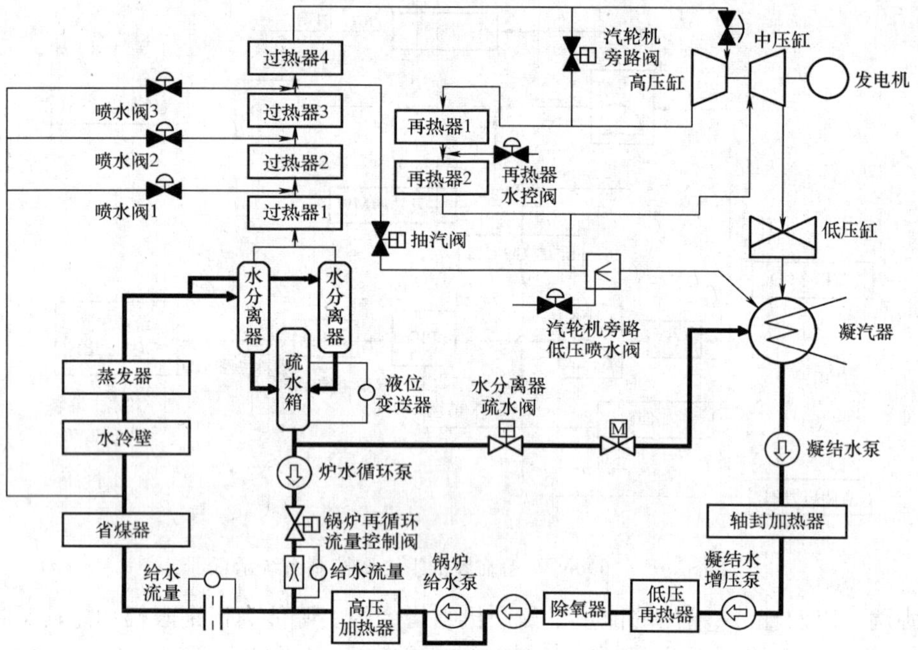

图 5-32 超超临界燃煤发电机组原则性热力系统简图

水系统中的相变点界面被基本固定住，从而使燃料和水保持了一定的比值关系，也才能保证过热蒸汽温度在可控制范围内。根据经验数据，中间点温度每变化 1℃，低负荷时对过热蒸汽温度的影响达 10℃，高负荷时对过热蒸汽温度的影响为 5℃，因此，超超临界机组直流锅炉调节的关键是保证煤水比和控制住中间点温度。锅炉布置 2 只立式水分离器，每只水分离器入口安装 4 个温度测点，分 2 组，每组测点可选，最后取均值作为 A 或 B 水分离器的入口温度，并用 A 和 B 水分离器入口温度的平均值作为中间点温度。该温度信号与水分离器压力下的饱和温度的差值即为水分离器入口蒸汽的过热率。

3. 微过热蒸汽过热度设定值形成

锅炉指令信号并行送给给水控制系统和燃料控制系统，即锅炉指令直接送给水主控，而锅炉指令经过燃水比修正后送燃料主控。在协调方式下，微过热蒸汽过热度设定跟随负荷需求指令，在除协调外的其他方式下则跟随锅炉指令。生成的微过热蒸汽过热度经过一个一阶惯性环节处理，这考虑了锅炉时间常数有关的滞后功能。

4. 燃水比控制回路

燃水比控制回路通过控制进入炉膛的燃料量来调节锅炉水冷壁出口温度，与机组负荷相适应，控制框图如图 5-33 所示。

系统有以下两种控制方式：

(1) 当锅炉处于湿态运行方式时，燃水比控制回路通过 T-2 切换器切换到主蒸汽压力控制，即主蒸汽压力由燃料量控制（同汽包炉）。这是因为锅炉处于湿态方式运行时，湿蒸汽是在汽水分离器里分离的，饱和蒸汽通过过热器是为了保护过热器和再热器，这种运行方式类似于汽包锅炉。主蒸汽压力是由燃料量的多少来决定的。燃料量的增/减会立即影响蒸汽

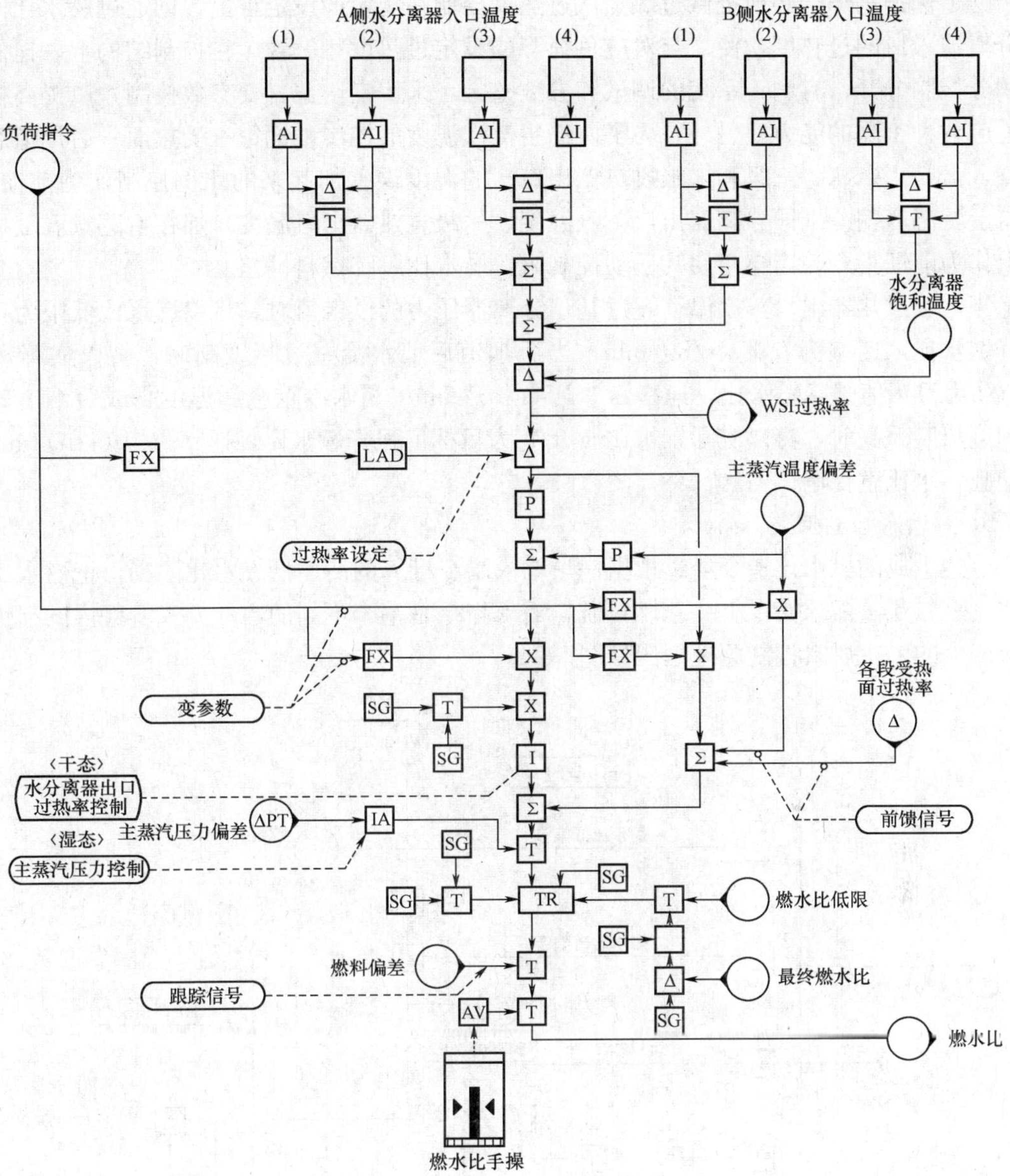

图 5-33 燃水比控制原理框图

量和主蒸汽压力。给水流量的增/减对蒸汽量的产生和主蒸汽压力没有影响，仅影响汽水分离器疏水箱水位，水位由炉水再循环、疏水调节阀（WDC）控制。主蒸汽温度仅由过热器喷水流量控制。因此，在这种工况下，调整燃水比指令来控制主蒸汽压力。

（2）当锅炉处于干态运行方式时，燃水比指令控制水分离器入口蒸汽的过热率。这是因为此时汽水分离器入口处的介质完全处于干态，介质以完全干态的方式进入过热器。这种运行方式就是直流锅炉方式。主蒸汽压力由给水量决定。

干态时，主蒸汽温度也受喷水流量控制，但这种控制是有限的。基本解决方案是通过燃水比来控制主蒸汽温度。通过燃水比控制中间点温度，从而使主蒸汽温度控制始终处于最佳位置（也就是，当超出某一负荷时，在稳定状态条件下喷水），以快速响应温度扰动。

为了保护锅炉，必须把微过热蒸汽过热度控制在规定的设定点上，即通过燃水比回路控制分离器入口的过热度，使之与对应负荷下的设定过热度相一致。在控制结构上，比例控制和积分控制分开，有利于系统的调试和参数整定，采用变增益、变参数控制，以提高控制系统适应各种工况的能力。另外，为了协助主蒸汽温度的控制，把每一受热面（后烟道后墙水冷壁入口，一、二、三级和末级过热器出口）的温度误差加起来的比例控制作为前馈信号，并将上游温度偏差（即分离器出口蒸汽温度、一级过热器出口温度）加在主蒸汽温度控制回路上作为前馈指令。当燃料切为手动控制时，燃水比跟踪燃料偏差。

当一级过热器出口蒸汽温度超过基于分离器压力的设定值时，将以燃水比低限为目标值强降燃水比，速率为0.75(t/h)/min；当后烟道后墙水冷壁过热度高时，将以实际燃水比−3t/h为目标值强降燃水比，速率为0.75(t/h)/min；当水冷壁金属温度高或后烟道后墙水冷壁过热度高高时，将以实际燃水比−3t/h为目标值强降燃水比，速率为10(t/h)/min。这将超驰燃水比率控制。

5. 主燃料控制回路

上述生成的燃水比指令经过根据锅炉输入指令计算的高、低燃水比限制，把燃水比指令加在总燃料流量需求指令上。总燃料流量需求指令是基于不同的启动方式所提供的锅炉输入需求产生的。主燃料控制原理框图见图5-34。

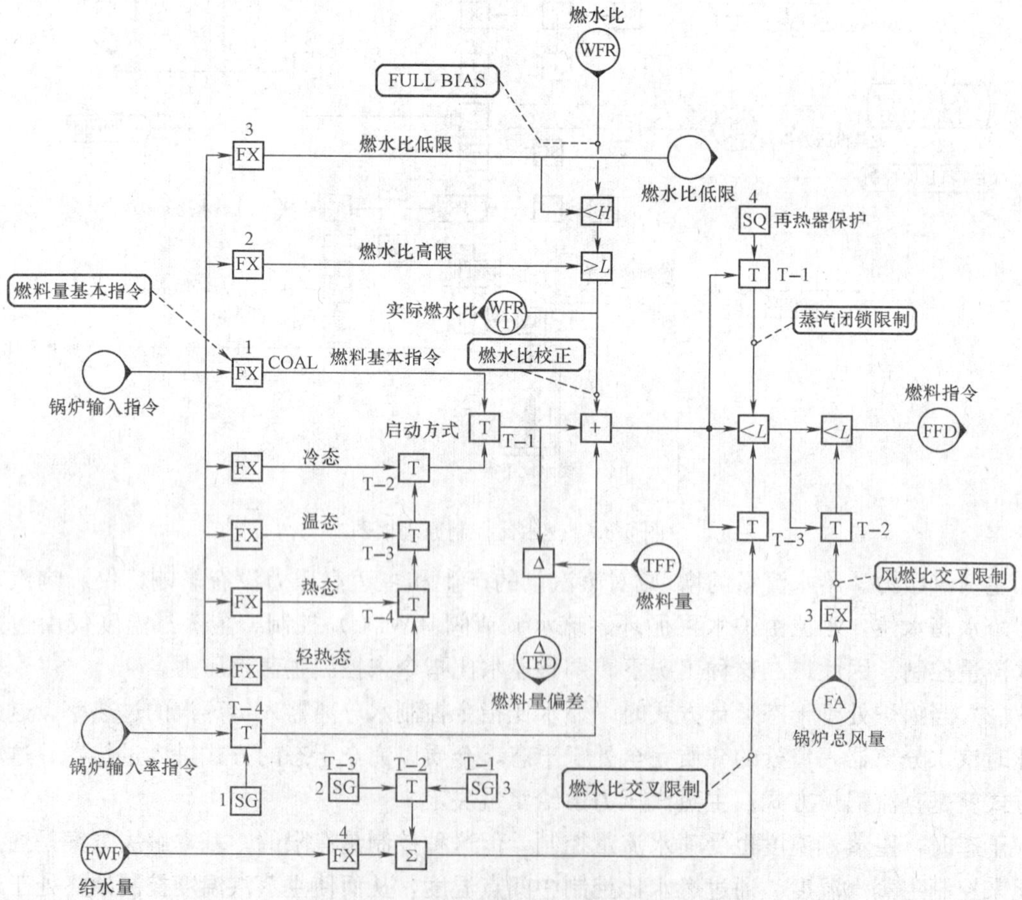

图5-34 主燃料控制原理框图

主燃料控制还考虑以下几个因素：

（1）根据正常运行、不同启动方式计算出基本的燃料需求指令。

（2）为了改进锅炉在负荷改变期间的响应性，燃料需求指令加进锅炉输入比率指令（BIR-FF）作为前馈信号。

（3）考虑总给水量和总风量对燃料指令进行交叉限制，确保在调节过程中产生的不平衡始终控制在规定限值范围内。

（4）考虑再热器保护，当进入再热器的蒸汽还没建立时（启动时蒸汽闭锁），以15% MCR燃料量限制燃料量需求指令。

（二）给水控制系统原理和系统分析

（1）给水控制系统的主控部分为给水流量与锅炉负荷指令之间偏差的PID调节加上前馈控制。该前馈信号由锅炉负荷指令的比例微分（PD）、给水泵再循环阀位置信号的函数和给水旁路阀位置信号的函数三部分相加组成，见图5-35。

（2）由两台汽动给水泵的转速控制来实现给水流量的控制。在启、停和低负荷时，用给水旁路阀来控制给水流量，为给水流量和锅炉负荷指令之间偏差的PID调节加上锅炉负荷指令的前馈信号（PD）。当给水流量增加到一定值后，主给水阀开启，给水旁路阀关闭，系统切换到汽动给水泵转速控制的正常运行方式。

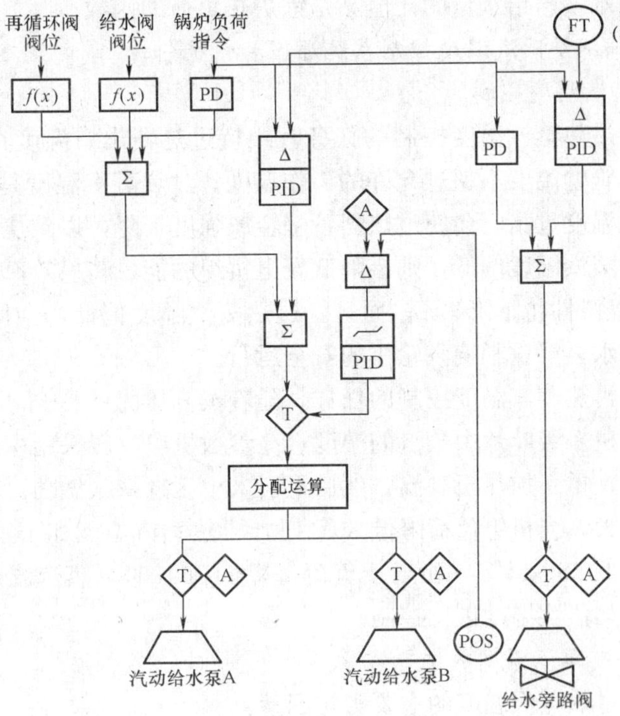

图5-35 给水控制系统原理框图

1）给水泵转速控制。在给水泵控制系统中，给水主控发出的给水需求指令，被送到给水泵转速控制器，通过改变给水泵转速来维持给水流量。

2）给水调节阀门的控制。给水调节阀门不直接调节给水流量，调节阀门仅控制给水母管压力。当给水母管压力发生偏差时，通过给水调节阀门的调节来维持给水母管压力，以保证对过热器的喷水压力。

3）给水泵最小流量控制系统。电动给水泵和汽动给水泵都设计有最小流量控制系统，通过给水再循环，保证给水泵出口流量不低于最小流量设定值，以保证给水泵设备的安全。给水泵最小流量控制系统通常为单回路调节系统，流量测量一般采用二取一。给水泵最小流量控制系统仅工作在给水泵启动和低负荷阶段；锅炉给水流量只要大于最小流量定值，给水再循环调节阀门就关闭。最小流量给水再循环调节阀通常设计为反方向动作，即控制系统输出为0时，阀门全开；输出为100%时，阀门全关。这样，在失电或失去气源时，阀门全开，可保证设备的安全。

4）给水需求信号的产生。超临界直流锅炉的给水控制与汽包锅炉不同，给水的需求信号主要根据总燃料量来决定。以锅炉给煤量及总燃料量为基础发出给水量需求信号，在此基础上再考虑燃烧器摆角修正、分离器出口温度修正、分离器出口温度微分信号，就产生了给水需求信号。

5）分离器出口温度修正。分离器出口温度修正的作用是修正燃水比，有时又称为中间点温度修正，其修正原理是：对给定的锅炉热负荷，其允许的喷水量应与分离器温度有一定的关系。也可以这样认为：当喷水量与给水量的比例增加时，说明煤与水的比例中煤多了一些，而煤量一多，反应最快的是分离器出口温度。正常的分离器出口温度是分离器压力的函数，而喷水量与给水量的比值又是锅炉热负荷的函数。

（三）锅炉蒸汽温度控制系统原理和系统分析

1. 蒸汽温度控制的任务

（1）过热蒸汽温度控制的任务。维持过热器出口温度在允许的范围之内，并保护过热器，使其管壁温度不超过允许的工作温度。过热蒸汽温度是锅炉汽水系统中的温度最高点。过热蒸汽温度过高，会使过热器管壁金属强度下降，以致烧坏过热器的高温段，严重影响安全；过热蒸汽温度偏低，则会降低发电机组的能量转换效率。据分析，过热蒸汽温度每降低5℃，热经济性将下降1%；而且，过热蒸汽温度偏低，会使汽轮机尾部蒸汽湿度增大，甚至使之带水，严重影响汽轮机的安全运行。

（2）再热蒸汽温度控制的任务。随着蒸汽压力的提高，为了提高机组热循环的经济性，减小汽轮机末级叶片中蒸汽的湿度，高参数机组一般采用中间再热循环。将高压缸出口蒸汽引入锅炉，重新加热至高温，然后再引入中压缸膨胀做功。一般情况下，再热蒸汽温度随负荷变化较大，当机组负荷降低30%时，再热蒸汽温度如不加以控制，锅炉再热器出口蒸汽温度将降低28～35℃（相当于负荷每降低10%时，蒸汽温度降低10℃）。所以，大型机组必须对再热蒸汽温度进行控制。

2. 影响蒸汽温度的主要因素

（1）过热蒸汽温度的主要影响因素：

1）燃料、给水比（煤水比）。只要燃料、给水比的值不变，过热蒸汽温度就不变。只要保持适当的煤水比，在任何负荷和工况下，直流锅炉都能维持一定的过热蒸汽温度。

2）给水温度。正常情况下，给水温度一般不会有大的变动；但当高压加热器因故障出系时，给水温度就会降低。对于直流锅炉，若燃料不变，由于给水温度降低，加热段加长、过热段缩短，过热量会随之降低，负荷也会降低。

3）过量空气系数。过量空气系数的变化直接影响锅炉的排烟损失，同时影响对流受热面与辐射受热面的吸热比例。当过量空气系数增大时，除排烟损失增加、锅炉效率降低外，炉膛水冷壁吸热减少，造成过热器进口温度降低，屏式过热器出口温度降低；虽然对流过热器吸热量有所增加，但在煤水比不变的情况下，末级过热器出口蒸汽温度有所下降。过量空气系数减小时，结果与增加时相反。若要保持过热蒸汽温度不变，则需重新调整煤水比。

4）火焰中心高度。火焰中心高度变化的影响与过量空气系数变化的影响相似。在煤水比不变的情况下，火焰中心上移类似于过量空气系数增加，过热蒸汽温度略有下降；反之，过热蒸汽温度略有上升。若要保持过热蒸汽温度不变，亦需重新调整煤水比。

5）受热面结渣。煤水比不变的调节下：炉膛水冷壁结渣时，过热蒸汽温度有所降低；过热器结渣或积灰时，过热蒸汽温度下降明显。前者发生时，调整煤水比即可；后者发生时，不可随便调整煤水比，必须在保证水冷壁温度不超限的前提下调整煤水比。

结论：对于直流锅炉，在水冷壁温度不超限的条件下，后四种影响过热蒸汽温度的因素都可以通过调整煤水比来消除。所以，只要控制和调节好煤水比，在相当大的负荷范围内，直流锅炉的过热蒸汽温度就可保持在额定值。该优点是汽包锅炉无法比拟的；但煤水比的调整，只有自动控制才能可靠完成。

（2）再热蒸汽温度的影响因素：

1）给水温度。给水温度降低时（如高压加热器出系），若锅炉出力保持不变，则需要增加燃料，以补充因给水温度降低而减少的热量。这样，炉膛出口烟气量增加，以对流受热面为主的再热器吸热量增加，导致再热蒸汽温度升高。

2）过量空气系数。过量空气系数增加，以对流受热面为主的再热器吸热量增加，再热蒸汽温度升高；反之则降低。

3）炉膛火焰中心。炉膛火焰中心的高度对再热蒸汽温度有相当显著的影响，是调节再热蒸汽温度的主要手段。当火焰中心抬高时，炉膛出口温度上升，以对流受热面为主的再热器其进口烟温升高，吸热量增加，再热蒸汽温度提高；反之，再热器吸热量减少，再热蒸汽温度降低。

4）受热面结渣。再热器受热面结渣或积灰，吸热量减少，再热蒸汽温度降低。炉膛水冷壁结渣，水冷壁吸热量减少，导致炉膛出口烟温上升，再热器吸热增加，再热蒸汽温度提高。

5）过热蒸汽温度和压力。过热蒸汽温度变化会引起高压缸排汽变化。过热蒸汽温度降低，高压缸蒸汽温度降低；在再热器吸热量不变的条件下，因再热器进口温度降低，导致再热器出口温度降低。

过热蒸汽压力的变化也会引起再热蒸汽温度的变化。过热蒸汽压力降低，在过热蒸汽温度不变的情况下，过热蒸汽的焓增大，高压缸排汽温度上升；在再热器吸热量不变的条件下，因再热器进口温度升高，使再热器出口温度提高。反之，过热蒸汽压力升高，再热蒸汽温度降低。这与变压运行时可保持较高再热蒸汽温度的原理相同。

3. 蒸汽温度控制对象的动态特性

（1）过热蒸汽温度对象的动态特性。过热蒸汽温度对象的动态特性主要为蒸汽流量、烟气传热量和减温水扰动。

1）蒸汽扰动下对象的动态特性。引起蒸汽流量变化的原因有两个：一是蒸汽母管的压力变化，二是汽轮机调节阀门的开度变化。结构形式不同的过热器，在相同蒸汽流量 D 的扰动下，蒸汽温度变化的动态特性是不同的。对于对流式过热器的出口温度，随着蒸汽流量 D 的增加，通过过热器的烟气量也增加，导致蒸汽温度升高；对于辐射式过热器，蒸汽流量 D 增加时，炉膛温度升高较少，炉膛辐射给过热器受热面的热量比蒸汽流量的增加所需的热量少，因此辐射式过热器的出口蒸汽温度反而下降，对流式过热器和辐射式过热器的出口蒸汽温度对负荷变化的反应是相反的，其动态特性如图 5-36 所示。

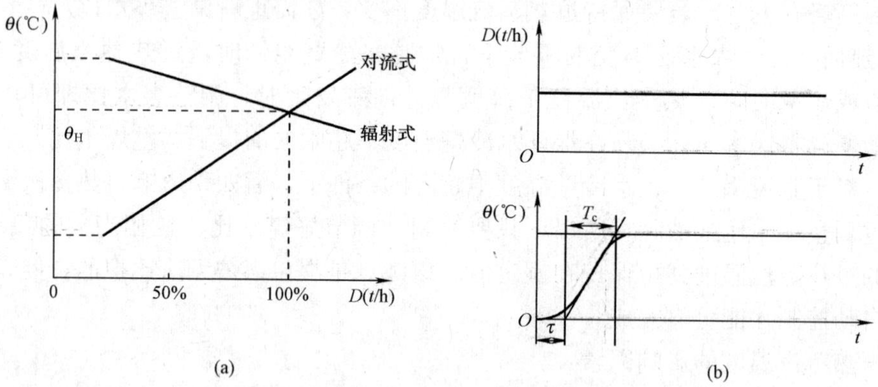

图 5-36 蒸汽扰动下对象的动态特性
(a) 蒸汽流量变化与对流过热器及辐射过热器出口蒸汽温度变化的动态特性；
(b) 蒸汽流量变化对过热器蒸汽温度的影响

实际生产中，通常把两种过热器结合使用，还增设屏式过热器，且对流方式下吸收的热量比辐射方式下吸收的热量要多。因此，综合而言，过热器出口蒸汽温度是随蒸汽流量 D 的增加而升高的，动态特性如图 5-37 所示。

另需注意，蒸汽流量的扰动不能作为调节信号用。

2）烟气量扰动下过热蒸汽温度对象的动态特性。引起烟气传热量变化的原因很多，如给粉机给粉不均匀、煤中水分改变、蒸汽受热面结垢、过量空气系数改变、汽包给水温度变化、燃烧火焰中心位置改变等，其对象特征总的特点是有延迟、有惯性、有自平衡能力，特征曲线如图 5-37 所示。

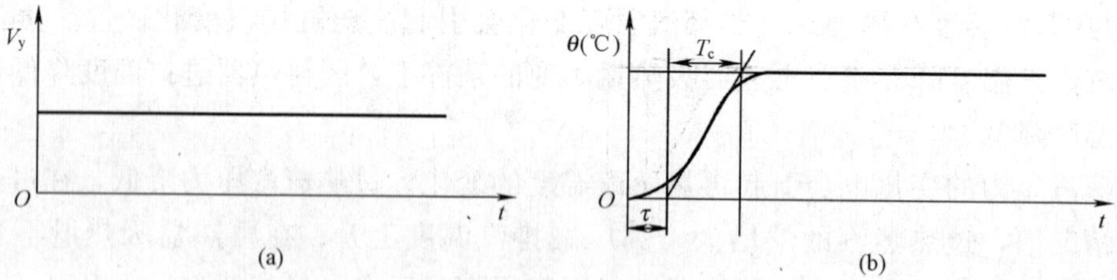

图 5-37 烟气流量变化对过热蒸汽温度的影响
(a) 烟气流量变化曲线；(b) 烟气流量变化对过热蒸汽温度的影响曲线

从烟气侧来的扰动量使沿整个长度过热器的传热量发生变化，蒸汽温度变化反应较快，延迟时间为 10～20s，可以用作调节量信号。

3）减温水量扰动下过热蒸汽温度对象的动态特性。常用的减温方法有喷水式减温和表面式减温两种，前者的效果比后者好。喷水式减温器一般装在末级过热器高温段前面，一方面保护了过热器高温段，另一方面又改善了调节性能。这种过热器的安装方法与在饱和侧装设表面式减温器相比，延迟时间能减少 1/4。

减温水量变化对过热蒸汽温度的影响见图 5-38。

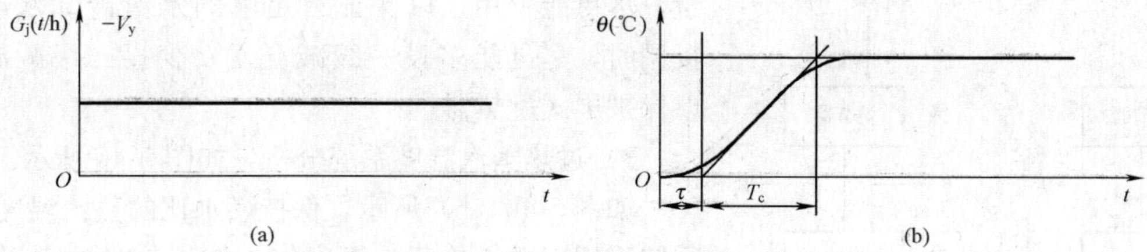

图 5-38 减温水量变化对过热蒸汽温度的影响
(a) 减温水量变化曲线；(b) 减温水量变化对过热蒸汽温度的影响曲线

特点：有延迟，有惯性和有自平衡能力，延迟时间为 30～60s。减温水量是常用的调节量。

(2) 再热蒸汽温度控制对象的动态特性。再热蒸汽温度控制对象的动态特性因控制方式的不同而不同。

图 5-39 所示为烟气挡板控制再热蒸汽温度的动态特性。当烟气挡板在 0～100%间变化时，再热蒸汽温度变化 58℃，滞后时间为 80s，其传递函数可用四阶惯性环节的传递函数表示。

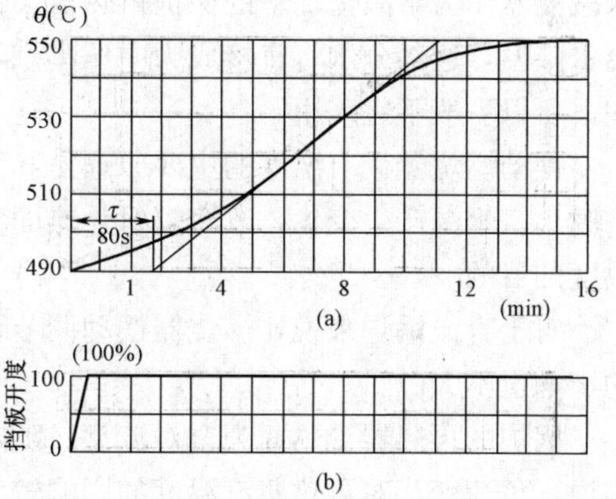

图 5-39 烟气挡板控制再热蒸汽温度的动态特性
(a) 再热蒸汽温度随挡板开度的变化曲线；
(b) 烟气挡板开度变化

4. 蒸汽温度控制方案

(1)过热汽蒸温度的调节。超临界 660MW 锅炉过热蒸汽温度的调节是以调节煤水比为主，用一、二级减温水作细调。

1) 过热蒸汽温度粗调（煤水比的调节）。煤水比调节的主要温度参照点是内置式分离器出口温度，即所谓的中间点温度。锅炉负荷大于 37%MCR 时，分离器呈干态，中间点温度为过热温度。由直流锅炉蒸汽温度控制的动态特性可知：过热蒸汽温度控制点离工质开始过热点越近，蒸汽温度控制时滞越小，即蒸汽温度控制的反应明显。

关于中间点温度：在运行中，煤水比变化时，中间点温度就会偏离设定点。中间点温度的偏差信号指示运行人员或计算机及时调节煤水比，消除中间点温度的偏差，以便保持过热蒸汽温度的稳定。但需强调的是，中间点温度的设定值与锅炉特性和负荷有关，如变压运行，饱和温度随压力下降而降低，中间点温度也随之下降（保证一定的过热度），而不是一个固定值；设计人员已将其特性绘制成曲线，输入计算机进行自动控制。

2) 过热蒸汽温度的细调。锅炉调节中受许多因素变化的影响，只靠煤水比的粗调还不够；另外，还可能出现过热器出口左、右侧温度偏差。因此，在后屏过热器的入口和高温过热器（末级过热器）的入口分别布置了一级和二级减温水（每级左、右侧各一）。喷水减温器调温惰性小、反应快，开始喷水到喷水点后蒸汽温度开始变化只需几秒钟，可以实现精确的细调。所以，在整个锅炉负荷范围内，要用一、二级喷水减温来消除煤水比调节（粗调）所存在的偏差，以达到精确控制过热蒸汽温度的目的。必须注意的是，要严格控制减温水总

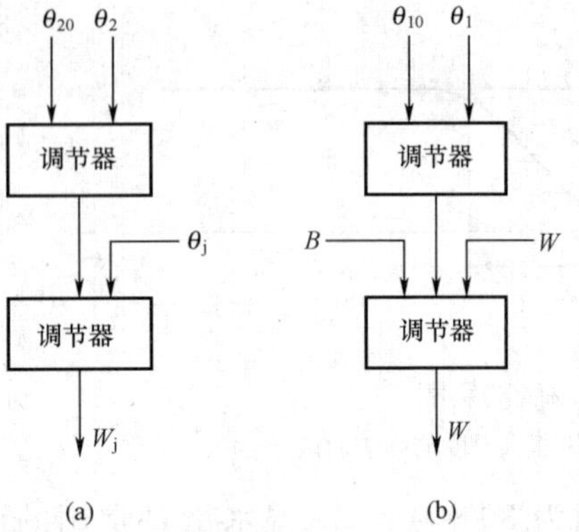

图 5-40 蒸汽温度控制方案框图
(a) 方案一；(b) 方案二

量，尽可能少用，以保证有足够的水量冷却水冷壁；投用时，尽可能多投一级减温水，少投二级减温水，以保护屏式过热器。

3）过热蒸汽温度系统分析，如图 5-40 所示。

如图 5-40（b）所示，保持燃水比的蒸汽温度粗调系统采用以微过热蒸汽温度作为校正信号的串级比值调节系统。采用响应较快的微过热蒸汽温度作为燃水比控制是否正确的检查信号。

直流锅炉调节的特点主要反映在燃料量与给水流量的调节上。其他对于燃烧经济性、炉膛负压及再热蒸汽温度等的调节，则与汽包锅炉没有原则性的差别。

（2）再热蒸汽温度的调节。再热蒸汽温度的调节采用上、下摆动燃烧器的方法。事故喷水减温器作为事故情况下的保护再热器，也可作为备用减温器。再热蒸汽温度调节时若用减温水降温，这部分水将直接成为中压蒸汽，没有经过高压缸做功，从而降低了机组循环热效率，所以一般不宜采用。

摆动燃烧器调节温度的主要原理是：利用燃烧器的摆动，改变炉膛火焰中心的高度，使炉膛出口烟温产生变化，改变辐射受热面和对流受热面的吸热比例，从而达到调节再热蒸汽温度的目的。

对于直流锅炉来说，燃烧器摆动调节再热蒸汽温度的效果较明显，并且对过热蒸汽温度的影响也不大。

锅炉的再热器受热面为全对流型。随着锅炉负荷的降低，再热蒸汽温度也会降低，也就是说，负荷变化对再热蒸汽温度的影响较大，只有在 50%～100%负荷内，变压运行的条件下维持其额定蒸汽温度为 569℃，在 50%负荷以下时不能达到额定值。

设计的燃烧器摆角范围为±30°，投入自动控制。

实际运行中，用改变燃烧器的倾角来调节再热蒸汽温度的方法存在以下问题：

1）有较大的延迟性。

2）锅炉燃用灰熔点较低的煤，燃烧器周围容易结渣，摆动式燃烧器易卡住而不能正常调节。

3）如燃烧器下倾角度过大，会使冷灰斗处温度上升，结渣加剧；严重时，曾造成人孔门烧红、整个冷灰斗封住、锅炉被迫停用的局面。

解决措施：

1）将下排燃烧器固定在水平位置不参加调节，这样调节幅度就更小了。

2）根据这种情况，目前锅炉再热蒸汽温度的调节手段是：在高负荷蒸汽温度较高时，主要用事故喷水减温，低负荷时通常蒸汽温度较低，事故喷水调节阀关闭。

3）为了提高再热蒸汽温度，运行人员常常用改变磨煤机的运行方式，即采用高位磨煤机运行的方式，目的是提高火焰中心，使再热蒸汽温度达到运行的要求。

4）用控制炉膛和对流受热面的吹灰次数的辅助手段来维持再热蒸汽温度。

5）一般将燃烧器摆动设为遥控，不投自动控制。

5. 再热蒸汽温度控制策略

再热蒸汽温度的控制，一般以采用烟气控制的方式为主，这比采用喷水控制有较高的热经济性。实际采用的烟气控制方式有变化烟气挡板位置，采用烟气再循环，摆动喷燃器角度和采用多层布置圆形燃烧器、汽—汽热交换器和蒸汽旁通等方法。

(1) 采用烟气挡板控制再热蒸汽温度的控制系统。采用烟气挡板时，需把尾部烟道分成两个并联烟道，在主烟道中布置低温再热器，旁路烟道中布置低温过热器。在低温过热器下面布置省煤器，调温挡板则布置在工作条件较好的省煤器下面。主、旁两侧挡板的动作是相反的，即再热器侧开，过热器侧关；反之亦然。

1) 系统结构。采用烟气挡板控制再热蒸汽温度的控制系统框图如图 5-41 所示。

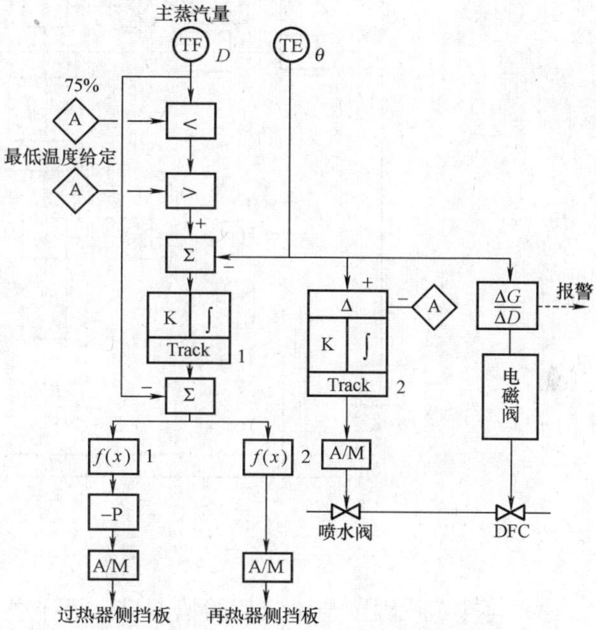

图 5-41　采用烟气挡板控制再热蒸汽温度的控制系统框图

2) 工作原理。再热蒸汽温度作为主信号（被调量），左侧通过加法器、调节器去调节烟气挡板，右侧去调节喷水。正常时，主要靠烟气挡板来调节再热蒸汽温度，两个函数发生器用于修正挡板的非线性，反相器则用于使两个挡板反向动作（即一开一关）。

(2) 采用烟气再循环控制。

1) 基本原理。如图 5-42 所示，利用再循环风机从烟道尾部抽取低温烟气进入炉膛底部，从而改变辐射受热面与对流受热面的吸收比例，以达到调温的目的。被控对象的动态特性与再循环烟气量、烟气抽出位置及送入炉膛位置等因素有关。一般来说，从省煤器出口抽取烟气，将其送入炉膛底部冷灰斗，这样的烟气再循环能够有效地调节再热蒸汽温度。

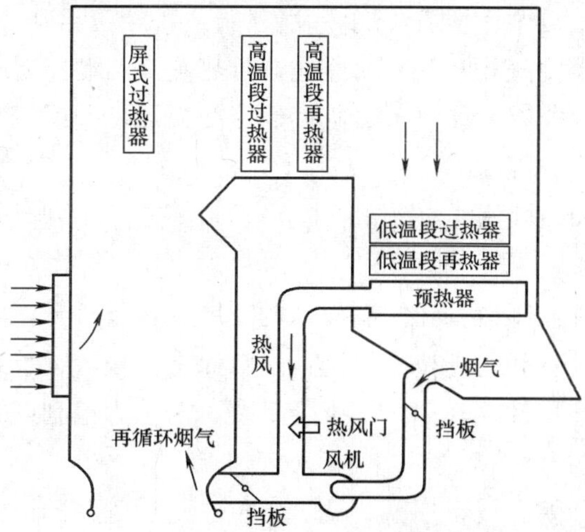

图 5-42　烟气再循环控制基本原理

2) 系统分析。烟气再循环对主蒸汽温度产生正向影响，即调高再热蒸汽温度时，同时主蒸汽温度升高。另外，烟气再循环对主蒸汽压力和蒸汽流量也要造成扰动。若由于某种原因再热蒸汽温度升高，则这时起升温作用的烟气再循环装置显然是不需要投入的，只能用事故喷水进行再热蒸汽温度控制。对停运的再循环烟道来说，炉膛内的高温烟气可能经挡板缝隙倒流入再热循环烟道而破坏设备。因此，在停运时，应自动打开热风门，引入压力稍高的热风将烟道封锁，以防高温炉烟倒入。

烟气再循环控制系统工作过程如图 5-43 所示。

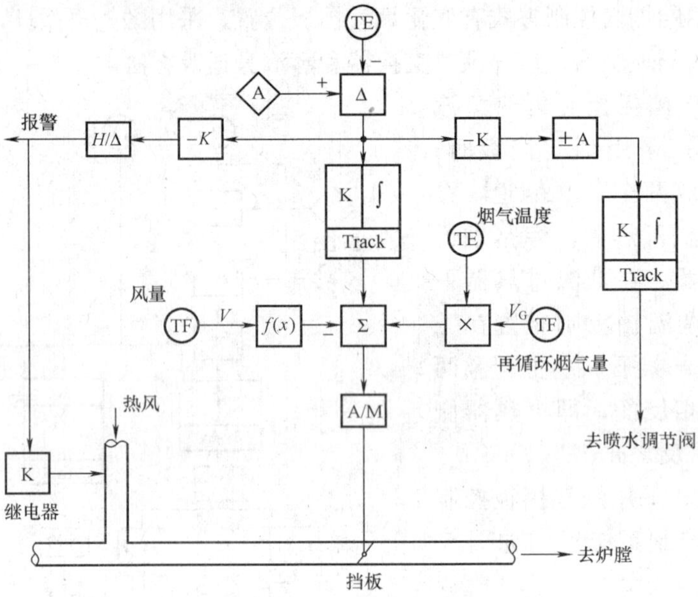

图 5-43 烟气再循环控制系统工作过程示意

（a）再热蒸汽温度与给定值的偏差进入调节器，然后经加法器和手动/自动平衡组件改变再循环烟气量以控制再热蒸汽温度，在加法器中引入送风量信号 V 和再热循环烟气量信号 V_G 作为前馈控制信号。送风量 V 反映了锅炉负荷的大小，同时能提前反映蒸汽温度的变化，V 增加时，蒸汽温度升高，故 V 按负向送入加法器。

（b）函数发生器用于修正风量和再循环烟气量之间的关系。风量增加时，相应的烟气再循环量应减少。乘法器采用烟温信号修正循环烟量。

（c）当再热蒸汽超温时，比较器输出负值。调节器输出负信号关烟气再循环挡板，烟气再循环失去调温作用。同时，两个反相器将有正输出，右侧将打开喷水控制，左侧打开热风门，用热风将循环烟道封住，防止高温炉烟倒入再循环烟道，烧坏设备。

（3）汽—汽热交换器再热蒸汽温度控制。采用汽—汽热交换器进行再热蒸汽温度控制属于蒸汽旁通的一种，它是在炉外设置一组用一次蒸汽来加热再热蒸汽的热交换器，利用三通阀改变流经热交换器的再热蒸汽量来控制再热蒸汽温度。

汽—汽热交换器的调整范围很小，还必须辅以喷水。

六、模拟量控制系统（MCS）的调试和维护

随着电力行业的迅速发展，发电厂热力系统控制设备和控制技术的发展也日新月异，因此，热控技术人员应积极参加电力行业的先进设备和先进技术培训，这对保证已投入运行或筹建的发电机组热控设备的先进性、经济性、稳定性、安全性都十分重要，对热力控制系统的调试和维护意义也十分重大。

控制系统逻辑的设计、组态应严格按照设计院、设备厂家、调试单位、电厂等共同讨论的方案进行。调试和电厂的专业技术人员应严格审查控制系统逻辑的正确性。对重要控制系统逻辑的设计变更，在基建阶段需有基建总工审核，在运行阶段有运行总工审核，并有严格的设计变更档案和控制逻辑变动的记录。

控制系统的设备应严格按照电力行业安装规程进行安装，按照控制设备的产品说明书制订相应的调试方案和维护制度。目前，控制系统的设备品种繁多、性能不一，对不同的控制设备，应考虑设置不同的检修周期，避免不必要的检修在拆装过程中对控制设备造成损坏。另外，控制系统电缆和设备的接地必须正确、可靠，否则将对控制系统的调试和维护带来极大的麻烦。

目前，燃煤发电机组普遍存在煤种（热值）多变的情况，并且燃料的热值化验结果一般都较大地滞后于燃料实际燃烧的时间，这给运行人员和热控人员对燃煤发电机组的控制（主要是燃烧工况的控制）带来了很大的麻烦，虽然控制系统逻辑都设计有热量修正逻辑，但热量修正值的正确性很难保障。如果有在线高精度的热值快速分析仪，得到快速、正确的热值信号作为控制逻辑的热量修正信号，并有运行人员以此来改变给煤信号的偏置信号，这样可大大改善燃烧工况和整个控制系统的效果。虽然在线高精度的热值快速分析仪的初始投资可能较大，但从长远来看还是值得的。

模拟量控制系统在运行过程中会发生调节设备、调节对象特性的变化，所以要建立定期试验制度，进行必要的扰动试验，对调节参数进行调整并做好记录。在进行扰动试验，尤其是重大的扰动试验（如负荷、压力、煤量、给水、风量等扰动试验）时，应对汽轮机、锅炉主控输出进行上、下限幅，以保证机组在安全工况下运行。

模拟量控制系统应设置必要的偏差保护，如定值与被调量、指令与反馈等，并有报警信号，以便运行人员在控制系统故障时及时干预调节。

控制系统在热态调试时应对机组设置变负荷速率，因为汽轮机与锅炉的变负荷能力在时间上有很大差异，一般煤和水的变化真正引起主蒸汽压力的变化需要 5min 以上。在热态调试过程中，如果机组变负荷速率设置不当，将会严重影响汽轮机与锅炉的安全运行。

控制系统的系统软件和应用软件在机组检修前应做好备份。

第三节 660MW 超超临界机组的主要控制系统

以望亭发电厂 660MW 超超临界机组为例说明主要控制系统的逻辑。

一、机炉协调控制

该机组的机炉协调控制设计了四种运行方式。根据锅炉主控和汽轮机主控两个操作器的状态组合，分别形成以下四种运行方式：

（1）机炉协调方式（锅炉主控自动，汽轮机主控自动）。

（2）汽轮机跟踪方式（锅炉主控手动，汽轮机主控自动）。

（3）锅炉跟踪方式（锅炉主控自动，汽轮机主控手动）。

（4）机炉手动方式（锅炉主控手动，汽轮机主控手动）。

按照设计，机组正常运行时应运行在机炉协调方式。

该机组的协调控制系统采用以锅炉跟踪为基础的协调控制方式。汽轮机调节阀门以控制负荷为主，用锅炉燃烧率控制主蒸汽压力，当主蒸汽压力偏差过大时，汽轮机侧协助锅炉调压。

在机炉协调控制方式下，机组的目标负荷可以由运行人员手动设定，也可投入 AGC 方式，接受中调来的负荷指令。

该设计方案对锅炉侧采用水跟煤的控制方案，即用燃料量校正主蒸汽压力的稳态偏差。燃料量改变时，根据一个函数发生器改变给水流量设定值，以粗调煤水比，用主给水流量校正中间点温度的稳态偏差。

1. AGC 投入允许条件

机组在机炉协调控制方式，以及中调负荷指令（来自 AGC）与目标负荷设定值的偏差小于 60MW（可调整）时，允许运行人员手动投入 AGC 功能。

2. AGC 强制退出条件

机组控制不在协调方式、发电机调度端 AGC 退出命令、中调负荷信号故障或遥控装置不正常时，AGC 功能强制退出。

3. 机组负荷指令信号

中调来的机组负荷指令或运行人员手动设定的目标负荷经速率限制和机组负荷上、下限限制后，作为机组的负荷指令信号。

二、机组目标负荷、负荷上限值和下限值、目标负荷变化率的设定

1. 机组目标负荷的设定

（1）在协调控制方式没有投入时，机组目标负荷设定值跟踪发电机实际功率。

（2）AGC 没有投入时，中调负荷指令应该跟踪机组目标负荷。

（3）机炉协调控制方式投入。在“协调控制”画面可以看到，在画面左、右两侧分别有锅炉主控和汽轮机主控操作器，在该画面上，将汽轮机主控和锅炉主控操作器同时投入自动方式，即进入机炉协调控制方式。

汽轮机主控和锅炉主控操作器投入自动的联锁条件见下文。

2. 机组负荷上限值和下限值的设定

机炉协调控制方式没有投入时，机组负荷上限设定值强制为发电机实际功率加 20MW（可调整），下限设定值强制为发电机实际功率减 20MW（可调整）。这样，在投入协调控制方式前，运行人员不需要手动设定机组负荷上、下限值。在投入协调控制方式后，运行人员可根据需要，手动设定机组负荷上限值和下限值。逻辑中考虑了机组负荷下限值不能高于上限值、上限值不能低于下限值的联锁。

3. 机组目标负荷变化率的设定

运行员可以手动设定机组负荷变化率。

三、机组一次调频投入

（1）机组一次调频投入允许条件：机炉协调控制方式投入。

（2）机组一次调频投入强制退出条件：不在机炉协调控制方式或发电机频率信号故障时，机组一次调频功能强制退出。

（3）机组一次调频功能投入方法：在协调控制画面上投入。

四、主蒸汽压力设定

（1）锅炉主控和汽轮机主控操作器都没有投入自动时，机组主蒸汽压力设定值跟踪汽轮机侧实际主蒸汽压力。

(2) 在锅炉跟踪方式、汽轮机跟踪方式和机炉协调方式时，主蒸汽压力设定值可以由运行人员手动设定。

(3) 在协调控制方式或汽轮机跟踪方式投入时，如果选择压力自动运行方式，则此时机组主蒸汽压力设定值根据机组负荷对应的滑压曲线自动设定。

(4) 主蒸汽压力设定值的投入和设定在协调控制画面上操作。

五、主蒸汽压力自动运行的投入

(1) 主蒸汽压力自动运行投入的允许条件：主蒸汽压力自动设定值和手动设定值的偏差小于0.3MPa。

(2) 当以下条件不满足时，主蒸汽压力自动运行强制退出：协调投入、汽轮机跟踪方式投入或锅炉跟踪方式时非滑压段且高压旁路关闭。

(3) 主蒸汽压力自动运行投入方法：在协调控制画面可以进行压力自动、压力手动的切换操作。

六、锅炉跟踪方式下锅炉主控指令的形成

(1) 在锅炉跟踪方式未投入时，锅炉跟踪方式下锅炉主控指令跟踪锅炉主控的输出。

(2) 根据汽轮机调节级压力，汽轮机主蒸汽压力和主蒸汽压力设定值三个信号组合成的汽轮机能量需求信号作为锅炉主控指令（要求锅炉燃料量）的前馈。

(3) 为了方便调试，锅炉跟踪方式下的PID调节器将比例、积分和微分功能分开，比例增益和积分速度根据当前机组负荷值的大小和主蒸汽压力的偏差自动改变。

PID调节器的输出加上前馈信号，成为锅炉跟踪方式下锅炉主控控制指令。

七、协调控制方式下锅炉主控指令的形成

(1) 在协调控制方式未投入时，机炉协调方式下锅炉主指令跟踪锅炉主控的输出。

(2) 将机组目标负荷的比例加微分信号作为锅炉主控指令前馈（要求锅炉燃料量）。当压力设定值改变时，通过微分环节作为锅炉主控指令前馈。

(3) 为了方便调试，机炉协调方式下的PID调节器将比例、积分和微分功能分开，比例增益和积分速度根据当前机组负荷值的大小和主蒸汽压力的偏差自动改变。如果机组负荷偏差较大，则相应增加或减少锅炉主控指令。

PID调节器的输出加上前馈信号，成为协调控制方式下锅炉主控控制指令。

八、锅炉主控

(1) 在下列情况下锅炉主控强制手动：汽轮机主蒸汽压力信号故障、协调方式下发电机功率故障、锅炉跟踪方式下调节级压力信号故障、煤主控手动、给水泵手动、Run Back。这些情况下，通过人为控制锅炉主控输出，改变锅炉燃料量，调整机组负荷。煤主控未在自动时，锅炉主控输出强制跟踪锅炉实际燃料量。

(2) 在锅炉主控自动投入后，锅炉主控输出由协调或锅炉跟踪方式下的相应锅炉主控控制指令决定。

(3) 在协调方式下，如辅机出力小于机组目标负荷的需求，则机组Run Back动作，锅炉主控强制手动，锅炉主控输出跟踪Run Back目标值（燃料量）。Run Back目标值和燃料变化率由不同的Run Back原因决定。

(4) 当煤主控在自动、锅炉主控手动、机组 Run Back 没有动作时，锅炉主控输出由运行人员人为设定。

(5) 锅炉主控输出为 0～800MW，对应锅炉最大带负荷能力并且略有富余。目前，组态中按锅炉主控输出最大为 800MW 负荷设置，现场调试时根据需要修改。

(6) 锅炉主控自动投入的方法：在协调控制画面进行操作。此时，若汽轮机主控没有在自动，机组即运行在锅炉跟踪方式下，通过改变汽轮机高压调节阀门开度，可调整机组负荷。

九、汽轮机主控

(1) 当汽轮机调节阀门的控制权没有从 DEH 切换到 DCS 以前，汽轮机主控强制手动，输出值跟踪 DEH 来的汽轮机负荷参考指令。当汽轮机主蒸汽压力故障、协调方式下发电机功率故障时，汽轮机主控强制手动。

(2) 当锅炉主控在手动方式，汽轮机主控在自动方式时，机组运行在汽轮机跟踪方式下，汽轮机主控根据主蒸汽压力设定值与主蒸汽压力偏差，改变汽轮机高压调节阀门开度，维持汽轮机主蒸汽压力等于设定值。

(3) 当汽轮机主控和锅炉主控均在自动方式时，机组运行在协调方式下，汽轮机侧以调负荷为主，当主蒸汽压力偏差过大时，汽轮机侧协助锅炉调压。为了防止机组带额定负荷时主蒸汽压力过高而引起机组过负荷，设计中考虑了汽轮机最大负荷限制。用机组给定负荷信号作为汽轮机侧协调方式下的前馈信号。

(4) 汽轮机主控自动投入方法：机组正常运行时，如果汽轮机主控没有强制手动条件，即可在协调控制画面将汽轮机主控投入自动。

十、Run Back

(1) 该机组的 Run Back 功能考虑了送风机、引风机、一次风机、空气预热器、给水泵和磨煤机等辅机。

在机组协调控制方式下，如果出现上述辅机跳闸、机组负荷大于运行辅机出力的情况，锅炉主控强制手动，输出快速下降到运行辅机所能承受的最大出力。这时，机炉协调控制方式自动退出，控制系统自动转为汽轮机跟踪运行方式。

Run Back 发生后，锅炉主控的最终目标值和下降速率根据跳闸辅机种类的不同，可以单独设定。

(2) 如果机组原来在压力自动运行方式，则 Run Back 发生后，主蒸汽压力设定值将根据机组负荷曲线自动下降。

(3) 如果机组原来在压力手动运行方式，则 Run Back 发生后，主蒸汽压力设定值需要运行人员手动干涉。

十一、煤主控

煤主控操作器在自动方式下根据锅炉主控输出（经函数发生器将锅炉主控输出转换为以 t/h 为单位的总煤量要求信号）和总燃料量的实际值，经调节器后产生投入自动的给煤机的公用煤量指令，总燃料量信号由投入运行的给煤机的煤量之和和燃油流量相加产生，根据设计煤种的低位发热量和燃油的发热量换算出油煤折算系数。设计中考虑了风煤交叉限制功能，以确保燃料量指令不大于总风量所允许的最大燃料量。

为了防止投入自动的给煤机台数太少时，投入自动的给煤机煤量波动太大，当投入自动的给煤机台数少于两台时，不允许煤主控投入自动。

煤主控操作器在手动方式时，其输出作为投入自动的给煤机的公用煤量指令。

当所有给煤机都在手动控制时，煤主控输出强制手动，输出值跟踪运行给煤机平均煤量指令。

下列情况下，煤主控强制手动：

(1) 总风量信号故障。

(2) 实际燃料量信号故障。

(3) 送风机都不在自动。

(4) 任一运行给煤机给煤率信号故障。

(5) 给煤机全部手动。

该设计中考虑了燃煤发热量自动校正（BTU 校正）功能，根据稳定负荷下总给水流量和实际燃料量的比例，将实际煤种校正到设计煤种，考虑了省煤器入口温度变化对煤水比的影响。当机组变动负荷或主蒸汽压力偏差过大时，BTU 校正停止计算；当设计煤种与实际煤种的发热量偏差很小时，BTU 校正停止计算；任一给煤机启动或停止时，5min 内 BTU 校正停止计算。BTU 校正的 PID 调节器仅采用积分作用。

十二、给煤机煤量控制

给煤机煤量操作器在自动方式下接收煤主控操作器来的给煤机公用煤量指令，当至少两台给煤机煤量操作器在自动且该给煤机煤量操作器在自动时，允许运行人员对该给煤机的煤量进行手动偏置。

设计中考虑了投入自动的给煤机煤量自动平衡功能。给煤机运行后最小给煤量指令为25%（可调整）。

下列情况下，给煤机煤量控制强制手动：

(1) 给煤机没有运行。

(2) 给煤率信号故障。

(3) 磨煤机热风调节阀门不在自动。

(4) 磨煤机冷风调节阀门不在自动。

当磨煤机停止运行时，给煤机煤量指令强制为零。

十三、磨煤机入口一次风量控制

正常运行时，用磨煤机热风调节阀门控制进入磨煤机的一次风量。磨煤机一次风测量经过温度和压力修正。

给煤机煤量指令和给煤机实际煤量取大值，经函数发生器作为磨煤机入口一次风量的基本设定值。热风调节阀门投入自动后，可以由运行人员对磨煤机入口一次风的设定值进行手动偏置。

设计中考虑了给煤指令的改变对热风调节阀门的前馈。磨热风调节阀门投入自动是给煤机煤量投入自动的必要条件。

下列情况下，磨煤机热风调节阀门强制手动：

(1) 磨煤机跳闸。

（2）磨煤机热一次风信号故障。

当磨煤机跳闸时发一脉冲，自动关热风调节挡板；当磨煤机程控进行时，接收磨煤机程控投自动指令，自动将磨煤机热风调节挡板投入自动。

十四、磨煤机出口温度控制

（1）正常运行时，用磨煤机冷风调节阀门控制磨煤机出口的一次风温度。冷风调节阀门投入自动后，可以由运行人员对磨煤机出口一次风温度的设定值进行手动设置。

（2）设计中考虑了冷热风门控制多变量控制系统的单向解耦，同时考虑了给煤机煤量变化时对冷风调节阀门的前馈功能。

（3）磨煤机冷风调节阀门投入自动是给煤机煤量投入自动的必要条件。下列情况下，磨煤机冷风调节阀门强制手动：

1）磨煤机出口风粉混合温度信号故障。

2）磨煤机跳闸。

（4）当磨煤机程控进行时，接收磨煤机程控投自动指令，自动将磨煤机冷风调节挡板投入自动，并且将磨煤机的出口温度设置为80℃。

十五、燃油压力和雾化蒸汽调节阀

1. 燃油压力调节阀

燃油压力调节阀是根据点火油压力设定值与点火油压力的偏差控制阀的开度。

当MFT动作时，燃油压力调节阀强制跟踪至0；当FSSS要求置点火位动作时，燃油压力调节阀开至20%（可调整）；当FSSS要求置泄漏试验位动作时，燃油压力调节阀开至20%（可调整）。

下列情况下，燃油压力调节阀强制手动：

（1）燃油压力信号故障。

（2）MFT动作。

2. 雾化蒸汽压力调节阀

雾化蒸汽压力调节阀控制是根据雾化蒸汽压力设定值与雾化蒸汽压力的偏差控制阀的开度。

当MFT动作时，雾化蒸汽压力调节阀强制跟踪至0；当FSSS要求置点火位动作时，雾化蒸汽压力调节阀开至20%（可调整）。

下列情况下，点火油压力调节阀强制手动：

（1）雾化蒸汽压力信号故障。

（2）MFT动作。

十六、锅炉给水控制

直流锅炉的煤水比是一个极其重要的控制参数。该设计采用水跟煤的控制方式，当锅炉燃料量指令改变时，根据设计煤种的发热量自动改变给水流量设定值；如果煤种发热量变化或受其他因素的影响，导致煤水比偏离设计值，再用给水流量对锅炉汽水分离器出口蒸汽温度进行校正。锅炉汽水分离器出口温度的设定值根据汽水分离器出口压力经函数发生器自动给出，并在必要时可以由运行人员手动设定偏置。设计中考虑了汽水分离器出口蒸汽温度最小过热度的限制，当过热器喷水流量占总给水流量的比例与设计值偏差过大时，再对汽水分离器出口蒸汽温度设定值进行小范围的增减。

主调节器的微分功能单独分离，微分增益、微分时间、比例增益和积分速度根据机组负荷自动改变。

主调节器输出作为给水流量设定值，副调节器输出作为给水泵公用指令。副调节器的比例增益和积分速度根据机组负荷自动改变。

锅炉给水流量的设定值和锅炉省煤器入口流量的偏差经调节器输出，作为给水泵公共指令。

下列情况下，锅炉给水泵控制强制手动：

（1）汽水分离器出口压力信号故障。

（2）汽水分离器出口温度坏质量。

（3）锅炉一级减温水流量信号故障。

（4）锅炉二级减温水流量信号故障。

（5）锅炉三级减温水流量信号故障。

（6）锅炉给水流量信号故障。

（7）给水泵汽轮机未运行。

（8）给水泵汽轮机未投遥控位。

给水泵公共指令加上运行人员设置的偏置作为给水泵的控制指令。设计中考虑了防止给水泵过负荷的功能。

十七、锅炉过热蒸汽一级减温控制

该锅炉过热蒸汽温度采用三级喷水减温控制，每级喷水减温又分 A、B 侧。两侧控制结构基本相同，下面仅以 A 侧为例进行说明。

锅炉过热蒸汽一级减温控制系统采用串级调节系统，主、副调节器均采用 PID 调节器，且两调节器的调节参数都可根据机组负荷自动改变。采用机组给定负荷信号作为一级减温控制的前馈信号。

根据机组给定负荷自动产生二级减温器入口集箱温度设定值，如果二级减温器喷水调节阀门开度过大或过小，则自动对一级减温的设定值进行修正。

下列情况下，锅炉过热蒸汽一级减温水调节阀强制手动：

（1）机组负荷指令信号故障。

（2）过热器一级减温器 A 侧出口蒸汽温度故障。

（3）过热器二级减温器 A 侧入口蒸汽温度故障。

（4）MFT 动作。

当锅炉 MFT 动作时，锅炉主蒸汽一级减温水调节阀强制关闭至 0。

十八、锅炉过热蒸汽二级减温控制

锅炉过热蒸汽二级减温控制系统采用串级调节系统，主、副调节器均采用 PID 调节器，且两调节器的调节参数都可根据机组负荷自动改变。采用机组给定负荷信号作为二级减温控制的前馈信号。

根据机组给定负荷自动产生三级减温器入口集箱温度设定值，如果三级减温器喷水调节阀门开度过大或过小，则自动对二级减温的设定值进行修正。

下列情况下，则锅炉过热蒸汽二级减温水调节阀强制手动：

（1）机组负荷指令信号故障。

（2）过热器二级减温器A侧出口蒸汽温度故障。

（3）过热器三级减温器A侧入口蒸汽温度故障。

（4）MFT动作。

当锅炉MFT动作时，锅炉主蒸汽一级减温水调节阀强制关闭至0。

十九、锅炉过热蒸汽三级减温控制

锅炉过热蒸汽三级减温控制系统采用串级调节系统，主、副调节器均采用PID调节器，且两调节器的调节参数都可根据机组负荷自动改变。采用机组给定负荷信号作为二级减温控制的前馈信号。

三级喷水减温的控制目标为锅炉出口过热蒸汽温度，当三级减温调节阀投入自动时，可以由运行人员手动设定锅炉出口过热蒸汽温度的设定值。

下列情况下，锅炉过热蒸汽三级减温水调节阀强制手动：

（1）过热器三级减温器出口A侧蒸汽温度故障。

（2）末级过热器出口联箱蒸汽温度故障。

（3）MFT动作。

当锅炉MFT动作时，锅炉主蒸汽二级减温水调节阀强制关闭至0。

二十、锅炉再热器烟气挡板控制

该锅炉的再热蒸汽温度控制手段有两种。正常情况下，采用烟气挡板控制再热蒸汽温度，喷水减温则作为再热蒸汽的事故减温手段。

两侧烟道中的再热烟气挡板和过热烟气挡板采用一个操作器，动作方向相反。任何工况下，过热烟气挡板和再热烟气挡板都应留有一定的通流面积。

用烟气挡板控制再热蒸汽温度时，采用单回路控制系统，再热蒸汽温度的设定值可以由运行人员在烟气挡板操作器上手动设定。设计中考虑了机组负荷变化时对烟气挡板的前馈，调节器考虑了随机组负荷不同可自动改变参数的功能。

下列情况下，锅炉再热器烟气挡板强制手动：

（1）机组负荷指令故障。

（2）高温再热器出口A、B侧蒸汽温度故障。

（3）MFT动作。

当锅炉MFT动作时，锅炉主锅炉再热器烟气挡板强制手动并开至50%。

二十一、锅炉再热器事故减温水（A、B侧）控制

再热器喷水作为再热蒸汽温度的后备控制手段，分为A、B两侧。再热器喷水减温控制采用串级控制系统，主、副调节器均采用PID调节器，且两调节器的调节参数都可根据机组负荷自动改变。采用机组给定负荷信号作为再热喷水减温控制的前馈信号。

系统设计中考虑了主调节器的抗积分饱和功能，还考虑了防止再热喷水减温后温度进入饱和区的功能。

当燃烧器喷嘴摆动控制在自动方式时，再热喷水减温的设定值自动加上一定的偏置，以确保再热喷水阀门全关。而再热蒸汽温度过高，燃烧器喷嘴摆动即将失去调节余量或燃烧器

喷嘴摆动在手动控制时，该偏置自动切换到零。

下列情况下，锅炉再热器事故减温水调节阀强制手动：

（1）MFT 动作。

（2）再热器减温器后蒸汽温度故障。

（3）高温再热器出口蒸汽温度故障。

（4）低温再热器入口蒸汽压力故障。

当锅炉 MFT 动作时，锅炉再热器事故减温水调节阀强制手动并关闭至 0。

二十二、一次热风母管压力控制

该系统采用单回路控制系统，根据锅炉主控输出自动产生一次风母管压力的设定值，在至少有一台一次风机投入自动的情况下，可以由运行人员对上述设定值进行手动偏置，从而通过改变一次风机入口导叶的角度来控制一次热风母管压力。

当两台一次风机都投入自动时，可以在 B 侧一次风机入口导叶操作站上对两台一次风机导叶指令进行手动偏置，以达到两台一次风机出力平衡。

两台一次风机都可以达到自动/手动双向无扰切换，并可根据投入自动一次风机台数的不同，自动改变控制系统增益。

下列情况下，一次风机入口导叶控制强制手动：

（1）一次风热风母管压力信号故障。

（2）锅炉 MFT 动作。

（3）相应一次风机未运行。

当只有一台一次风机运行时，未运行的一次风机入口导叶强制关闭至 0。

二十三、炉膛压力控制

炉膛压力控制系统为单回路控制系统，在至少有一台引风机投入自动的情况下，可以由运行人员手动设定炉膛压力设定值。两台送风机动叶平均开度作为炉膛压力控制的前馈信号。

当两台引风机都投入自动时，可以在 B 侧引风机入口导叶操作站上对两台引风机导叶指令进行手动偏置，以达到两台引风机出力平衡。

两台引风机都可以达到自动/手动双向无扰切换，并可根据投入自动引风机台数的不同，自动改变控制系统增益。

当锅炉炉膛压力过低时，闭锁引风机增加；当锅炉炉膛压力过高时，闭锁引风机减少。当炉膛压力低于最低允许压力时，设计了另一路信号自动减少引风机出力。

当锅炉发生 MFT 时，根据 MFT 前机组负荷的不同，自动将引风机入口导叶关闭一定幅度，以减小锅炉 MFT 时炉膛压力的下降幅度。该超弛信号维持一定时间后，将自动缓慢回到零。

下列情况下，引风机入口导叶控制强制手动：

（1）锅炉炉膛压力信号故障。

（2）相应引风机未运行。

当只有一台引风机运行时，未运行的引风机入口导叶强制关闭至 0；当 SCS 来引风机入口导叶全关指令时，引风机入口导叶控制强制关闭至 0。

二十四、送风控制

送风控制系统的目标是根据锅炉输入燃料量的大小自动控制进入炉膛的总风量，并用锅炉尾部烟道的烟气含氧量作为总风量是否合适的校正指标。根据机组负荷自动产生出锅炉尾部烟道烟气含氧量的设定值，在氧量校正操作站投入自动的情况下，可以由运行人员对氧量设定值进行手动偏置。

锅炉总燃料指令与总燃料量大选经函数发生器后，再加上氧量校正操作器的输出信号作为总风量的设定值信号。总风量调节器的输出作为两台送风机动叶控制的公共指令。

当两台送风机都投入自动时，可以在B侧送风机动叶操作站上对两台送风机动叶指令进行手动偏置，以达到两台送风机出力平衡。

两台送风机都可以达到自动/手动双向无扰切换，并可根据投入自动送风机台数的不同，自动改变控制系统增益。

当锅炉炉膛压力过低时，闭锁送风机减少；当锅炉炉膛压力过高时，闭锁送风机增加。

当以下任一条件满足时，氧量校正操作站强制手动：

(1) 任意氧量信号故障。

(2) 送风机动叶控制全部在手动。

氧量校正操作站在手动状态时，不影响送风机动叶操作站投入自动。

下列情况下，送风机动叶控制强制手动：

(1) 总风量信号故障。

(2) 相应送风机未运行。

(3) 没有引风机在自动状态。

当只有一台送风机运行时，未运行的送风机动叶强制关闭至0；当SCS来送风机动叶关闭指令时，送风机动叶控制强制关闭至0。

二十五、除氧器水位控制

除氧器水位控制设计有单冲量控制和三冲量控制两种方式。按照设计，正常情况下单冲量控制范围采用副调节阀控制除氧器水位，三冲量控制范围采用主调节阀控制除氧器水位。为了避免单冲量和三冲量控制范围频繁切换，当机组给定负荷大于30%时，转为三冲量控制方式；当机组给定负荷小于25%时，转为单冲量控制方式。如果主调节阀和副调节阀同时投入自动，转入三冲量控制范围后，副调节阀将自动缓慢关闭；转入单冲量控制范围后，主调节阀将自动缓慢关闭。在三冲量控制范围内，如果出现锅炉给水流量信号故障、主凝结水流量信号故障，则自动转为单冲量控制方式，这时用主调节阀的单冲量调节器控制除氧器水位。

除氧器水位的设定值在主调节阀的操作器上设定，在单冲量控制范围副调节阀投入自动或在三冲量控制范围主调节阀投入自动，除氧器水位设定值才允许运行人员手动改变；在单冲量控制范围内，副调节阀在手动、主调节阀在自动时，也允许运行人员手动改变除氧器水位设定值。

在三冲量控制方式下，除氧器水位设定值与实际水位的偏差经PID调节器输出加上锅炉给水流量的前馈信号作为主凝结水流量的设定值。此设定值与实际主凝结水流量的偏差经调节器输出，控制除氧器水位主调节阀开度。

除氧器水位信号故障时，除氧器水位调节阀强制手动。

二十六、二次风箱挡板控制

炉膛风箱/差压设定值根据锅炉主控输出，经函数发生器给出；炉膛风箱/差压取平均后作为实际测量值，设定值和测量值相减后再经乘法器，考虑随锅炉负荷不同变参数。PID调节器后设置一个辅助风总操作站，该操作站输出送至所有接收辅助风指令的二次风挡板。

1. 燃煤风挡板（包括A、B、C、D、E、F层）

（1）MFT：全开。

（2）煤粉燃烧器投运：根据给煤率比例控制。

（3）煤粉燃烧器停运：最小开度（根据锅炉主控输出，经函数发生器给出）。

2. 燃油风挡板（包括AB、CD、EF层）

（1）MFT：全开。

（2）油燃烧器投运：根据燃油母管压力比例控制。

（3）油燃烧器停运：作为辅助风使用，控制炉膛/风箱差压，有最小开度限制（根据锅炉主控输出，经函数发生器给出）。

另外，由于该工程所有燃油风门均为一对一输出，因此每个燃油风门都考虑点火位置输出，以利于油枪点火（点火位置暂时按10%考虑，现场可调）。

3. 辅助风挡板1（包括AⅠ、BⅠ、CⅠ、DⅠ、EⅠ、FⅠ层）

（1）MFT：全开。

（2）如果该层煤粉燃烧器投运：根据给煤率比例控制。

（3）如果该层煤粉燃烧器停运：作为辅助风使用，控制炉膛/风箱差压，有最小开度限制（根据锅炉主控输出，经函数发生器给出）。

4. 辅助风挡板2（包括BC、DE层）

（1）MFT：全开。

（2）其他工况：控制炉膛/风箱差压。

5. 辅助风挡板3（包括AA层）

（1）MFT：全开。

（2）A层煤粉燃烧器投运：根据A给煤机的给煤率，经函数发生器比例控制。

（3）A层煤粉燃烧器停运：作为辅助风使用，控制炉膛/风箱差压。

6. 燃尽风挡板（包括CCOFA-Ⅰ、CCOFA-Ⅱ）

任何工况下，根据锅炉主控输出，经函数发生器比例控制。

7. 附加风挡板（包括SOFA-Ⅰ、SOFA-Ⅱ、SOFA-Ⅲ、SOFA-Ⅳ、SOFA-Ⅴ）

任何工况下，根据锅炉主控输出，经函数发生器比例控制，再加上负荷变化时的微分前馈信号。

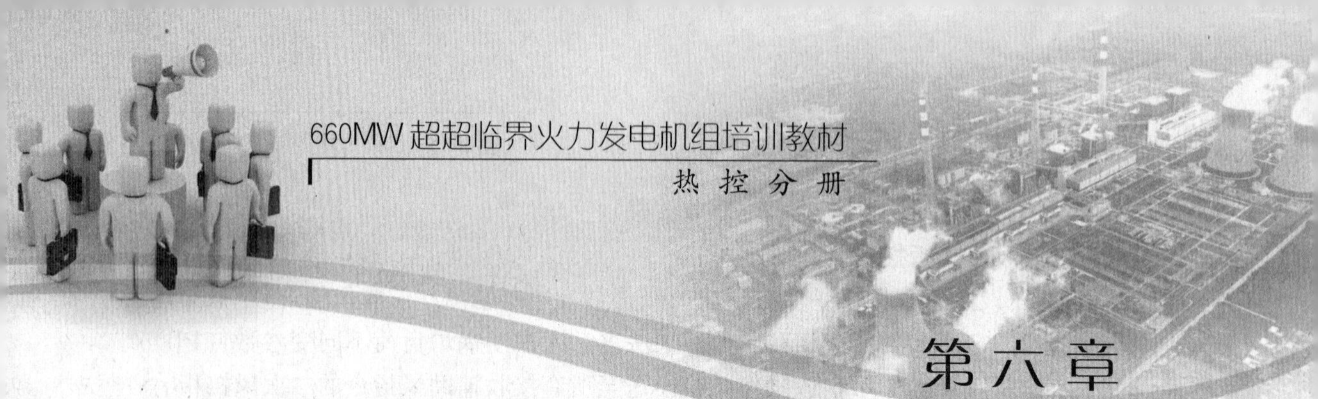

第六章
炉膛安全监控系统(FSSS)

第一节　炉膛安全监控系统概述

一、炉膛安全监控系统

炉膛安全监控系统（Furnace Safeguard Supervisory System，FSSS）即锅炉炉膛安全监控系统，亦称为燃烧器管理系统（Burner Management System，BMS），是大型火电机组自动保护和自动控制系统的一个重要组成部分。《电站煤粉锅炉炉膛防爆规程》（DL/T 435—2004）中将FSSS定义为：FSSS是保证锅炉燃烧系统中各设备按规定的操作顺序和条件安全启停、投切，并能在危急工况下迅速切断进入炉膛的全部燃料（包括点火燃料），防止发生爆燃、爆炸等破坏性事故的安全保护和顺序控制装置。

根据FSSS的锅炉保护功能和燃烧器的控制功能，可将其视为两大部分，即锅炉炉膛安全系统（Burner Safeguard System，BSS）和燃烧器控制系统（Burner Control System，BCS）。

二、FSSS的主要功能

FSSS的主要功能可以归纳为以下几点：

（1）炉膛吹扫。锅炉点火前和停炉后必须对炉膛进行连续吹扫。吹扫开始和过程中必须满足一定的吹扫条件，以保证炉膛和烟道内不会积聚任何可燃物。吹扫时必须切断进入炉膛的所有燃料，并最少有25%～40%额定空气量的通风量，吹扫时间不应少于5min。

（2）油枪或油枪组程控。点火前吹扫后，炉膛具备了点火条件，则运行人员可通过FSSS进行油枪或油枪组的程控点火或停运。

（3）炉膛火焰检测。炉膛火焰检测可分为全炉膛火焰检测和单个燃烧器火焰检测两种，一般超超临界机组均是进行单个燃烧器火焰检测。进行火焰检测是FSSS的重要功能，是判断炉膛点火是否成功以及燃烧状况是否良好的重要依据。

（4）制粉系统的控制和保护。FSSS还对是否具备投粉条件、是否允许启动磨煤机和给煤机等相关设备，以及制粉系统设备的联锁保护进行控制管理。

（5）主燃料跳闸（Main Fuel Trip，MFT）。MFT是FSSS的主要组成部分，它连续监视预先确定的各种安全运行条件是否满足，一旦出现可能危及锅炉安全运行的危险情况，就快速切断进入炉膛的燃料，以避免发生设备损坏事故，或者限制事故的进一步扩大。

（6）配合其他系统进行控制。当机组在运行中出现某些影响正常运行的特殊工况时，如Run Back，则根据预定的程序快速切除一定数量的磨煤机，以快速降负荷，并投运一些油燃烧器，以进行稳燃。除 MCS 以外，FSSS 与 ETS、DEH、SCS 等系统都有着信号的互通。

第二节 炉膛安全监控系统的控制设备和逻辑说明

以望亭发电厂 660MW 超超临界机组为例进行说明。

一、硬件配置

FSSS 配置有 4 对控制处理机，分别为 DROP1、DROP2、DROP3、DROP4。机柜及卡件的分布详见“I/O 清单”。

1. DROP1 控制器

DROP1 控制器（公用逻辑）的主要功能包括油泄漏试验、炉膛吹扫、MFT/OFT、点火允许、RUN BACK。

2. DROP2 控制器

DROP2 控制器的主要控制范围为 A、B 煤层和 A、B 油层。

3. DROP3 控制器

DROP3 控制器的主要控制范围包括 C、D 煤层和 C、D 油层。

4. DROP4 控制器

DROP4 控制器的主要控制范围包括 E、F 煤层和 E、F 油层。

二、FSSS 的组成

FSSS 控制逻辑分为公用控制逻辑、燃油控制逻辑及燃煤控制逻辑三大部分。

（1）公用控制逻辑包含锅炉保护的全部内容，即油泄漏试验、炉膛吹扫、主燃料跳闸（MFT）与首出原因记忆、OFT 与首出原因记忆、点火条件（油层点火、煤层点火条件等）、RB 等；此外，还包括 FSSS 公用设备（如供油、回油快关阀）的控制。

（2）燃油控制逻辑包括各对油燃烧器投、切控制及层投、切控制。

（3）燃煤控制逻辑包括各制粉系统（煤层）的顺序控制及单个设备的控制。

作为 DAS 的一部分，FSSS 操作界面主要是操作站 CRT 画面。作为保护系统，FSSS 还有后备硬手操 MFT 按钮。

（一）公用控制逻辑

1. 公用控制逻辑概述

FSSS 包括锅炉炉膛安全保护及燃烧器控制两大内容，其公用控制逻辑是 FSSS 的核心，包括整个锅炉安全保护的监控及执行、FSSS 辅助设备控制、FSSS 内部及与其他系统接口。FSSS 公用控制逻辑具体如下：

（1）确保供油母管无泄漏，完成油泄漏试验。

（2）确保锅炉点火前炉膛吹扫干净，无燃料积存于炉膛。

（3）预点火操作，建立点火条件，包括点火条件、油层点火条件及煤层点火条件。在未满足相应点火条件时，油层、煤层不得点火。

（4）连续监视有关重要参数，在危险工况下发生报警，并在设备及人身安全受到威胁时发生主燃料跳闸。

（5）在主燃料跳闸时，跳闸磨煤机、给煤机、一次风机等设备，并向有关系统（如

MCS、SCS、旁路、吹灰、电气系统等）传送MFT指令。

（6）完成FSSS辅助设备，如进油、回油快关阀等的控制。

FSSS的功能决定其系统的可靠性及指令的优先级都必须是最高的。

按照规程，FSSS不允许在线组态。FSSS逻辑组态必须满足两个条件：①锅炉在跳闸状态；②全部燃料均已切断。

公用逻辑的主要内容包括：油泄漏试验、炉膛吹扫、MFT及首出记忆、OFT及首出记忆、点火条件、油系统阀门控制、Run Back工况。

2. 油泄漏试验

（1）概述。为防止供油管路泄漏（包括漏入炉膛），油泄漏试验是针对燃油快关阀及单个油角阀的密闭性所做的试验，由操作员直接在CRT上发出启动油泄漏试验指令。

油泄漏试验不成功，将终止炉膛吹扫程序。

（2）试验过程。以下条件全部满足，则认为油母管泄漏试验准备就绪：

1）全部油角阀关闭。

2）燃油母管压力进油压力允许。

3）总风量大于30%。

4）燃油快关阀全关。

5）回油快关阀全关。

6）泄漏试验未旁路。

7）若允许条件满足，则将在CRT上指示“油泄漏试验允许”，这时可以从CRT上发出“启动油泄漏试验”指令。具体步骤为：

（a）打开燃油快关阀充压，300s内燃油母管压力高，说明充油成功，并在CRT指示“油泄漏试验进行中”，否则CRT指示“充油失败”，成功后关闭燃油快关阀。打开燃油快关阀充压时，调节阀门自动以每分钟25%开度的速率打开，最大开到50%。

（b）关闭燃油快关阀后，若在90s内燃油母管供油压力高，则油角阀试验成功，否则油角阀试验失败。成功后，开回油快关阀。

（c）开回油快关阀后，若90s内燃油母管供油压力低，则燃油快关阀试验成功，同时CRT上指示“油泄漏试验成功”；否则，燃油快关阀试验失败，同时CRT指示“油泄漏试验失败”。

（3）在试验过程中，以下任一条件复位油泄漏试验：

1）OFT信号发生脉冲。

2）油泄漏试验成功。

3）油泄漏试验失败。

4）泄漏试验充油失败。

3. 炉膛吹扫

（1）吹扫目的。锅炉点火前必须进行炉膛吹扫，这是锅炉防爆规程中基本的防爆保护措施。在锅炉对流烟井、烟道和将烟气送至烟囱的引风机等处均有可能积聚过量的可燃物，当这种可燃物与适当比例的空气混合，遇到点火源时，即可能引燃而导致炉膛爆炸。

炉膛吹扫的目的是将炉膛内的残留可燃物质清除掉，以防止锅炉点火时发生爆燃。

（2）吹扫条件。炉膛在吹扫时，首先必须满足下列所有条件：

1）无 MFT 跳闸条件。

2）任一引风机运行。

3）任一送风机运行。

4）任一空气预热器运行。

5）一次风机全停。

6）磨煤机给煤机全停。

7）燃油跳闸阀和回油阀全关。

8）油角进油阀全关。

9）全部火检无火。

10）燃烧器摆动火嘴水平位（45%～55%）。

11）总风量大于 30%。

12）火检冷却风压力正常。

13）磨煤机出口挡板未开。

14）SOFA 阀和 CCOFA 全关（开度为 10%以下）。

15）辅助风挡板全开（总开度大于 40%）。

16）泄漏试验成功。

（3）吹扫过程。当炉膛吹扫条件均满足时，由运行人员在 CRT 上启动炉膛吹扫程序，显示“炉膛吹扫进行中”，炉膛吹扫时间为 300s。吹扫过程中，有条件不满足时，画面显示“终止吹扫”，计时器清零；当吹扫条件再次满足时，由运行人员再次手动启动吹扫程序。

当所有吹扫条件全部满足并且持续 300s 后，CRT 上指示“炉膛吹扫成功”，吹扫结束。

“炉膛吹扫成功”信号是复位 MFT 的必要条件。

MFT 再次发生时，通过一个 MFT 脉冲信号清除“炉膛吹扫成功”信号。

4. 主燃料跳闸（MFT）

主燃料跳闸（MFT）是锅炉安全保护的核心内容，也是 FSSS 中最重要的安全功能。在出现任何危及锅炉安全运行的危险工况时，MFT 动作将快速切断所有进入炉膛的燃料，即切断所有油和煤的输入，以保证锅炉安全，避免事故发生或限制事故进一步扩大。

当 MFT 跳闸后，有首出跳闸原因显示；当 MFT 复位后，首出跳闸记忆清除。

MFT 跳闸条件如下：

（1）手动 MFT。

（2）空气预热器全停。

（3）引风机全停。

（4）送风机全停。

（5）一次风机全停且无油枪运行（不包括微油）。

（6）给水泵全停延时 3s。

（7）有燃料投入（包括煤和油），且给水泵全停。

（8）给水流量低。

（9）有燃料投入（包括煤和油），且给水流量低，延时 5s。

（10）风量低（580t，25%）。

（11）炉膛压力高高。

（12）炉膛压力低低。

（13）火检冷却风丧失延时 10min。

（14）火检冷却风压力低（3 取 2）。

（15）分离器液位高高（分离器 A 液位高高或分离器 B 液位高高）。

（16）分离器出口蒸汽温度高高。

（17）过热器出口蒸汽温度高高。

（18）再热器出口蒸汽温度高高。

（19）螺旋管出口壁温度高高。

（20）汽轮机跳闸且机组负荷大于 30%。

（21）再热器保护丧失。

（22）失去全部燃料。

（23）延时点火。

（24）MFT 复位后一段时间内（时间暂定为 10min）仍没有燃烧器（包括油、煤）投运记忆，且有油角阀或微油角阀没关。

（25）失去全部火焰。

（26）有任意油燃烧器投运或任一煤层投运记忆时，所有煤层和油层无火（考虑微油模式，煤层投运记忆只考虑磨煤机火检 3/4）；4 取 2 无火，则判断为该燃料层无火。

以下条件全部满足，即复位 MFT 继电器：①炉膛吹扫完成；②无 MFT 跳闸条件存在。

MFT 设计成软、硬两路冗余，当 MFT 条件出现时，软件会送出相应的信号来跳闸相关的设备；同时，MFT 硬继电器也会向这些重要设备送出一个硬接线信号来跳闸它们。例如，MFT 发生时，逻辑会通过相应逻辑输出信号来关闭主跳闸阀，同时 MFT 硬接点也会送出信号来直接关闭主跳闸阀。这种软、硬件互相冗余，有效地提高了 MFT 动作的可靠性。此功能在 FSSS 跳闸继电器柜内实现。

现今的大型火电机组大多设计有 MFT 继电器盘。当逻辑判断发出 MFT 后，一方面通过组态跳闸相关设备，另一方面使 MFT 继电器板上继电器动作，直接通过硬接线使相关设备跳闸。目前，MFT 继电器板的典型设计有以下两种。

（1）继电器带电断开、失电闭合（失电跳）。典型设计原理如图 6-1 所示。

电源可以视情况采用交流或直流，电压等级也可视情况选用。若为交流，应该从 UPS 或保安段来两路电源，经过切换后给本回路供电；若为直流，应该采用可靠两路电源并联同时供电，或直接采用 FSSS 公用逻辑柜所提供的电压。采用 FSSS 公用逻辑柜所提供的电压是比较完善的措施之一，若 FSSS 公用逻辑柜失电，软件组态就不能起到保护作用，必须发出 MFT。而此时不需运行人员手动发 MFT，MFT 继电器就已失电使相

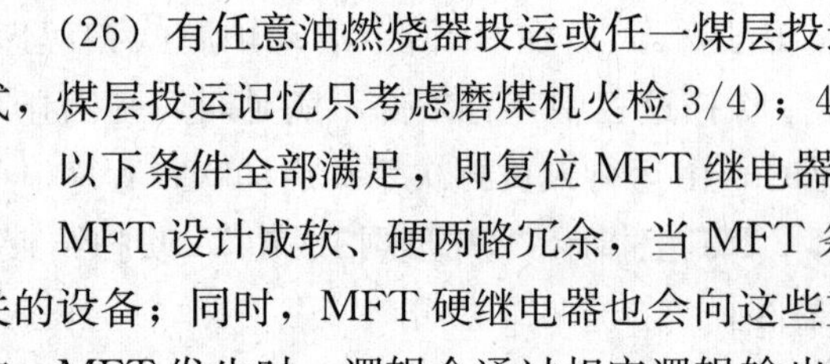

图 6-1 继电器带电断开、失电闭合（失电跳）典型设计原理示意

关设备跳闸，更为迅速、安全。

这种方式的优点是结构简单，在回路电源失去时继电器失电闭合，能独立于 DCS 发出跳设备指令，因此可靠性较高；缺点是机组正常运行时继电器长期带电，对继电器要求较高，同时有 MFT 误动的可能。

（2）继电器带电闭合、失电断开（带电跳）。典型设计原理如图 6-2 所示。

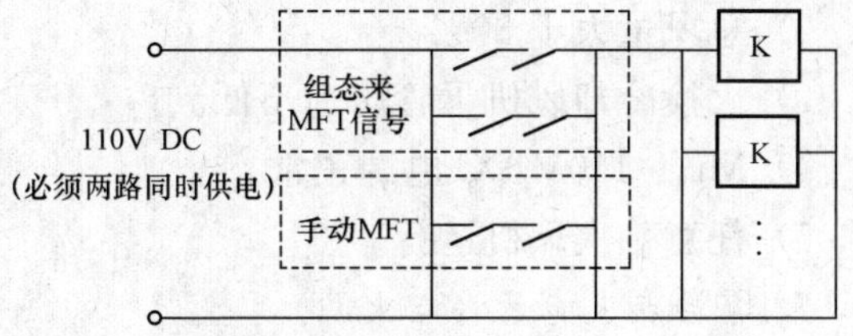

图 6-2 继电器带电闭合、失电断开（带电跳）典型设计原理示意

电源可以视情况采用交流或直流，电压等级也可视情况选用。但若电源失电，则继电器不能动作，甚至手动 MFT 也不能起作用，所以，电源的可靠性要求比失电跳的设计要高得多。一般必须采用不同来源的两路电源同时或切换供电（不能与 DCS 供电电源是同一路，以免失电时软、硬件均不能作用）。更可靠的做法是采用两组继电器，分别由不同来源的电源供电，任一组继电器动作，都能使所有应跳闸设备跳闸，但这样将使得系统复杂，同时会增加投资。此外，两路电源必须各有一个电源监视继电器，当检测到任一路失电时，都必须送画面声光报警；若两路均失电，则应送组态通过软件发出 MFT。

这种方式的优点在于机组正常运行时继电器均不带电，不会出现因继电器故障或电源不稳而误跳机的情况。此外，其最大的特点是在继电器失电时不会主动发 MFT，这既是优点也是缺点：如果失电原因很快能够查清并恢复，则可避免一次停机事故；但若在继电器失电期间出现 FSSS 公用逻辑柜也失电的情况，则机组将陷入不可控制的危险局面。

目前，大型火电机组 MFT 继电器盘多采用失电跳的设计。

5. 油燃料跳闸（OFT）

（1）油燃料跳闸条件如下：

1）MFT 动作。

2）燃油快关阀关。

3）有油角阀开，且燃油母管压力低低延时 10s。

4）有油角阀开，雾化气母管压力低低延时 10s。

（2）动作：油角阀全关，雾化阀全关，油枪全退，点火枪全退。

（3）复位：无 OFT 条件且油角阀全关，MFT 复位时复位。

6. 点火允许条件

（1）油层点火允许。以下条件全部满足时将产生“油层点火允许”信号：

1）MFT 复位。

2）总风量大于 30%/任一油燃烧层投运/任一煤层投运。

3）MFT 110V DC 电源正常。

4）燃烧器摆动火嘴水平位（初次点火）。

5）燃油快关阀开。

6）火检电源正常。

7）雾化气母管压力正常。

8）燃油母管供油温度正常。

9）燃油母管油压力（调压阀后）正常。

（2）煤层点火允许。以下条件全部满足时将产生“煤层点火允许”信号：

1）MFT复位。

2）总风量大于30%。

3）火检冷却风机母管压力不低。

4）MFT 110V DC电源正常。

5）任意一次风机运行。

7. 煤层点火能量（点火源）

以下任一条件满足时，煤层点火能量满足：

（1）微油方式下，微油点火能量满足，只针对A磨煤机。

（2）相邻层油层投运。

（3）机组负荷大于200MW且相邻煤层投运。

（4）机组负荷大于420MW。

8. 油母管阀门控制

（1）燃油快关阀。OFT复位、燃油压力正常时，运行人员可手动开阀；当MFT动作、OFT动作或进行油泄漏试验时，自动关阀。

（2）回油快关阀。MFT复位且泄漏试验完成时，运行人员可手动开阀；进行油泄漏试验时，自动关阀。

OFT自动联关此阀；无OFT信号或进行油泄漏试验时，允许开此阀。

9. Run Back 工况

CCS产生Run Back信号，以至少4层燃料投运（包括油和煤，但至少要有一层煤投运）为基本判据；从上往下依次切除一层煤，顺序为F→E→D；煤层切除时间间隔为3s。

10. 密封风机

（1）密封风机启动允许条件（与）：

1）一次风机A或B运行。

2）密封风机A进口隔离阀全关。

（2）密封风机停止允许条件（或）：

1）密封风和冷一次风母管差压高（3kPa）且密封风机B运行。

2）磨煤机全停且给煤机全停。

（3）密封风机自动启动条件（或）：

1）密封风机A备用，且密封风和冷一次风母管差压低（2kPa）联锁启动密封风机A。

2）密封风机A备用，密封风机B跳闸联锁启动密封风机A。

（4）密封风机自动跳闸条件（或）：

1）一次风机A和B全停延时15s。

2）密封风机A进口隔离阀全关。

（5）密封风机开允许条件（与）：无。

（6）密封风机关允许条件（与）：密封风机A跳闸。

(7) 密封风机自动开条件（或）：密封风机 A 运行。

(8) 密封风机自动关条件（或）：

1) 密封风机 A 跳闸。

2) 滤网放灰调节阀门全关。

3) 手动操作，做自动控制。

11. 火检冷却风机

火检冷却风机 A 的逻辑控制方式如下：

(1) 启动允许条件（与）：无。

(2) 停止允许条件（或）：

1) 省煤器出口烟气温度低于 65℃，且 MFT。

2) 火检冷却风机 B 运行，且火检冷却风机出口母管压力不低。

(3) 自动启动条件（或）：

1) 火检冷却风机 A 备用，火检冷却风机 B 运行且火检冷却风机出口母管压力低低。

2) 火检冷却风机 A 备用，火检冷却风机 B 跳闸联锁启动火检冷却风机 A。

(4) 自动停止条件（或）：无。

(二) 燃油控制逻辑

望亭发电厂超超临界锅炉采用四角切圆方式。

锅炉经过炉膛吹扫，并且所有油点火条件全部满足后才能点火启动。点火从点火油燃烧器开始，按照一定的顺序投运，而且油燃烧器只能依靠自己所属的高能点火器进行点火，不允许依靠其他煤燃烧器的火焰进行点火。

油层分布：从下至上分别为油层 AB、油层 CD、油层 EF。

油枪控制分为油层控制、单只油枪控制。

1. 点火油层控制

(1) 层启油枪，10s 间隔启动油枪；油枪启动顺序为 AB1→AB3→AB2→AB4。

(2) 层停油枪，20s 间隔切除油枪；油枪切除顺序为 AB4→AB2→AB3→AB1。

2. AB1 点火油燃烧器控制

(1) 以下条件全部满足时将产生 AB1 点火油燃烧器点火允许：

1) 油点火允许。

2) AB 层 1 号角油角阀全关。

3) 吹扫阀关。

4) 无 AB1 油燃烧器跳闸条件。

5) 无 OFT 动作。

(2) AB1 油燃烧器点火的顺序为：

1) 进油枪。

2) 进点火枪，打火。

3) 开雾化阀。

4) 开进油阀。

5) 退点火枪。

6）点火完成。

（3）以下条件全部满足，即认为AB1角油燃烧器投运：

1）燃烧器AB1油枪进到位。

2）燃烧器A11蒸汽吹扫阀全关。

3）燃烧器AB1油火检有火。

4）AB层1号油角阀全开。

5）雾化阀全开。

（4）以下任意情况都将产生“AB1油燃烧器在切除方式”信号：

1）顺控停AB1油燃烧器。

2）运行人员停止AB1油燃烧器指令。

3）OFT发生。

4）AB1油燃烧器没有运行时，AB1油燃烧器启动模式，延时40s。

（5）AB1油燃烧器切除的顺序为：

1）关进油阀，进点火枪，打火。

2）进油枪。

3）开吹扫阀，进行油枪吹扫。

4）60s后，吹扫完成（考虑中间再启动）。

5）关吹扫阀。

6）退点火枪。

7）退油枪。

（6）吹扫条件：

1）无MFT条件。

2）吹扫空气压力不低。

（三）燃煤控制逻辑

燃煤控制逻辑完成各制粉系统的投入、切除操作，并在正常运行时密切监视各煤层的重要参数，必要时切断进入炉膛的煤粉，以保证炉膛安全。

煤层的点火能量建立起来后，操作员就可以进行煤层投入的操作。煤点火的允许条件适用于所有煤层。如果煤点火的条件不满足，则任何煤层均不允许点火。煤燃烧器投入以层为单位进行，因为每台磨煤机的出口挡板都是联动的。

以下条件全部满足，即认为A煤层投运：

（1）A给煤机运行达1min（A煤层区分微油模式，时间暂定为2min）。

（2）A1～A4角中至少3角有火焰检测。

1. 煤层顺序控制

A层制粉系统的自动启动顺序如下：

（1）启动A磨煤机润滑油泵。煤层点火能量不满足时，启动同层油。

（2）打开磨煤机密封风门。

（3）打开磨煤机出口阀。

（4）打开磨煤机冷风关断门，关闭磨煤机热风关断门。

（5）启动磨煤机（启动条件：磨煤机进口石子门已开，磨煤机出口石子门已关）。
（6）打开磨煤机热风关断门。
（7）打开给煤机出口门且给煤机转速置最小位，打开给煤机密封风门。
（8）启动给煤机。
（9）开给煤机入口门。
（10）煤层顺控启动完成。

A层制粉系统的自动停止顺序如下：
（1）给煤机转速置最小位且关给煤机入口门。
（2）关磨煤机热风关断门。
（3）停给煤机。
（4）关给煤机出口门。
（5）停磨煤机。
（6）煤层顺控停止完成。

2. 煤层跳闸条件

（1）A煤层失去火焰（给煤机运行1min后才判断，防止抖动；另外，在A层微油模式下，给煤机运行2min后才判断）延时2s。
（2）一次风机全停。
（3）磨煤机运行时任两个出口挡板关（2/4）。
（4）给煤机停运延时。
（5）磨煤机润滑油条件不满足（以下任意条件满足）。

磨煤机润滑油压力低低3取2延时2s（0.07MPa）/磨煤机润滑油泵停/磨煤机齿轮箱轴承温度高高（任意点高都跳）。

磨煤机出口混合物温度高高（110）（2选1，先经过2选块再进行判断）。

磨电机电动机绕组温度高高（2/6）（145）。

密封风/磨碗差压低60s延时。

给煤机停时点火能量不满足。

MFT动作。

顺控停。

磨煤机A异常跳闸。

磨煤机A手动跳闸。

3. A磨煤机润滑油泵

（1）手动启（停）：运行人员通过CRT上的“启动（停止）”按钮，可以启动（停止）A磨煤机润滑油泵。
（2）程控启：A煤层程控来启动A磨煤机润滑油泵指令。
（3）启动允许：A磨煤机润滑油箱油位不低于250mm，且润滑油箱温度高于25℃。
（4）停止允许：A磨煤机停止2min后。

4. A磨煤机油加热器

（1）手动启（停）：运行人员通过CRT上的“启动（停止）”按钮，可以启动（停止）

加热器。

(2) 启动允许条件（与）：A 磨煤机润滑油箱油位不低。

油温高于 28℃时，润滑油泵要运行；油温低于 25℃时，不考虑润滑油泵状态。

(3) 停止允许条件：无。

(4) 自动启动条件：设置联锁投切按钮，投入时油温低于 38℃，自动启动。

(5) 自动停止条件（或）：设置联锁投切按钮，投入时油温高于 43℃，自动停止。油温高于 30℃时润滑油泵未运行，则自动停加热器。

5. A 磨煤机盘热器

(1) 手动启（停）：运行人员通过 CRT 上的“启动（停止）”按钮，可以启动（停止）加热器。

(2) 启动允许条件：A 磨煤机润滑油箱油位不低。

(3) 停止允许条件：无。

(4) 自动启动条件：设置联锁投切按钮，投入时回油温度低于 45℃，自动启动。

(5) 自动停止条件：设置联锁投切按钮，投入时回油温度高于 49℃，自动停止。

6. A 磨煤机

(1) 手动启（停）：运行人员通过 CRT 上的“启动（停止）”按钮，可以启动（停止）A 磨煤机。

(2) 程控启：A 煤层程控来启动 A 磨煤机指令。

(3) 启动允许条件（与）：

1) 润滑油条件满足。

2) 磨煤机润滑油压力正常（0.09MPa），磨煤机润滑油温正常（高于 30℃，低于 60℃），磨煤机润滑油泵运行，磨煤机齿轮箱轴承温度低于 50℃，润滑油流量正常。

3) 磨煤机一次风条件满足（任一一次风机运行，且一次风冷风母管压力大于 5kPa）。

4) 磨煤机出口挡板全开。

5) 磨煤机密封风/磨碗差压条件满足（大于 1.5kPa）。

6) 该煤层点火能量满足。

7) 该煤层点火允许。

8) 磨煤机冷风关断门全开。

9) 磨煤机密封风门全开。

10) 石子煤进口阀全开。

11) 石子煤出口阀全关。

12) 无该磨煤机跳闸条件。

(4) 停止允许条件：无。

(5) 自动启动条件：无。

(6) 程控停止条件：A 煤层程停来指令，可以停止 A 磨煤机。

(7) 保护停止条件：煤层跳闸条件。

7. A 磨煤机出口阀密封风阀

(1) 手动开/关：运行人员通过 CRT 上的“打开（关闭）”按钮，可以打开（关闭）

此阀。

(2) 程控开：磨煤机 A 出口挡板全关。

(3) 打开允许条件：无。

(4) 自动打开条件：磨煤机 A 出口挡板全关（3/4）。

(5) 关闭允许条件：无。

(6) 自动关闭条件：磨煤机 A 出口挡板全开（3/4）。

8. A 磨煤机冷风截止阀

(1) 手动开/关：运行人员通过 CRT 上的“打开（关闭）”按钮，可以打开（关闭）此阀。

(2) 程控开：A 煤层程控来打开 A 磨煤机冷风截止阀指令。

(3) 打开允许条件（与）：磨煤机出口挡板全部已开。

(4) 关闭允许条件（与）：磨煤机停且磨煤机出口温度低于 50℃。

(5) 保护关闭条件：MFT（3s 脉冲）。

9. A 磨煤机热风截止阀

(1) 手动开/关：运行人员通过 CRT 上的“打开（关闭）”按钮，可以打开（关闭）此阀。

(2) 程控开：A 煤层程控来打开 A 磨煤机热风截止阀指令。

(3) 打开允许条件（与）：磨煤机出口温度低于 80℃、磨煤机出口挡板开。

(4) 程控关：A 煤层程控来关闭 A 磨煤机热风截止阀指令。

(5) 保护关闭条件：MFT（3s 脉冲）、磨煤机跳闸。

10. A 磨煤机出口挡板

(1) 手动开/关：运行人员通过 CRT 上的“打开（关闭）”按钮，可以打开（关闭）此出口门。

(2) 程控开：A 煤层程控来打开 A 磨煤机出口挡板指令。

(3) 打开允许条件（与）：煤层点火允许、A 磨煤机点火能量满足、无 A 磨煤机跳闸条件、A 磨煤机密封风门打开。

(4) 关闭允许条件（与）：A 磨煤机停运且 A 磨煤机出口温度低于 50℃、A 磨煤机冷一次风调节挡板开度小于 5%、A 磨煤机热风截止阀关、MFT。

(5) 自动关闭条件：A 磨煤机停运（脉冲）。

(6) 保护关闭条件：MFT（3s 脉冲）。

11. 磨煤机 A 石子煤进口阀

(1) 手动开/关：运行人员通过 CRT 上的“打开（关闭）”按钮，可以打开（关闭）此阀。

(2) 程控开：A 煤层程控来打开 A 给煤机进口煤闸门指令。

(3) 打开允许条件：磨煤机 A 石子煤出口阀关。

12. 磨煤机 A 石子煤出口阀

(1) 手动开/关：运行人员通过 CRT 上的“打开（关闭）”按钮，可以打开（关闭）此阀。

(2) 打开允许条件：磨煤机 A 石子煤进口阀全关。

13. A 给煤机进口煤闸门

(1) 手动开/关：运行人员通过 CRT 上的“打开（关闭）”按钮，可以打开（关闭）此闸门。

(2) 程控开：A 煤层程控来打开 A 给煤机进口煤闸门指令。

(3) 打开允许条件：无。

(4) 程控关：A 煤层程控来关闭 A 给煤机进口煤闸门指令。

14. A 给煤机出口煤闸门

(1) 手动开/关：运行人员通过 CRT 上的“打开（关闭）”按钮，可以打开（关闭）此闸门。

(2) 程控开：A 煤层程控来打开 A 给煤机出口煤闸门指令。

(3) 打开允许条件：无。

(4) 关闭允许条件：A 给煤机停运或磨煤机停运。

(5) 自动关闭条件：A 煤层程控来关 A 给煤机出口煤闸门指令。

15. 磨煤机 A 蒸汽灭火门

手动开/关：运行人员通过 CRT 上的“打开（关闭）”按钮，可以打开（关闭）此门。

16. A 给煤机

(1) 手动启（停）：运行人员通过 CRT 上的“启动（停止）”按钮，可以启动（停止）A 给煤机。

(2) 程控启：A 煤层程控来启动 A 给煤机指令。

(3) 启动允许条件（与）：

1) 磨煤机运行。

2) 煤层点火能量满足。

3) 磨出口挡板开。

4) 给煤机 A 进口煤闸门阀全开。

5) 给煤机 A 出口煤闸门阀全开。

6) 磨煤机 A 出口混合物温度高于 65℃。

7) 无给煤机 A 跳闸条件。

8) 给煤机出口未堵煤。

9) 给煤机 A 遥控信号在。

10) 磨煤机 A 进口风量大于 70t/h。

11) 给煤机转速指令最小。

(4) 程控停止条件：A 煤层程停来指令，可以停止 A 给煤机。

(5) 保护停止条件（或）：给煤机运行，磨煤机停运延时 2s；给煤机出口门关闭，延时 5s。

三、燃煤机组点火油枪的调试和维护

（一）燃煤机组点火油枪的结构

燃煤机组点火油枪主要由组合式气动推进器、安装支架、稳燃罩、油枪和点火枪等组成，如图 6-3 所示。组合式气动推进器上安装两只气缸，其活塞杆分别带动油枪和点火枪运行，由两只电磁换向阀分别控制两只气缸的进、退。点火枪和油枪进退到位后，均有行程开关发出信号反馈到控制系统。一般电厂每台炉共有油枪 12 只，分别布置在 AB 层、CD 层、EF 层二次风风道上。

（二）存在的问题

冷态情况下，部分油枪不能正常点燃；热态投油枪时，油枪电磁阀经常出现不切换的现象；油枪电磁阀离锅炉本体较近，电磁阀与气缸间的密封件容易损坏，保温无法将本体与电磁阀隔离，锅炉本体温度较高，使得电磁阀有烧坏现象；火检信号不稳定，导致油枪在进行程控过程中检测不到火检信号，油枪启动失败。

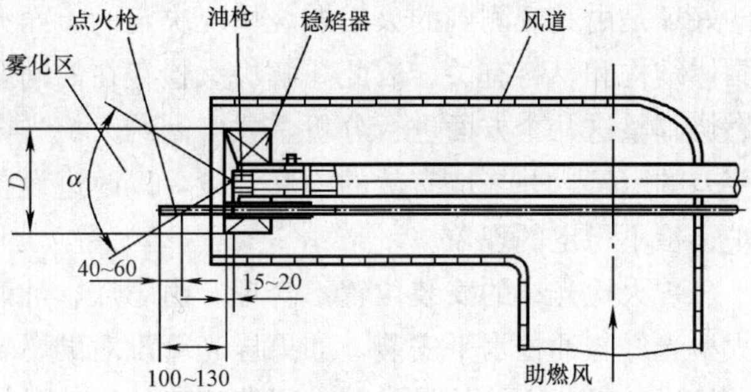

图 6-3　Q87 型挠性油枪结构示意

（三）问题分析及整改

现场维护过程中发现，油枪点火可靠性低主要是由油枪本身和油火检、燃烧调整造成的，因此从这三方面进行重点分析并提出改进方案。

1. 油枪设计、安装、调试、维护不到位

（1）油枪在安装时没有在炉膛内油枪和点火枪相对位置固定，不符合设计要求。

1）每次点火前检查发现冷态点火枪打火正常，热态点不着火，所以高能点火枪需重新定位。检修期间进入炉膛检查油枪和点火枪的相对位置，导致油枪和点火枪位置变化的原因为点火枪或油枪套管在气缸的多次作用下，将固定套管的螺栓松动甚至脱落，为此，在机组大、小修期间，进入炉膛内重新将油枪和点火枪准确定位。除了在点火枪上做好定位标记外，还在套管上做好标记，防止长时间运行而引起相对位置变化，并且可以实时校准。

2）锅炉点火过程中，发现点火异常时，应再次测试高能点火枪其他位置能否点着油枪，从当前位置开始将高能点火器向内或外移动适当距离再进行测试，直至能可靠点燃火焰。

（2）油枪蒸气吹扫时，部分油枪没有蒸气进入，长时间运行容易使枪头结焦、炭化，影响油枪的正常点火；因此，每次检修都要定期检查油枪吹扫蒸气管路，确保油枪能够吹扫干净。

（3）油枪头有杂物堵塞或雾化片磨损或松动，造成燃油雾化不正常。每次机组检修应定期检查油枪雾化片，清洗雾化片、分流片，必要时更换雾化片、分流片。

（4）锅炉本体温度较高，油枪电磁阀和点火枪电磁阀离炉墙很近，导致电磁阀和气缸间的密封烧坏；加上压缩空气不洁净，容易使电磁阀堵死而无法进退油枪；应将油枪和点火枪的电磁阀从枪体上移出来，装在检修平台上的电磁阀箱内，这样可以避免高温造成电磁阀损坏，且检修维护比较方便。

2. 油枪火焰信号不稳定

根据火焰燃烧特性可知，火焰闪烁频率在一次燃烧区（着火区）较高，在火焰外围处较低，为使火检有效地区分本火焰和其他燃烧器火焰等背景光源，火检位置要求离它自已监视的火焰距离尽可能近，而离邻近火焰尽可能远；传感器的检测中心线应对准离火焰根部的 1/3 处，以检测到最稳定和强大的信号。保证不管工况如何变化，火焰如何漂移，火焰始终在火检的检测区域内，使火检信号强度没有太大的变化。由火检工作原理可知，火检检测效果的好坏是由其观测到的火焰燃烧情况决定的，而火焰的形状及空间分布又与炉膛及燃烧器的具体结构和燃料有关。因此，解决火检存在的问题，应从炉膛及燃烧器的结构、燃烧特性和燃烧调整这几个方面进行分析，找出制约火检光电信号的传输、处理不合理环节和燃烧工况变差的因素，并采取有效的检修对策，以改进设备控制燃烧以及改善调整，完全可以消除锅炉火检不稳定的现象。

(1) 火检光纤的安装位置不合理。由于煤、油燃烧器扩散角与燃烧区范围大小的差异，油火检光纤与油枪水平安装，如果导光管没对准燃烧区，或因光纤插入困难而没伸到位都会影响检光效果。火检信号偏弱，不能正确地反映燃烧的实际工况，在冷态点油枪时，易误发无火信号，导致油枪在启动过程中失败。光纤的光导头积灰或石英玻璃烧裂都将严重影响通光性能，使得可见光度信号在传输过程中大大减弱，从而使火检信号极不稳定。光纤冷却效果不好，造成光纤前端温度高，使得火检扫描器的电子回路发生故障或光纤过早地老化，造成火检信号的不稳定，无法正确地反映油枪的燃烧状况，从而使油枪在热态时无法正常投入。所以，每次机组检修都要定期检查火检探头光纤和光导头的通关性能。

(2) 火检参数调整不合理。在处理火检信号时，既要将本身的火焰同与其相邻、相对的火焰区分开来，又要正确地反映本身火检信号的真实性。由于该项目的次检信号参数的设定是在60%～70%内进行试验调整的，但调整后的火检参数没有经过低负荷、事故状态下的考验。由于油枪在热态的投入是在低负荷或事故状态下投入的，因此出现火检信号不稳定，会导致油枪在热态情况下无法投入。机组启动过程中，在不同的角度和负荷工况下要对火检参数进行调整，以满足既能真实反映该油枪的燃烧情况，又不偷看相邻层的火检信号。

(3) 环境高温导致火检探头故障率高。冷却效果不好，会导致燃烧过程中维护费用越来越高。为了尽可能地降低改造成本和减少工作量，在火检探头和外导管之间加装胶木接头，通过胶木不善于传导的特点隔绝热量。该方式的实施可以解决超温问题的20%。针对80%的超温问题是热辐射导致的，在探头上加装专用冷却风罩，对探头进行屏蔽，隔绝探头与热辐射的传导方式；同时，在冷却风罩里面通入冷却风，可以有效降低探头温度。实际应用后，采取该方式可以将探头温度降低到60℃以下，能较好地解决超温问题，保证探头长期安全、稳定地工作。

(4) 燃烧器控制设备摆动异常。油枪投入时，燃烧器的摆动使得光纤的检测区偏离了燃烧区，使火检信号偏弱且不稳。机组检修期间，要对摆动喷燃器的摆动角度进行检查和必要的调整。

3. 燃油压力调整不当

燃油压力不正常或油阀启闭不正常，造成燃油雾化不正常，通过观察可以看到油雾中有明显的油滴。此时，应调整燃油压力使其恢复正常。燃油压力与冷态点火时二次风门的开度也会影响点火效果。燃油压力设计要求为1.5～3.5MPa。一般来说，燃油压力越高，雾化效果越好，但燃油刚性越强，喷油速度越高，比较难点燃。经多次试验，压力为2.0～2.5MPa时，油枪较容易点燃。二次风门也不宜过大，因为太大容易将火焰吹灭，或者在燃烧时造成脱火现象。

(四) 调试维护经验

(1) 油枪和点火枪电磁阀在外部的电磁阀箱内，检修、维护方便且不易损坏。

(2) 加装火检冷却风罩后，火焰检测的故障率大幅降低，有利于油枪在冷态和热态情况下更好地燃烧。

(3) 定期检查火检探头光纤和光导头并清焦，保证火检信号稳定、测量可靠。

(4) 定期检查油枪雾化片、油枪吹扫蒸汽管路，保证油枪雾化效果。

(5) 点火前将油枪和点火枪相对位置进行准确定位，并在点火枪上做好定位标记，防止长时间运行而引起相对位置变化。

(6) 启动过程中，在不同的负荷工况下对火检参数进行调整，以满足既能真实反映该油枪的燃烧情况，又不偷看相邻层的火检信号。

(7) 不断摸索，调整适合点火的燃油油压，并按运行规程的要求规范操作。

第七章

顺序控制系统(SCS)

第一节 顺序控制系统概述

一、概述

控制系统（Sequence Control System，SCS）顺序控制的目的是为了在机组运行过程中减少操作人员的常规操作和机组的启停时间，其任务主要是对大型单元机组的辅机，包括电动机、阀门、挡板等设备的启停或开关进行自动控制。控制系统可以根据生产过程的工况和被控设备的状态等条件，按照控制系统中所预先设定的顺序，实现被控设备的启停或开关。它通过联锁、联跳和保护跳闸功能来保证被控对象的安全。

顺序控制系统所采用的顺序控制策略是根据大容量机组运行的客观规律的要求制定的，是将电厂的辅机运行规程采用顺序控制系统的逻辑实现。采用顺序控制系统后，只需通过控制画面的单按钮操作辅机及相关设备的启停，开关就会按照设备安全启停的规定顺序和一定的时间间隔自动动作，而运行人员可通过监视器监视各控制步序的执行情况，无须人为干涉，从而减少了大量烦琐的操作。同时，在顺序控制系统的设计中，对于每一个子组项及其相关设备，它们的状态、启动许可条件、操作顺序和运行方式，均在LCD上显示出系统画面。在手动顺序控制方式下，顺序控制系统为操作员提供操作指导，这些操作指导以图形方式显示在LCD上，即按照顺序进行，可显示下一步被执行的程序步骤，并根据设备状态变化的反馈信号，在LCD上改变相应设备的颜色。各设备的动作都设计了安全联锁条件，只要设备的动作条件不满足，设备动作就会被闭锁，这样可避免运行人员的误操作，保证设备的安全运行。机组的联锁及保护跳闸均功能，包括紧急跳闸均采用硬接线连接。

二、顺序控制系统的组成

顺序控制系统作为DCS的一个子系统，主要分为锅炉顺序控制系统（BSCS）和汽轮机顺序控制系统（TSCS）两大系统。锅炉顺序控制系统（BSCS）包括锅炉烟风系统、锅炉辅机设备及汽水系统的控制、联锁、保护功能。汽轮机顺序控制系统（TSCS）包括汽轮机侧的主要辅机设备及系统的控制、联锁、保护功能。

下面以望亭发电厂660MW超超临界机组为例，对锅炉顺序控制系统（BSCS）和汽轮机顺序控制系统（TSCS）两大系统进行说明。

第二节 锅炉顺序控制系统（BSCS）

一、概述

顺序控制系统一般分为机组级、功能组级和设备级三级。锅炉顺序控制系统（BSCS）包括锅炉烟风系统、锅炉辅机设备及汽水系统的控制、联锁、保护功能。

二、锅炉顺序控制系统的硬件配置及组成

1. 硬件配置

BSCS 配置有 Drop09、Drop10 和 Drop11 三个控制器。Drop09 控制器有 I/O 卡件 48 块，Drop10 控制器有 I/O 卡件 60 块，Drop11 控制器有 I/O 卡件 60 块。机柜及卡件的分布详见“I/O 清单”。

2. 分布

Drop09 控制器包括对以下系统和设备的控制：锅炉启动设备、减温水关断门、锅炉汽水系统疏水、锅炉汽水系统排气、SCR。

Drop10 控制器包括对以下系统和设备的控制：空气预热器 A 子功能组、引风机 A 子功能组、送风机 A 子功能组、一次风机 A 子功能组。

Drop11 控制器包括对以下系统和设备的控制：空气预热器 B 子功能组、引风机 B 子功能组、送风机 B 子功能组、一次风机 B 子功能组。

三、锅炉顺序控制系统逻辑说明

锅炉侧顺序控制逻辑具体说明如下。

（一）锅炉自然通风请求逻辑

以下条件全部满足则发自然通风请求：

（1）MFT。

（2）送风机全停。

（3）引风机全停。

（二）空气预热器子功能组

1. A 空气预热器相关设备逻辑

（1）A 空气预热器主驱动电动机。

1）启动允许条件：无 A 空气预热器主驱动电动机故障。

2）停止允许条件：空气预热器入口烟气温度低于 149℃。

3）自动启动条件：无。

4）自动停止条件：无。

（2）A 空气预热器辅驱动电动机。

1）启动允许条件：无。

2）停止允许条件：无。

3）自动启动条件：主电动机故障停的情况下，自动启动。

4）自动跳闸条件：主电动机启动后，自动停止。

（3）空气预热器气动马达。目前空气预热器气动马达没有进 DCS，如果进 DCS，则逻辑如下：

1）启动允许条件：无。

2）停止允许条件：无。

3）自动启动条件（或）：A空气预热器辅驱动电动机故障跳闸联锁启动A空气预热器气动马达、主电动机故障跳闸后3s辅驱动电动机启动失败联锁启动A空气预热器气动马达。

4）自动跳闸条件：A空气预热器辅驱动电动机启动后300s跳A空气预热器气动马达。

（4）A空气预热器出口一次风挡板。

1）开允许条件：无。

2）关允许条件：无。

3）自动开条件：无。

4）自动关条件：A空气预热器停止后自动关、A一次风机跳闸后自动关。

（5）A空气预热器入口一次风挡板。

1）开允许条件：无。

2）关允许条件：无。

3）自动开条件：无。

4）自动关条件：A空气预热器停止后自动关、A一次风机跳闸后自动关。

（6）A侧空气预热器入口烟气挡板。

1）开允许条件：A侧二次风出口挡板已开。

2）关允许条件：无。

3）自动开条件（或）：FSSS自然通风请求时、A空气预热器运行且A侧二次风出口挡板已开。

4）自动关条件：A空气预热器停止且B空气预热器运行。

（7）A侧热二次风挡板。

1）开允许条件：无。

2）关允许条件：A空气预热器烟气挡板已关。

3）自动开条件：FSSS自然通风请求时、A空气预热器运行。

4）自动关条件：A空气预热器停止且B空预器运行时、程控关此挡板时。

2. B空气预热器子功能组

B空气预热器子功能组逻辑同A空气预热器子功能组。

（三）引风机子功能组

1. A引风机相关设备逻辑

（1）A引风机逻辑。

1）启动允许条件（与）：

（a）A引风机静叶小于2%。

（b）A侧引风机入口烟气挡板置全关位置。

（c）A侧引风机出口烟气挡板置全开位置。

（d）A引风机任一冷却风机合闸状态。

(e) A 空气预热器运行。

(f) A 引风机温度正常。

(g) 任一润滑油泵运行。

(h) 引风机 A 电动机润滑油供油压力不低于报警值。

(i) 脱硫挡板全开或旁路挡板全开。

(j) 无跳闸条件。

2) 停止允许条件：无。

3) 自动启动条件：无。

4) 自动跳闸条件（或）：

(a) A 引风机运行 20s 后且入口门全关延时 2s。

(b) A 引风机运行 10s 后且出口门全关延时 2s。

(c) A 空气预热器停止。

(d) A 引风机温度保护。

(e) MFT 延时 20s 且炉膛压力低低低延时 2s。

(f) A 引风机顺控停止。

(g) A 引风机电动机润滑油压力低低延时 60s。

(h) 送风机全停。

注：MFT 延时 20s 且炉膛压力低低低（－2290Pa）时，停引风机和送风机；MFT 延时 20s 且炉膛压力高高（＋2090Pa）时，停引风机和送风机。

(2) A 侧引风机入口烟气挡板。

1) 开允许条件：无。

2) 关允许条件：A 引风机停止。

3) 自动开条件（或）：FSSS 自然通风请求时、A 引风机运行延时 10s。

4) 自动关条件：A 引风机停止且 B 引风机运行。

(3) A 引风机出口门。

1) 开允许条件：无。

2) 关允许条件：A 引风机停止。

3) 自动开条件（或）：FSSS 自然通风请求时。

4) 自动关条件：A 引风机停止且 B 引风机运行。

(4) A 引风机冷却风机 A。

1) 启动允许条件：无。

2) 停止允许条件：A 引风机停或 A 引风机冷却风机 B 运行，且全部轴承温度正常（70℃）。

3) 自动启动条件（或）：A 引风机冷却风机 A 在备用，A 引风机冷却风机 B 跳闸；A 引风机冷却风机 A 在备用，A 引风机任一点轴承温度高（80℃）。

A 引风机冷却风机 B 逻辑与 A 引风机冷却风机 A 侧类似。

(5) 引风机进口联络挡板。

1) 开允许条件：无。

2）关允许条件：无。

3）自动开条件：引风机A和B都运行联开。

4）自动关条件（或）：引风机A跳闸且空气预热器A跳闸，引风机B运行联关；引风机B跳闸且空气预热器B跳闸，引风机A运行联关。

2. B引风机子功能组

B引风机子功能组逻辑同A引风机子功能组。

（四）送风机子功能组

1. A送风机相关设备逻辑

（1）A送风机逻辑。

1）启动允许条件（与）：

（a）A送风机动叶位置最小（2%）。

（b）A送风机出口挡板处于全关位置。

（c）A送风机任一液压油泵运行。

（d）A送风机油泵出口压力不低于1.5MPa。

（e）A送风机液压油箱油位不低（450mm）。

（f）A送风机液压油箱油温度不高于50℃。

（g）A空气预热器运行，或B空气预热器运行且二次风冷风联络门开。

（h）任一引风机运行。

（i）辅助风门总开度达到40%。

（j）A送风机全部轴承温度正常。

（k）无A送风机跳闸条件。

2）停止允许条件：无。

3）自动启动条件：无。

4）跳闸条件（或）：

（a）A送风机运行10s后出口门全关2s。

（b）A空气预热器跳闸。

（c）引风机都跳闸。

（d）炉膛压力高高高（+2090Pa）延时2s且锅炉MFT延时10s（同前）。

（e）A送风机温度保护。

（f）A送风机油泵出口压力低。

（2）A送风机出口挡板。

1）开允许条件（或）：A送风机运行、B送风机停止。

2）关允许条件：A送风机停止。

3）自动开条件（或）：A送风机运行、FSSS自然通风请求时。

4）自动关条件：B送风机运行且A送风机跳闸。

（3）A送风机A动叶油泵。

1）启动允许条件：A送风机动叶油位不低。

2）停止允许条件：A送风机停止，或A送风机B动叶油泵运行且动叶油压力不低。

3）自动启动条件（或）：A送风机动叶油泵A在备用，油泵B跳闸；A送风机动叶油泵A在备用，A送风机动叶油压力低于1.0MPa。

4）自动停止条件：无。

（4）A送风机B动叶油泵。

逻辑与A送风机油站A油泵相似。程控启动油泵后6s内A泵没有运行，则自动启动B泵。

（5）A送风机动叶油箱加热器。

1）启动允许条件：A送风机油箱油位不低、A送风机油箱油温不高。

2）停止允许条件：无。

3）自动启动条件：A送风机动叶油箱加热器投入联锁时，A送风机油箱温度低。

4）自动停止条件（或）：A送风机油箱油位低；A送风机动叶油箱加热器投入联锁时，A送风机油箱温度高。

（6）送风机出口联络门。

1）开允许条件：无。

2）关允许条件：无。

3）自动开条件：送风机A和B都运行。

4）自动关条件（或）：送风机A跳闸且空气预热器A跳闸，送风机B运行联关；送风机B跳闸且空气预热器B跳闸，送风机A运行联关。

2. B送风机子功能组

B送风机子功能组逻辑同A送风机子功能组。

（五）一次风机子功能组

1. A一次风机相关设备逻辑

（1）A一次风机逻辑。

1）启动允许条件（与）：

（a）A一次风机动叶位置小于2%。

（b）A一次风机出口挡板处于全关位置。

（c）A侧空气预热器进、出口一次风挡板已开。

（d）A空气预热器运行。

（e）A一次风机润滑油流量正常（8L/min）。

（f）A一次风机任一动叶油泵运行且油压高于1.0MPa。

（g）A一次风机任一润滑油泵运行且油压高于0.2MPa。

（h）A一次风机轴承温度不高。

（i）无A一次风机跳闸条件。

2）停止允许条件：无。

3）自动启动条件：无。

4）自动跳闸条件（或）：

（a）MFT。

（b）A一次风机运行10s后出口挡板全关2s。

(c) A空气预热器停止。

(d) A一次风机润滑油泵全停延时5s。

(e) A一次风机润滑油压力低于0.1MPa。

(f) A一次风机电动机绕组温度高保护跳闸。

(2) A一次风机出口门。

1) 开允许条件：A一次风机运行、B一次风机停止。

2) 关允许条件：A一次风机停止。

3) 自动开条件：A一次风机运行。

4) 自动关条件：A一次风机跳闸。

(3) A一次风机动叶油泵A。

1) 启动允许条件（与）：A一次风机润滑油泵A或B运行；A一次风机润滑油压力高于0.2MPa。

2) 停止允许条件：A一次风机停，或A一次风机高压润滑油泵B运行，且A一次风机动叶油压力不低。

3) 自动启动条件（或）：A一次风机动叶油泵A在备用，动叶油泵B停止；A一次风机动叶油泵A在备用，A一次风机动叶油压力低（1.0MPa）。

4) 自动停止条件：无。

(4) A一次风机高压润滑油泵B。逻辑与A一次风机高压润滑油泵A相似。程控启动A泵6s内A泵没有运行，则自动启动B泵。

(5) A一次风机润滑油泵A。

1) 启动允许条件：A一次风机润滑油箱油位不低。

2) 停止允许条件（与）：A一次风机停，或A一次风机润滑油泵B运行且润滑油压力不低；A一次风机动叶润滑油泵A和B停允许停。

3) 自动启动条件（或）：

(a) A一次风机润滑油泵A在备用，A一次风机润滑油泵B停止。

(b) A一次风机润滑油泵A在备用，A一次风机润滑油压力低低。

(c) A一次风机润滑油泵A在备用，A一次风机润滑油流量低。

4) 自动停止条件：无。

(6) A一次风机润滑油泵B：逻辑与A一次风机低压润滑油泵A相似。程控启动A泵6s内A泵没有运行，则自动启动B泵。

(7) A一次风机油箱加热器。

1) 启动允许条件（与）：A一次风机润滑油箱油位不低、A一次风机润滑油箱油温不高（25℃）。

2) 停止允许条件：无。

3) 自动启动条件：A一次风机油箱加热器备用，A一次风机润滑油箱温度低（15℃）。

4) 自动停条件（或）：A一次风机润滑油箱油位低（550mm）、A一次风机调节油温度高（25℃）。

2. B一次风机子功能组

B一次风机子功能组逻辑同A一次风机子功能组。

（六）锅炉汽水系统

锅炉汽水系统主要包括省煤器入口阀、减温水隔离阀、暖管阀、PVC阀、锅炉汽水系统疏水阀和锅炉汽水系统排气阀。MFT时允许关省煤器进口闸阀。

锅炉汽水系统的下列设备均为手动操作：

（1）过热器一、二、三级和微量喷水减温器喷水电动阀。

（2）过热器一、二、三级和微量喷水减温器喷水排污门。

（3）过热器一、二、三级和微量喷水减温器疏水阀。

（4）过热器一、二、三级和微量喷水减温器出口放气门。

（5）再热器喷水减温器出口放气门。

（6）省煤器出口暖管管路电动阀。

（7）暖管管道排污门。

（8）暖管管路电动截止阀。

（9）锅炉集箱放气门。

（10）锅炉集箱疏水阀。

（11）启动分离器放气门。

（12）PCV阀。

（13）大气扩容器进口电动阀。

（14）省煤器进口给水旁路调节阀前、后电动阀与省煤器进口给水旁路调节阀联锁开关。

（七）炉膛火焰电视

手动操作光圈开、闭和镜头进入、退出。

（八）再循环泵系统

1. 再循环泵

（1）启动允许条件（与）：

1）循环泵冷却水量合适。

2）循环泵过滤器进口电动阀全开。

3）循环泵过滤器出口电动阀全开。

4）循环泵出口电动阀全关。

5）分离器储水箱液位低。

6）凝结水再循环调节阀已关。

7）无保护跳闸。

（2）停止允许条件：无。

（3）自动启动条件：无。

（4）自动跳闸条件（或）：

1）给水泵全停。

2）机组负荷高于200MW延时3s。

3）机组负荷高于170MW且分离器储水箱液位低延时5s。

4）机组负荷高于190MW、机组不增加、分离器储水箱液位低低且过热度高时延时5s。

5）分离器储水箱液位低低低延时5s。

2. 循环泵出口电动阀

(1) 开允许条件：无。

(2) 关允许条件：无。

(3) 自动开条件：循环泵运行。

(4) 自动关条件：循环泵跳闸。

3. 手动操作门

(1) 循环泵过滤器进、出口电动阀。

(2) 再循环泵进、出口排污门。

(3) 再循环泵排污门。

(4) 再循环泵出口疏水门。

(九) 服务水高压水泵系统

1. 服务水高压水泵

可手动启/停服务水高压水泵。

2. 服务水高压水泵出口电动阀

(1) 开允许条件：无。

(2) 关允许条件：无。

(3) 自动开条件：服务水高压水泵运行。

(4) 自动关条件：服务水高压水泵跳闸。

(十) 锅炉启动疏水泵系统

1. 锅炉启动疏水泵

(1) 启动允许条件：无。

(2) 停止允许条件：无。

(3) 自动启动条件（或）：

1）锅炉启动系统集水箱液位高联锁启动锅炉启动疏水泵。

2）锅炉启动疏水泵A备用，锅炉启动疏水泵B跳闸联锁启动锅炉启动疏水泵A。

3）锅炉启动疏水泵B备用，锅炉启动疏水泵A跳闸联锁启动锅炉启动疏水泵B。

(4) 自动跳闸条件：无。

2. 锅炉启动系统疏水泵A出口阀

(1) 开允许条件：无。

(2) 关允许条件：无。

(3) 自动开条件：锅炉启动疏水泵A运行。

(4) 自动关条件：锅炉启动疏水泵A跳闸。

3. 手动操作门

(1) 锅炉启动疏水泵至开式水进口阀。

(2) 过滤器前给水管道疏水门。

(3) 锅炉启动系统集水箱进机组排水槽电动阀。

第三节 汽轮机顺序控制系统（TSCS）

一、概述

汽轮机顺序控制系统（TSCS）包括汽轮机侧的主要辅机设备及系统的控制、联锁、保护功能。

汽轮机顺序控制系统主要包括以下系统：

（1）过热蒸汽及再热蒸汽疏水功能组。

（2）高压加热器功能组。

（3）低压加热器功能组。

（4）除氧器给水功能组。

（5）凝汽器真空功能组。

（6）凝结水水系统。

（7）凝汽器冷却水系统。

（8）发电机氢油水系统。

（9）循环水（远程）系统。

二、汽轮机顺序控制系统（TSCS）控制逻辑说明

（一）汽轮机蒸汽管道疏水阀子功能组

汽轮机蒸汽管道疏水阀包括过热蒸汽、再热蒸汽、汽轮机本体、排汽管道疏水阀门等。

汽轮机蒸汽管道疏水阀分为高压疏水阀、中压疏水阀和低压疏水阀。原则上，在四段抽汽之前为高压疏水阀，之后为低压疏水阀。

相关逻辑简要介绍如下。

（1）汽轮机蒸汽管道疏水阀自动投入时：

1）汽轮机跳闸自动开高压、中压、低压阀。

2）机组负荷小于一定值时，自动开高压、中压、低压阀。

3）无汽轮机跳闸且机组负荷大于一定值时，自动关高压、中压、低压阀。

（2）对于汽轮机本体疏水阀（过热蒸汽及再热蒸汽管道疏水阀门），控制逻辑则为：

1）开允许条件：凝汽器真空不低。

2）自动开条件：高压疏水阀成组操作自动开。

3）自动关条件：凝汽器真空低、高压疏水阀成组操作自动关。

（二）高压加热器子功能组

高压加热器子功能组包括进、出水阀，抽汽电动门，抽汽止回阀，正常疏水阀，紧急疏水阀，抽汽管道疏水阀门等。

1. 高压顺序启动

（1）顺序一：

条件：无。

指令：开一段抽汽止回阀前疏水阀、开一段抽汽止回阀后疏水阀、开二段抽汽止回阀后疏水阀、开三段抽汽止回阀前疏水阀。

（2）顺序二：

条件：一段抽汽止回阀前疏水阀已开、一段抽汽止回阀后疏水阀已开、二段抽汽止回阀后疏水阀已开、三段抽汽止回阀前疏水阀已开。

指令：开1号高压加热器出口电动阀。

（3）顺序三：

条件：1号高压加热器出口电动阀全开。

指令：开3号高压加热器入口三通电动阀。

（4）顺序四：

条件：3号高压加热器入口三通电动阀全开。

指令：开一段抽汽止回阀、开二段抽汽止回阀、开三段抽汽止回阀、1号高压加热器水位调节投自动、2号高压加热器水位调节投自动、3号高压加热器水位调节投自动。

（5）顺序五：

条件：一段抽汽止回阀已开、二段抽汽止回阀已开、三段抽汽止回阀已开、1号高压加热器水位调节在自动、2号高压加热器水位调节在自动、3号高压加热器水位调节在自动。

程启完成。

2. 高压顺序停止（A侧）

（1）顺序一：

条件：无。

指令：关1号高压加热器进汽止回阀、关2号高压加热器进汽止回阀、关3号高压加热器进汽止回阀。

（2）顺序二：

条件：1号高压加热器进汽止回阀已关、2号高压加热器进汽止回阀已关、3号高压加热器进汽止回阀已关。

指令：关3号高压加热器入口三通电动阀。

（3）顺序三：

条件：3号高压加热器入口三通电动阀已关。

指令：关1号高压加热器出口电动阀。

（4）顺序四：

条件：1号高压加热器出口电动阀已关。

程停完成。

高压加热器功能组主要相关设备的逻辑如下：

（1）3号高压加热器入口三通电动阀：

1）可手动开/关该阀门。

2）可程控开/关该阀门。

3）无水侧高压加热器解列信号，且无1号高压加热器出口电动阀全关时，允许开该阀门。

4）1号高压加热器出口电动阀全关自动关该阀门。

5）高压加热器水侧解列指令自动关该阀门（高压加热器水侧解列指令包括1号高压加

热器水位高高高、2号高压加热器水位高高高、3号高压加热器水位高高高及操作员手动解列；高压加热器汽侧解列指令除了包括水侧高压加热器解列信号外，还包括汽轮机跳闸、3号高压加热器入口三通电动阀全关、1号高压加热器出口电动阀全关、发电机解列）。

（2）1号高压加热器出口电动阀：

1）可手动开/关该阀门。

2）可程控开/关该阀门。

3）无高压加热器水侧解列指令时，允许开该阀门。

4）3号高压加热器入口三通电动阀全关或有高压加热器水侧解列指令时，允许关该阀门。

5）高压加热器水侧解列指令自动关该阀门。

（3）一段抽汽止回阀前疏水阀：

1）可手动开/关该阀门。

2）高压加热器程启第一步自动开该阀门。

3）高压加热器程启第七步自动关该阀门。

4）1号高压加热器水位高高高时，自动开该阀门。

5）无1号高压加热器水位高高高时，允许关该阀门。

6）高压疏水阀成组操作自动开时，自动开该阀门。

7）高压疏水阀成组操作自动关时，自动关该阀门。

（4）一段抽汽止回阀：

1）可手动开/关该阀门。

2）可程控开/关该阀门。

（5）1号高压加热器水位调节：每个高压加热器都有正常疏水和紧急疏水。紧急疏水控制回路的设定值，是在正常疏水控制回路的设定值上再加一个固定偏置。2号高压加热器水位高高高（300mm）时，1号高压加热器正常疏水调节阀执行机构超弛关；1号高压加热器水位高高（200mm）时，1号高压加热器危急疏水调节阀执行机构超弛开。

该机组有三级高压加热器，其他各部分逻辑与1号高压加热器的逻辑相似。

（三）低压加热器子功能组

低压加热器子功能组包括低压加热器进、出水阀，旁路阀，低压加热器疏水阀门，抽汽管道疏水阀门等。该机组有4级低压加热器。其中，5、6两级低压加热器均设有各自的加热器进水电动门、出水电动门及旁路电动门。5号低压加热器与6号低压加热器分别设计顺序启停控制。下面以5号低压加热器为例说明其控制顺序。

1. 5号低压加热器顺序启动

（1）顺序一：

条件：无。

指令：开五段抽汽管止回阀前疏水阀、开五段抽汽管止回阀后疏水阀、开五段抽汽管电动门后疏水阀。

（2）顺序二：

条件：五段抽汽管止回阀前疏水阀全开、五段抽汽管止回阀后疏水阀全开、五段抽汽管电动门后疏水阀全开。

指令：开5号低压加热器进水电动门、开5号低压加热器进水电动门。

（3）顺序三：

条件：5号低压加热器进水电动门全开、5号低压加热器出水电动门全开。

指令：关5号低压加热器旁路电动门。

（4）顺序四：

条件：5号低压加热器旁路电动门全关。

指令：开五段抽汽止回阀、5号低压加热器危急疏水调节投自动。

（5）顺序五：

条件：五段抽汽止回阀全开、5号低压加热器危急疏水调节在自动。

指令：开五段抽汽电动门（每开10s，然后停60s直至全开；若开的过程中，5号低压加热器进汽压力对应的饱和温度或5号低压加热器出水温度变化率大，则自动停止）。五段抽汽电动门阀位大于15%后，关三段抽汽止回阀前疏水阀。

（6）顺序六：

条件：五段抽汽电动门全开、五段抽汽管止回阀前疏水阀全关、五段抽汽管电动门后疏水阀全关。

程启完成。

2. 5号低压加热器顺序停止

（1）顺序一：

条件：无。

指令：关五段抽汽电动门。

（2）顺序二：

条件：五段抽汽电动门全关。

指令：关五段抽汽止回阀。

（3）顺序三：

条件：五段抽汽止回阀全关。

指令：开5号低压加热器旁路电动门。

（4）顺序四：

条件：5号低压加热器旁路电动门全开。

指令：关5号低压加热器进水电动门、关5号低压加热器出水电动门。

（5）顺序五：

条件：5号低压加热器进水电动门全关、5号低压加热器出水电动门全关。

程停完成。

3. 低压加热器功能组主要相关设备的逻辑

（1）5号低压加热器进水电动门：

1）可手动开/关该阀门。

2）可程控开/关该阀门。

3）无5号低压加热器水位高高高时，允许开该阀门。

4）5 号低压加热器旁路电动门全开时，允许关该阀门。

5）5 号低压加热器水位高高高且 5 号低压加热器旁路电动门全开时，自动关该阀门。

5 号低压加热器出水电动门的逻辑同 5 号低压加热器进水电动门。

(2) 5 号低压加热器旁路电动门：

1）可手动开/关该阀门。

2）可程控开/关该阀门。

3）5 号低压加热器进水电动门全开且 5 号低压加热器出水电动门全开时，允许关该阀门。

4）5 号低压加热器进水电动门未全开时，自动开该阀门。

5）5 号低压加热器出水电动门未全开时，自动开该阀门。

6）5 号低压加热器水位高高高时，自动开该阀门。

(3) 五段抽汽管止回阀前疏水阀：

1）可手动开/关该阀门。

2）5 号低压加热器程启第一步自动开该阀门。

3）5 号低压加热器程启第五步自动开该阀门。

4）5 号低压加热器水位高高高时，自动开该阀门。

5）低压疏水阀成组操作自动开时，自动开该阀门。

6）低压疏水阀成组操作自动关且无 5 号低压加热器水位高高高时，自动关该阀门。

7）五段抽汽管止回阀后疏水阀和五段抽汽管电动门后疏水阀的逻辑同五段抽汽管止回阀前疏水阀。

(4) 五段抽汽止回阀：

1）可手动开/关该阀门。

2）可程控开/关该阀门。

3）开允许条件：无自动关信号时允许开该阀门。

4）自动关条件（或）：汽轮机跳闸信号、5 号低压加热器水位高高高、5 号低压加热器进水电动门全关、5 号低压加热器出水电动门全关、5 号低压加热器旁路电动门全开。

(5) 五段抽汽电动门：

1）带中间停功能，可手动开/关/停该阀门，可程控开/关/停该阀门。

2）开允许条件：五段抽汽止回阀全开且无自动关信号时，允许开该阀门。

3）自动关条件（或）：五段抽汽止回阀全关、汽轮机跳闸信号、5 号低压加热器水位高高高、5 号低压加热器进水电动门全关、5 号低压加热器出水电动门全关。

6 号低压加热器及 7/8 号低压加热器相关设备逻辑与以上逻辑相似。

（四）除氧给水系统子功能组

1. 四段抽汽及除氧器相关设备

(1) 四段抽汽管止回阀前疏水阀：

1）可手动开/关该阀门。

2）除氧器水箱水位高高高时，自动开该阀门。

3）中压疏水阀成组操作自动开时，自动开该阀门。

4）中压疏水阀成组操作自动关且无除氧器水箱水位高高高时，自动关该阀门。

四段抽汽管电动门后疏水阀的逻辑同四段抽汽管止回阀前疏水阀。

（2）四段抽汽电动门：

1）可手动开/关该阀门。

2）四段抽汽止回阀全开时，发电机功率大于定值且无汽轮机跳闸、无除氧器水箱水位高高高时，自动开该阀门。

3）除氧器水箱水位高高高时，自动关该阀门。

4）汽轮机跳闸时，自动关该阀门。

（3）四段抽汽至除氧器电动门：

1）可手动开/关该阀门。

2）四段抽汽止回阀全开时，允许开该阀门。

3）四段抽汽电动门全开、四段抽汽压力不低、发电机功率大于定值且无除氧器水箱水位高高高时，自动开该阀门。

4）除氧器水箱水位高高高时，自动关该阀门。

5）汽轮机跳闸时，自动关该阀门。

6）四段抽汽压力低时，自动关该阀门。

2. 电动给水泵子功能组

电动给水泵子功能组包括电动给水泵、给水泵出口门、前置泵进口阀、再循环门等。

（1）电动给水泵。

1）启动允许条件（与）：

（a）除氧器水位大于定值。

（b）电动给水泵再循环调节阀阀位大于90%。

（c）电动给水泵出口电动门全关或高压加热器出口压力大于定值。

（d）锅炉启动给水前置泵进口电动门全开。

（e）电动给水泵轴承温度都不高。

（f）电动给水泵勺管位置小于5%。

（g）电动给水泵上/下部温度差小于定值。

（h）电动给水泵润滑油压力正常且电动给水泵辅助油泵在运行。

（i）锅炉启动给水前置泵进水压力不低。

（j）入口滤网加压差不高。

（k）无电动给水泵保护跳闸信号。

（l）电动给水泵无反转信号。

2）自动跳闸条件（或）：

（a）锅炉启动给水前置泵进口电动门全关。

（b）电动给水泵转速大于2850r/min且电动给水泵最小流量保护延时30s。

（c）除氧器水位低低低。

（d）电动给水泵绕组温度高（2/9）保护。

（e）电动给水泵润滑油压力低低（0.08MPa）。

(f) 电动给水泵工作油冷油器出油温度高。

(g) 电动给水泵润滑油冷油器进油温度高。

(h) 启动给水泵进口压力低。

(i) 密封水差压低并且回水温度高。

(j) 电动给水泵前轴承振动大。

(2) 锅炉启动给水前置泵进口电动门。

1) 可手动开/关该阀门。

2) 电动给水泵未运行且电动给水泵出口电动门全关时，允许关该阀门。

(3) 电动给水泵出口电动门。

1) 可手动开/关该阀门。

2) 电动给水泵跳闸延时 2s 自动关。

3) 无电动给水泵运行且电动给水泵反转，延时 2s 自动关。

(4) 电动给水泵液力耦合器辅助油泵。

1) 电动给水泵跳闸联锁启动电泵液力耦合器辅助油泵。

2) 电动给水泵润滑油压力低且电泵运行联锁启动电动给水泵液力耦合器辅助油泵。

3) 电动给水泵润滑油压力高延时 5s 跳闸电动给水泵液力耦合器辅助油泵。

3. 汽动给水泵子功能组

汽动给水泵子功能组包括给水泵出口门、前置泵进口阀、再循环门、汽动给水泵跳闸保护等。

给水泵汽轮机 A 的相关设备逻辑如下：

(1) 锅炉给水前置泵 A。

1) 启动允许条件（与）：

(a) 除氧器水位高于－250mm。

(b) 锅炉给水泵 A 再循环调节阀阀位大于 90%。

(c) 锅炉给水泵 A 出口电动门全关。

(d) 锅炉给水前置泵 A 进口电动门全开。

(e) 锅炉给水前置泵 A 温度允许满足启动条件。

(f) 给水泵汽轮机 A 润滑油压力正常。

(g) 无锅炉给水前置泵 A 保护跳闸信号。

2) 自动跳闸条件（或）：

(a) 锅炉给水前置泵 A 进口电动门全关。

(b) 锅炉给水前置泵 A 绕组温度温度保护（2/6）。

(c) 除氧器水位低低低（－1500mm）。

(2) 给水泵汽轮机 A。给水泵汽轮机 A 本身不在 DCS 控制范围内，但有给水泵汽轮机 A 保护跳闸信号需要 DCS 送出通信至 MEH 系统。

给水泵汽轮机 A 保护跳闸条件（DCS）如下：

1) 锅炉给水前置泵 A 进口电动门全关。

2) 汽动给水泵 A 进口压力低。

3) 给水泵汽轮机 A 转速大于 2850r/min 且锅炉给水泵 A 最小流量保护延时 30s。

4）汽动给水泵A润滑油压力低低。

5）汽动给水泵A润滑油冷却器后油温高。

6）除氧器水位低低低（−1500mm）。

7）汽动给水泵A密封水压差低且回水温度高高。

8）给水泵汽轮机A排汽压力高（2/3）。

9）锅炉给水前置泵A停止。

10）MFT动作脉冲。

11）汽动给水泵A轴承振动大。

（3）锅炉给水前置泵A进口电动门。

1）可手动开/关该阀门。

2）锅炉给水泵A运行禁止关该阀门。

（4）汽动给水泵A出口电动门。

1）可手动开/关该阀门。

2）锅炉给水泵A跳闸延时2s自动关。

（5）四段抽汽至给水泵汽轮机A电动门。

1）可手动开/关该阀门。

2）给水泵汽轮机A已停机（速关阀全关）延时2s自动关。

冷段再热蒸汽至给水泵汽轮机A电动门和备汽门的逻辑，同四段抽汽至给水泵汽轮机A电动门。

（五）凝结水子功能组

凝结水子功能组包括凝结水泵、凝结水泵进出水门等。

1. 凝结水泵A

（1）启动允许条件（与）：

1）选择后凝汽器热井水位高于600mm。

2）凝结水泵A出口电动门全关或凝结水泵B在运行。

3）凝结水泵A进口电动门全开。

4）凝结水泵A轴承温度都不高（3点）。

5）无保护跳闸信号。

（2）自动跳闸条件（或）：

1）凝结水泵A进口电动门全关。

2）凝结水泵A运行且凝结水泵A出口电动门全关，延时30s。

3）凝结水泵A电动机定子绕组温度高（2/3）保护跳闸。

4）选择后凝汽器热井水位低于300mm。

5）凝结水泵A运行180s后，凝结水泵出口母管流量低于475t/h，延时30s。

6）顺控停止凝结水泵A。

（3）自动启动条件（或）：

1）凝结水泵A备用投入时，凝结水泵B跳闸联锁启动凝结水泵A。

2）凝结水泵A备用投入时，凝结水出口母管压力低联锁启动凝结水泵A。

3）顺控启动凝结水泵 A。

2. 凝结水泵 A 进口电动门

(1) 可手动开/关该阀门。

(2) 凝结水泵 A 备用投入时，自动开该阀门。

(3) 顺控启动凝结水泵 A 时，自动开该阀门。

(4) 凝结水泵 A 运行禁止关该阀门。

3. 凝结水泵 A 出口电动门

(1) 可手动开/关该阀门。

(2) 凝结水泵 A 运行时延时 5s 自动开该阀门。

(3) 凝结水泵 A 备用投入且凝结水泵 B 运行时，自动开该阀门。

(4) 顺控启动凝结水泵 A 时，自动开该阀门。

(5) 凝结水泵 A 跳闸时，延时 2s 自动关该阀门。

(6) 顺控启动和停止凝结水泵 A 时，自动开该阀门。

凝结水泵 B 相关逻辑同凝结水泵 A。

4. 凝结水输送泵

(1) 凝结水储水箱水位大于 2000mm 时，允许启动凝结水输送泵。

(2) 凝结水补给水箱水位小于 1500mm 时，自动跳闸凝结水输送泵。

(六) 凝汽器真空系统子功能组

凝汽器真空系统子功能组包括三台真空泵、管路有关阀门等。下面以真空泵 A 为例说明其步序。

1. 真空泵 A 顺序启动

(1) 顺序一：

条件：无。

指令：关真空泵 A 入气门、启动真空泵 A 密封水泵。

(2) 顺序二：

条件：真空泵 A 入气门全关。

指令：启动真空泵 A。

(3) 顺序三：

条件：真空泵 A 在运行、真空泵 A 入气门前后差压高或真空泵 A 入气门吸气口压力低。

指令：开真空泵 A 入气门。

(4) 顺序四：

条件：真空泵 A 入气门全开。

程启完成。

2. 真空泵 A 顺序停止

(1) 顺序一：

条件：无。

指令：关真空泵 A 入气门。

（2）顺序二：

条件：真空泵A入气门全关。

指令：停真空泵A。

（3）顺序三：

条件：真空泵A停止。

程停完成。

3. 真空泵A

（1）启动允许条件（与）：

1）真空泵A入气门全关。

2）凝汽器真空破坏门已关。

3）真空泵A分离器液位不低。

4）真空泵A电动机轴承温度都不高。

5）无保护跳闸信号。

（2）自动跳闸条件（或）：真空泵A电动机绕组温度高（2/6）保护。

（3）自动启动条件（或）：

1）真空泵A备用投入时，真空泵B跳闸时联锁启动真空泵A。

2）真空泵A备用投入时，真空泵C跳闸时联锁启动真空泵A。

3）真空泵A备用投入时，凝汽器真空低（−90kPa，脉冲）联锁启动真空泵A。

（4）真空泵A入口门：

1）可手动开/关该阀门。

2）真空泵A在运行且真空泵A入口压力低时，允许开该阀门。

3）真空泵A入口门吸气口压力低时，自动开该阀门。

4）真空泵A跳闸后，自动关该阀门。

5）真空泵A处于备用状态时，自动关该阀门。

（5）真空泵A补水电磁阀：

1）可手动开/关该阀门。

2）真空泵A运行且真空泵A分离器液位低时，自动开该阀门。

3）真空泵A分离器液位高时，自动关该阀门。

4）无真空泵A分离器液位低延时时，自动关该阀门。

真空泵B的相关逻辑同真空泵A。

（6）凝汽器A真空破坏门：

1）可手动开/关该阀门。

2）汽轮机跳闸时，允许开该阀门。

凝汽器B真空破坏门的逻辑同凝汽器A真空破坏门。

（七）发电机氢油水系统子功能组

发电机氢油水系统子功能组包括发电机密封油泵、真空油泵、主油箱润滑油输送电动机、发电机定子冷却水泵、发电机定子冷却水补水电磁阀和油箱排烟风机等。

1. 发电机交流密封油泵

(1) 可手动启/停。

(2) 密封油箱液位不低且真空泵运行时允许启动。

(3) 发电机交流密封油泵跳闸联锁启动发电机备用交流密封油泵。

(4) 密封油泵出口压力低联锁启动发电机备用交流密封油泵。

(5) 油氢差压低于 60kPa 联锁启动发电机备用交流密封油泵。

(6) 发电机真空油箱位低延时 10s 自动停发电机交流密封油泵。

2. 发电机备用直流密封油泵

(1) 可手动启/停。

(2) 发电机备用直流密封油泵备用投入时，密封油泵出口母管压力低联锁启动发电机备用直流密封油泵。

(3) 发电机备用直流密封油泵备用投入时，两台发电机交流密封油泵均停联锁启动发电机备用直流密封油泵。

(4) 发电机备用直流密封油泵备用投入时，发电机真空油箱位低联锁启动发电机备用直流密封油泵。

3. 主油箱润滑油输送电动机

(1) 可手动启/停。

(2) 主油箱润滑油输送电动机 A 备用投入时，主油箱润滑油输送电动机 B 跳闸联锁启动主油箱润滑油输送电动机 A。

(3) 主油箱润滑油输送电动机 B 备用投入时，主油箱润滑油输送电动机 A 跳闸联锁启动主油箱润滑油输送电动机 B。

4. 真空油泵

(1) 可手动启/停。

(2) 发电机真空油箱箱位高时禁止启动。

(3) 发电机真空油箱箱位高时自动停泵。

(4) 在真空泵投入联锁时，发电机真空油箱液位低自动启泵。

(5) 在真空泵投入联锁时，发电机交流密封油泵 A、B 任一运行联锁启动真空油泵。

5. 发电机轴承回油密封油排烟风机

(1) 可手动启/停。

(2) 发电机轴承回油密封油排烟风机 A 备用投入时，发电机轴承回油密封油排烟风机 B 跳闸联锁启动发电机轴承回油密封油排烟风机 A。

(3) 发电机轴承回油密封油排烟风机 B 备用投入时，发电机轴承回油密封油排烟风机 A 跳闸联锁启动发电机轴承回油密封油排烟风机 B。

6. 汽轮机润滑油箱排烟风机

(1) 可手动启/停。

(2) 汽轮机润滑油箱排烟风机 A 备用投入时，汽轮机润滑油箱排烟风机 B 跳闸联锁启动汽轮机润滑油箱排烟风机 A。

(3) 汽轮机润滑油箱排烟风机 B 备用投入时，汽轮机润滑油箱排烟风机 A 跳闸联锁启动汽轮机润滑油箱排烟风机 B。

7. 发电机定子冷却水泵A

(1) 可手动启/停。

(2) 无发电机定子冷却水箱液位低时允许启动。

(3) 发电机定子冷却水泵A备用投入时，发电机定子冷却水泵B跳闸联锁启动发电机定子冷却水泵A。

(4) 发电机定子冷却水泵A备用投入时，定子冷却水泵出口母管压力低联锁启动发电机定子冷却水泵A。

发电机定子冷却水泵B的相关逻辑与发电机定子冷却水泵A类似。

8. 发电机定子冷却水补水电磁阀

(1) 可手动开/关该阀门。

(2) 发电机定子冷却水箱液位低时，自动开该阀门。

(3) 发电机定子冷却水箱液位高时，自动关该阀门。

9. 发电机断水

发电机定子冷却水流量低信号三取二发发电机断水保护信号。

(八) 辅助蒸汽系统子组项

辅助蒸汽系统子组项包括辅助蒸汽供汽阀门、管道疏水阀门等。

1. 低温再热蒸汽至辅助蒸汽集箱关断门

可手动开/关该阀门。

2. 四级抽汽至辅助蒸汽集箱关断门

可手动开/关该阀门。

(九) 循环冷却水系统

1. 开式循环冷却水泵A

(1) 启动允许条件（与）：

1) 开式循环冷却水泵A出口电动门全关。

2) 开式循环冷却水泵A进口电动门全开。

3) 开式循环冷却水泵A轴承温度不高。

4) 无保护跳闸信号。

(2) 自动跳闸条件（或）：

1) 开式循环冷却水泵A进口电动门全关延时60s。

2) 开式循环冷却水泵A运行且开式循环冷却水泵A出口电动门全关延时30s。

3) 开式循环冷却水泵A电动机线圈温度高（2/6）保护跳闸。

(3) 自动启动条件（或）：

1) 开式循环冷却水泵A备用投入时，开式循环冷却水泵B跳闸联锁启动开式循环冷却水泵A。

2) 开式循环冷却水泵A备用投入时，开式循环冷却水出口母管压力低联锁启动开式循环冷却水泵A。

2. 开式循环冷却水泵A进口电动门

(1) 可手动开/关该阀门。

(2) 开式循环冷却水泵A备用投入时，自动开该阀门。

(3) 开式循环冷却水泵A运行时，禁止关该阀门。

3. 开式循环冷却水泵A出口电动门

(1) 可手动开/关该阀门。

(2) 开式循环冷却水泵A运行时，延时5s自动开该阀门。

(3) 开式循环冷却水泵A备用投入且开式循环冷却水泵B运行时，自动开该阀门。

(4) 开式循环冷却水泵A跳闸时，延时2s自动关该阀门。

开式循环冷却水泵B的相关逻辑与开式循环冷却水泵A类似。

4. 开式循环冷却水泵旁路阀

(1) 可手动开/关该阀门。

(2) 两台开式循环冷却水泵均跳闸自动开该阀门。

5. 闭式循环冷却水泵A

(1) 启动允许条件(与)：

1) 闭式循环冷却水泵A出口电动门全关或闭式循环冷却水泵A备用。

2) 闭式循环冷却水泵A进口电动门全开。

3) 闭式循环冷却水泵A轴承温度都不高。

4) 闭式循环冷却水膨胀水箱液位高于定值。

5) 无保护跳闸信号。

(2) 自动跳闸条件(或)：

1) 闭式循环冷却水泵A进口电动门全关延时60s。

2) 闭式循环冷却水泵A运行且闭式循环冷却水泵A出口电动门全关延时30s。

3) 闭式循环冷却水泵A电动机线圈温度高(2/6)保护跳闸。

4) 闭式循环冷却水膨胀水箱液位低于300mm定值跳闸。

(3) 自动启动条件(或)：

1) 闭式循环冷却水泵A备用投入时，闭式循环冷却水泵B跳闸联锁启动闭式循环冷却水泵A。

2) 闭式循环冷却水泵A备用投入时，闭式循环冷却水出口母管压力低于0.3MPa联锁启动闭式循环冷却水泵A。

6. 闭式循环冷却水泵A进口电动门

(1) 可手动开/关该阀门。

(2) 闭式循环冷却水泵A备用投入时，自动开该阀门。

(3) 顺控启动闭式循环冷却水泵A时，自动开该阀门。

(4) 闭式循环冷却水泵A运行时，禁止关该阀门。

7. 闭式循环冷却水泵A出口电动门

(1) 可手动开/关该阀门。

(2) 闭式循环冷却水泵A运行时，延时5s自动开该阀门。

(3) 闭式循环冷却水泵A备用投入且闭式循环冷却水泵B运行时，自动开该阀门。

(4) 闭式循环冷却水泵A跳闸时，延时2s自动关该阀门。

（5）顺控启动闭式循环冷却水泵A时，自动关和开该阀门。

（6）顺控停止闭式循环冷却水泵A时，自动关该阀门。

闭式循环冷却水泵B的相关逻辑与闭式循环冷却水泵A类似。

（十）循环水系统

循环水系统包括循环水泵，循环水泵出口液动蝶阀，循环水泵润滑冷却水电动阀，循环水泵出口联络阀，3、4号冷却塔补水阀，11号机循环水供水电动阀，14号机循环水供水电动阀，凝汽器循环水进、出口门等。

1. 循环水泵A

（1）启动允许条件：

1）循环水泵A轴承温度不高。

2）任一侧循环水通道畅通（凝汽器循环水进出口阀开）。

3）冷却塔液位不低于4m。

4）循泵冷却水压力不低于0.25MPa。

（2）跳闸条件：

1）循环水泵A运行且循环水泵A出口液动蝶阀全关，延时30s。

2）冷却塔后水位低。

3）循环水泵A电机绕组温度保护跳闸（2/6）。

4）顺控停循环水泵A。

（3）自动启动条件：

1）循环水泵A备用投入时，循环水泵B跳闸联锁启动循环水泵A。

2）循环水泵A备用投入时，循环水泵出口母管压力低联锁启动循环水泵A。

3）顺控启动循环水泵A。

循环水泵B、C、D的相关逻辑与循环水泵A类似。

2. 循环水泵A出口液动蝶阀

（1）可手动开/关该阀门。

（2）循环水泵A启故障后自动关该阀门。

（3）循环水泵A跳闸时自动关该阀门。

循环水泵B、C、D出口液动蝶阀的相关逻辑与出口液动蝶阀A类似。另外，循环水泵和出口液动蝶阀有如下联动：

（1）正常情况下启动循环水泵时，自动先将出口蝶阀开（慢开指令）到15%后再启动循环水泵。循环水泵启动后，再继续开出口蝶阀至全开，如果在60s（调试过程中整定，60s为出口蝶阀从15%到全开所经历的时间）内未全开，则联关出口蝶阀和正常停循环水泵。

（2）启动循环水泵时，若出口蝶阀开到15%后5s内循环水泵未运行，则联关出口蝶阀。

（3）事故启动循环水泵时（由于运行泵跳闸联锁启动备用泵和泵出口母管压力低联锁启动备用泵时），直接启动循环水泵，同时快开（快开指令）出口蝶阀，如果在规定时间内循环水泵没有启动或者出口蝶阀未全开，则关出口蝶阀并且正常停循环水泵。循环水泵停止后，联关（脉冲）出口蝶阀，二次脉冲关出口蝶阀。

(4) 正常停循环水泵时，先自动关出口蝶阀。出口蝶阀关到15%时，联锁停止循环水泵。全程出口蝶阀一直关，待出口蝶阀关到位后，再发脉冲停循环水泵，二次脉冲停循环水泵。

3. 其他阀门

循环水泵润滑冷却水电动阀，循环水泵出口联络阀，3、4号冷却塔补水阀，11号机循环水供水电动阀，14号机循环水供水电动阀，凝汽器循环水进、出口门等全部为手动操作。

(十一) 低压加热器疏水系统

1. 低压加热器疏水泵

(1) 低压加热器疏水泵A备用时，低压加热器疏水泵B跳闸联锁启动低压加热器疏水泵A。

(2) 低压加热器疏水泵B备用时，低压加热器疏水泵A跳闸联锁启动低压加热器疏水泵B。

(3) 6号低压加热器水位低于定值时，联锁停止低压加热器疏水泵。

2. 低压加热器疏水泵出口门

(1) 可手动开/关该阀门。

(2) 低压加热器疏水泵启动，联锁开出口门。

(3) 低压加热器疏水泵停止，联锁关出口门。

(4) 低压加热器疏水泵投入备用，联锁开出口门。

(十二) 空气压缩机系统

空气压缩机目前没有做联锁，只是单体操作。

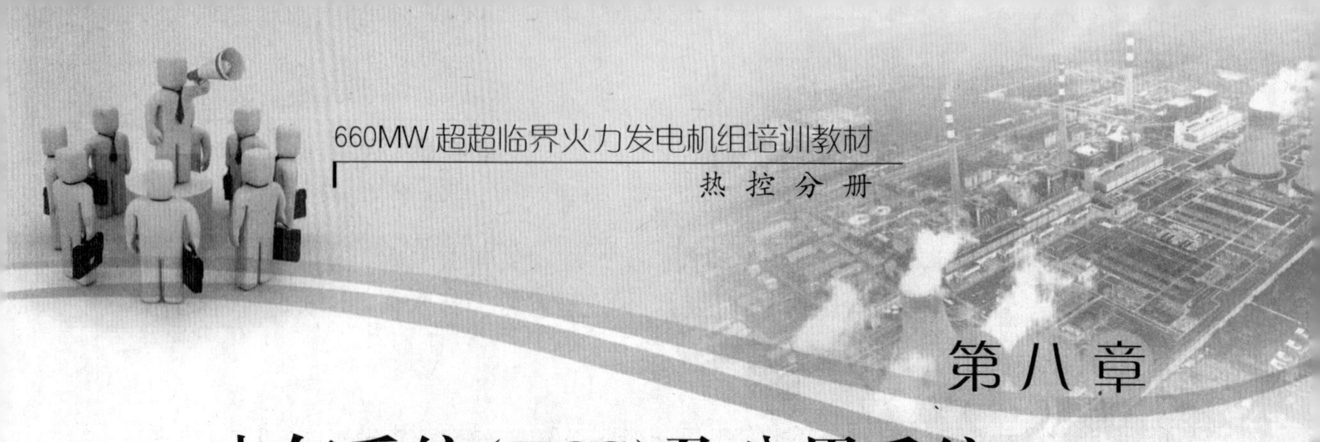

第八章

电气系统(ECS)及公用系统

第一节　电气系统及公用系统概述

以望亭发电厂660MW超超临界机组为例进行说明。

一、概述

ECS包括发电机—变压器组、同期、励磁、保安段、柴油发电机、直流、UPS及高压厂用变压器与厂用电各电气开关的合/分，开关状态的显示，以及模拟量的实时显示、报警。

二、硬件配置

ECS硬件配置有4个控制器（Drop17、Drop18、Drop21、Drop22），该系统占用11个控制柜。其中，Drop17有模件柜3个、I/O卡件64块，Drop18有模件柜3个、I/O卡件43块，Drop21有模件柜3个、I/O卡件67块，Drop22有模件柜2个、I/O卡件20块。机柜及卡件的分布详见“I/O清单”。

三、人机界面及操作说明

ECS的人机界面主要基于DAS工艺流程图画面。DAS工艺流程图画面是DCS最基本的人机界面，所有被控设备、工艺参数均包括其中。ECS画面作为辅助画面，一般从DAS工艺流程图画面菜单弹出。

第二节　电气系统及公用系统控制逻辑

电气系统及公用系统控制逻辑说明如下。

1. 发电机出口断路器

（1）断路器允许同期合闸的条件：

1）断路器跳位。

2）母线隔离开关任意一只在合位。

3）接地断路器两侧两只接地开关跳位。

4）发电机—变压器组保护未动（电量保护和非电量保护）。

5）发电机—变压器组保护无异常（电量保护和非电量保护，如电源消失、装置故障）。

6）无总报警信号。

7）无同期回路失电报警。

8）无同期装置故障报警。

(2) 同期复位条件：

1) 同期装置发出合闸命令后延时一段时间自动复位。

2) 可由运行人员通过 DCS 手动操作复位或中断同期。

(3) 手动跳闸允许条件：无。

2. 发电机灭磁开关

(1) 手动合闸允许条件：无。

(2) 手动分闸允许条件：无。

(3) 自动合闸条件：无。

(4) 自动分闸条件：无。

3. 6kV 母线 A (B、C) 段工作进线断路器

(1) 手动合闸允许条件：

1) 备用进线断路器在备用位置。

2) 20kV 发电机—变压器组断路器 30ADE01CB081 在合闸位置。

3) 备用电源进线断路器保护未动作。

4) 备用电源进线断路器电气无异常。

(2) 手动跳闸允许条件：无。

4. 01 号启动变压器 A/B 6kV 备 01A/B 段侧开关

(1) 手动合闸允许条件：

1) 01 号启动变压器高压侧断路器 01ADE01CB051 在合闸位置。

2) 启动变压器保护未动作（电量保护和非电量保护）。

3) 启动变压器保护无异常（电量保护和非电量保护，如电源消失、装置故障）。

4) 工作进线 TV 柜保护装置无故障。

5) 直流控制电源未失电。

6) 母线 TV 柜保护装置无故障。

7) 母线 TV 柜电气无异常。

8) 母线零序电压未报警。

9) 母线未过压。

(2) 手动跳闸允许条件：无。

5. 6kV 母线 A (B、C) 段备用电源馈线断路器

(1) 手动合闸允许条件：

1) 工作进线 TV 柜保护装置无故障。

2) 直流控制电源未失电。

3) 母线 TV 柜保护装置无故障。

4) 母线 TV 柜电气无异常。

5) 母线零序电压未报警。

6) 母线未过压。

7) 备用进线断路器在非合闸位置（合闸位置的反信号）。

8) 备用进线断路器保护未动作。

9）6kV 备 01A/B 段侧开关在合闸位置。

（2）手动跳闸允许条件：无。

6. 6kV 母线 A（B、C）段备用进线断路器

（1）手动合闸允许条件：

1）工作进线断路器在非合闸位置（合闸位置的反信号）。

2）备用进线断路器在备用位置。

（2）手动跳闸允许条件：无。

7. 6kV 厂用电切换装置（ATS）

6kV 厂用电切换装置手动切换允许条件如下：

（1）6kV 母线 A（B、C）段工作进线断路器与 6kV 母线 A（B、C）段备用进线断路器，一个在合闸位置，另一个在分闸位置。

（2）厂用电快切装置（ATS）装置无故障。

（3）厂用电快切装置（ATS）装置未失电。

在操作员站上，可进行 ATS 控制方式（并联或同时）的选择，以及手动切换、复归及出口闭锁的操作。

6kV 母线工作与备用电源之间的正常切换，通过操作员站（DCS）启动厂用电切换装置 ATS 实现。当母线电压低于 25%时，ATS 输出指令分别至工作、备用电源进线开关的跳合闸回路实现正常切换。

8. 低压变压器 6kV 断路器

（1）手动合闸允许条件：380V 断路器在分闸位置。

（2）手动跳闸允许条件：无。

（3）自动合闸指令：无。

（4）自动跳闸指令：无。

9. 低压变压器 380V 断路器

（1）手动合闸允许条件：

1）6kV 断路器在合闸位置。

2）380V 母线联络断路器在分闸位置。

（2）手动跳闸允许条件：无。

（3）自动合闸指令：无。

（4）自动跳闸指令：6kV 断路器在分闸位置。

10. 主厂房汽轮机、锅炉、电除尘器 380V PC 段母联断路器

（1）手动合闸允许条件：无。

（2）手动跳闸允许条件：无。

（3）自动合闸指令：无。

（4）自动跳闸指令：380V PC A 段电源进线断路器、B 段电源进线断路器和母联断路器都在合闸位置延时 10s 跳闸。

11. 主厂房除汽轮机、锅炉、电除尘器 380V PC 段外及辅助厂房 380V PC 母联断路器

（1）手动合闸允许条件：

1）母联隔离断路器在合闸位置（包括照明变压器、检修变压器、公用电汇）。

2）380V PC A 段电源进线断路器在合闸位置。

3）380V PC B 段电源进线断路器在分闸位置。

4）380V PC B 段电源进线断路器保护未动作。

5）380V PC B 段电源进线断路器在合闸位置。

6）380V PC A 段电源进线断路器在分闸位置。

7）380V PC A 段电源进线断路器保护未动作。

（2）手动跳闸允许条件：无。

（3）自动合闸指令：无。

（4）自动跳闸指令：无。

12. 保安电汇进线电源Ⅰ断路器

（1）手动合闸允许条件：

1）母线电压低，或 TV 未断线。

2）母线电压不低。

3）母线电压未超低。

4）保安电汇柴油发电机进线断路器在分闸位置。

5）保安电汇柴油发电机进线电源保护未动作。

6）保安电汇电源馈线Ⅰ断路器在合闸位置。

7）保安电汇 3 段直流控制总电源无故障。

（2）手动跳闸允许条件：无。

（3）自动合闸指令：无。

（4）自动跳闸指令：保安电汇电源馈线Ⅰ断路器分闸，或保安电汇进线电源Ⅱ断路器合闸后，延时断开保安电汇进线电源Ⅰ断路器。

13. 保安电汇电源馈线Ⅰ断路器

（1）手动合闸允许条件：保安电汇进线电源Ⅰ断路器在分闸位置。

（2）手动跳闸允许条件：无。

（3）自动合闸指令：无。

（4）自动跳闸指令：保安电汇进线电源Ⅰ断路器分闸。

14. 保安电汇进线电源Ⅱ断路器

（1）手动合闸允许条件：

1）母线电压低，或 TV 未断线。

2）母线电压不低。

3）母线电压未超低。

4）保安电汇柴油发电机进线断路器在分闸位置。

5）保安电汇柴油发电机进线电源保护未动作。

6）保安电汇电源馈线Ⅱ断路器在合闸位置。

7）保安电汇 3 段直流控制总电源无故障。

（2）手动跳闸允许条件：无。

（3）自动合闸指令：保安电汇进线电源Ⅰ断路器分闸。

（4）自动跳闸指令：保安电汇电源馈线Ⅱ断路器分闸。

15. 保安电汇电源馈线Ⅱ断路器

（1）手动合闸允许条件：保安电汇进线电源Ⅱ断路器在分闸位置。

（2）手动跳闸允许条件：无。

（3）自动合闸指令：无。

（4）自动跳闸指令：保安电汇进线电源Ⅱ断路器分闸。

16. 保安电汇柴油发电机进线电源

（1）手动合闸允许条件：保安电汇柴油发电机老厂进线电源在合闸位置。

（2）手动跳闸允许条件：无。

（3）自动合闸指令：保安电汇进线电源Ⅰ断路器分闸、保安电汇进线电源Ⅱ断路器未合闸。

（4）自动跳闸指令：保安电汇柴油发电机老厂进线电源分闸。

17. 保安电汇柴油发电机老厂进线电源

（1）手动合闸允许条件：保安电汇柴油发电机进线电源在分闸位置。

（2）手动跳闸允许条件：无。

（3）自动合闸指令：无。

（4）自动跳闸指令：保安电汇柴油发电机进线电源分闸。

第九章
汽轮机数字电液控制系统(DEH)

第一节　660MW超超临界机组汽轮机数字电液控制系统概述

一、概述

数字电液控制系统DEH以数字计算机作为控制器，以电液转换器、高压抗燃油系统和油动机作为执行器，实现对汽轮发电机组的转速和负荷的自动控制。由锅炉来的主蒸汽在DEH系统的控制下，经高压主汽门和调节阀门进入高压缸，从高压缸排出后进入再热器，然后经中压主汽阀和调节阀门进入中、低压缸，最后排入凝汽器。蒸汽在汽轮机内做功，推动转子旋转，从而带动发电机发电。

DEH系统的结构可分为汽轮机参数测量部分、数字控制部分、电液转换部分、液压部分四大部分。

(1) 汽轮机参数测量部分：功率测量和转速测量都采用三组独立的传感器系统。

(2) 数字控制部分：数字控制器接收机组的转速、调节级压力和发电机功率等变送器输出的信号，以及协调控制、自动同期、运行人员操作指令等信号，经计算机综合处理后，输出对应阀门的位置控制信号。

(3) 电液转换部分：计算机运算处理后输出的阀位指令经伺服放大器放大后，在电液转换器（伺服阀）中将电信号转换成液压信号，使伺服阀中的滑阀移动，并将液压信号放大后去控制高压油动机。

(4) 液压部分：包括抗燃油控制系统和低压润滑油系统两部分。这两个系统是完全独立的，中间通过隔膜阀使这两个系统的跳闸母管相连。

二、DEH系统的基本功能

DEH系统应具有监视、控制、保护、数据通信等基本功能。

1. 监视功能

监视系统是保证汽轮机安全运行的必不可少的设备，它能够连续监测汽轮机运行中各参数的变化。所监视的参数中，属于机械量的有汽轮机转速、轴振动、转子轴位移、胀差、汽缸热膨胀、主轴晃度、油动机行程等，属于热工量的有主蒸汽压力、主蒸汽温度、凝汽器真空、高压缸调速级压力、再热蒸汽压力和温度、汽缸温度、润滑油压、调节油压、轴承温度。参数监视在汽轮机监视系统（TSI）中完成，然后送往调节系统作限制条件，送往保护系统作保护条件。

2. 对机组的控制功能

系统具有汽轮机转速和负荷的全面控制功能，能实现机组的启动冲转、升速、暖机、并网、负荷控制、停机等各种情况下的有关控制，并能根据操作人员的要求和机组的应力条件控制其升速率和负荷变化率，能适应机组在不同初始温度下的启动（即冷态、温态、热态、极热态启动），能适应定压和滑压下的运行方式。系统具有阀门管理功能，可实现单阀和多阀控制方式，并能做到这两种阀门控制方式之间的切换，而且是无扰的，具有阀门限制和阀门试验功能，以适应机组在不同的运行条件下对安全、经济的要求。系统能与协调控制系统（CCS）结合实现机炉协调控制，具有汽轮机全自动控制、操作员自动、远方控制和手动控制等控制方式。

3. 对机组的保护功能

DEH 系统在对机组实现有效控制的同时，也对机组进行着自动保护。主要的机组保护系统有以下几类：

（1）超速保护系统（OPC）。该系统具有中压调节阀的快关功能、负荷下跌预测功能和超速控制功能。中压调节阀的快关功能是指，在电力系统发生瞬间短路或某一相发生接地故障而引发发电机功率突降的情况下，快关中压调节阀，延迟 0.3～1s 后再开启，以便在部分甩负荷的瞬间维持电力系统的稳定。负荷下跌预测功能是指，在油开关跳闸而汽轮机仍带有30％以上负荷时，保护系统迅速关闭高、中压调节阀，避免大量蒸汽流入汽轮机而引起严重超速以及危急遮断系统动作而导致停机。超速控制功能是指，当机组在非 OPC 测试情况下超过 103％额定转速时，将高、中压调节阀关闭，并将负荷控制转变为转速控制，至转速下降后再开启中压调节阀，通过调节中压调节阀，逐渐将中间再热器内积聚的蒸汽排出；延迟一段时间后，如不再出现升速，再开高压调节阀，使机组保持空载运行，减少机组启动损失，并能迅速重新并网。超速防护功能是通过超速防护控制器使 OPC 电磁控制阀动作，释放 OPC 母管的油压来实现的。

（2）机械超速和手动脱扣系统。该装置是在机组超速超过 110％额定转速，或操作员因故请求停机时，通过机械超速或手动脱扣系统，释放润滑油系统经节流孔在机械超速和手动脱扣母管建立的油压，打开常闭隔膜阀，释放自动停机跳闸母管油压，将所有的主汽阀和调节汽阀同时关闭，实现紧急停机。

（3）紧急跳闸系统（ETS）。在危及机组安全的重要参数超过规定值时，DEH 配合紧急跳闸系统，使遮断电磁阀失电，释放自动停机跳闸母管中的压力油，使所有的汽阀在弹簧力的作用下迅速关闭，实现紧急停机。超速保护和紧急跳闸保护均用软件和硬件来实现。硬件保护是采用完全相同的三套设备，对输出部分进行三选二处理然后才起作用，以避免保护系统产生误动或拒动，确保停机可靠。此外，DEH 保护系统还可以配合 ETS 在运行中作103％超速试验、110％超速试验、紧急停机超速试验和各个电磁阀的定期试验，以保证系统始终能处于良好的备用状态。

第二节　660MW 超超临界机组汽轮机数字电液控制系统设备及功能

以望亭发电厂 660MW 超超临界机组为例，对其汽轮机数字电液控制系统的设备及功能进行介绍。

一、概述

汽轮机数字电液控制系统（DEH）使用西门子产品 T-3000 并与 ETS 一体化设计。系统采用分散控制系统（DCS），DEH 所有 I/O 点发送到 DCS，能通过机组 DCS 的操作员站来完成 DEH 的监视和操作。通信接口支持 RS232C、RS485/422 和以太网方式连接并提供通信接口路由器，使用 TCP/IP、MODBUS/MODBUS PLUS 通信协议。通信接口为双向冗余（包括冗余通信接口模件），冗余的通信接口在任何时候都同时工作，其中任一通信接口故障，均不对过程监控造成影响。系统与机组 DCS 的数据通信可靠并具有快速响应/更新时间（不大于 1s）。上述两种情况下，DEH 与机组 DCS 接口的重要控制信号除采用通信方式外，同时还通过直接硬接线来实现。DEH 应具有诊断至模件级的自诊断功能，系统内任一组件发生故障，均不影响整个系统的工作。DEH 内设置防火墙，对 DEH 网络与所有外部系统之间的通信接口（网关、端口）进行实时在线监视，能有效防范外部系统的非法入侵和信息窃取。DEH 的分散处理单元、电源模件、通信卡件及重要的过程 I/O 应冗余配置。电子装置机柜能接受两路交流 220(1±10%)V，(50±2.5)Hz 的单相电源，两路电源中的一路来自不停电电源(UPS)，另一路来自厂用保安段电源。在各个机柜和站内配置相应的冗余电源切换装置和回路保护设备。每个机柜内的两套冗余直流电源装置、两套直流电源分别来自两套不同的交流电源。任一路电源故障都应报警，两路冗余电源应通过二极管切换回路耦合。在一路电源故障时自动切换到另一路，以保证任何一路电源的故障均不会导致系统的任一部分失电。各电子机柜中设有独立的安全地、信号参考地、屏蔽地及相应接地铜排。DEH 能接收全厂 GPS 主时钟的时钟同步信号。工程师站具有对所有 I/O 点的历史记录与查询功能。

二、系统功能

(1) 具有自动（ATC）、操作员自动、手动三种运行方式。

(2) 汽轮机的自动升速、同步和带负荷。保证在汽轮机热状态进汽和寿命消耗允许条件下的合理升速率，实现汽轮机从盘车到带满负荷的自动升速控制。自动升速系统的设计充分考虑了蒸汽旁路系统的影响，以适应投入蒸汽旁路系统和不投旁路运行的启动升速方式。该系统应包括：

1) 所有必需的预先检查，启动过程中的转子热应力监视与寿命损耗累计，满足进行自动升速的最低条件。

2) 所有调节汽轮机升速率的必要运算和监视过程。

3) 汽轮发电机组的自动同期。

4) 升速目标负荷。

5) 汽轮机负荷限制。

6) DEH 的操作显示画面也将装载在机组 DCS 的操作员站上，运行人员能通过 DCS 操作员站在升速过程中的任何阶段进行控制监视；同时，系统能连续监视升速过程，并能显示所有与升速相关的参数，对运行人员提供指导。在升速和带负荷过程中的任何阶段，都能进行自动的切换选择。

7) 负荷控制与限制。自动带负荷及负荷限制，自动调节电负荷，一次调频。

8) “快关”功能。电网故障，或功率与负荷不平衡时，快关中压调节阀门后重新开启。

9）阀门试验。运行人员可在 DEH 上对阀门进行试操作，实现阀门开闭状态的在线、离线试验。

10）甩负荷维持空转。当机组从满负荷甩至零负荷时，该系统应能自动控制汽轮机转速，防止机组超速跳闸，等待重新并网或升负荷。

11）当 MCS 投入时，DEH 能满足锅炉跟踪、汽轮机跟踪、机炉协调、定压/变压运行、快速减负荷（Run Back）、手动等运行方式的要求。

12）在带负荷运行中，能使汽轮发电机组及其主要辅助设备按设定要求自动启停。

13）显示、报警、打印。DEH 的 LCD 屏幕能向运行人员提供汽轮机启动和运行过程中的全部信息（如参数曲线等）、每一个步骤的操作指导，以及显示、报警、打印的信息画面和事故追忆的内容。

14）具有检查输入信号的功能，一旦出现故障，便发出报警，但仍能维持机组安全运行，无须运行人员干预。装置应具有内部自诊断和偏差检测装置，当系统发生故障时，能切换到手动控制，同时切换所有动作输出，并发出报警。

15）具有双微处理机容错功能，手动、自动切换功能及功率反馈回路的投入与切除功能。

16）具有最大、最小和负荷变化率限值的功能。

17）所有输出模拟量信号均采用 4～20mA。

18）具有与机组分散控制系统（DCS）、旁路控制系统（BPC）、汽轮机监视系统（TSI）、汽轮机紧急跳闸系统（ETS）、电压自动调节系统（AVR）、自动同期装置（ASS）等系统的常规信号接口。

19）装置提供凝汽器真空低卸负荷功能。

20）DEH 监视的重要参数采用三重测量，包括转速、功率、挂闸、并网、主蒸汽压力、第五级压力、连通管压力等。

21）DEH 的可用率不低于 99.9%。

（3）工程师站和操作员站。工程师站用于程序开发、系统诊断、控制系统组态、数据库和画面的编辑及修改。工程师站应能调出任一已定义的系统显示画面。在工程师站上生成的任何显示画面和趋势图等，均应能通过通信总线加载到操作员站。

工程师站能通过通信总线，调出系统内任一分散处理单元的系统组态信息和有关数据，并将组态数据从工程师站上下载到各分散处理单元和操作员站。此外，当重新组态的数据被确认后，系统应能自动地刷新其内存。

工程师站包括站用处理器、图形处理器，以及能容纳系统内所有数据库、各种显示和组态程序所需的主存储器和外存设备。

工程师站设置软件保护密码，以防一般人员擅自改变控制策略、应用程序和系统数据库。

系统能在 PC 机上进行离线组态，并提供相应的模拟软件。

显示器应至少满足以下要求：两套台式 DEH 操作员站，其硬件指标与工程师站相同，并配有与 DEH/DCS 数据总线的网络接口设备和完整的 DEH 监控软件。

DEH 采用厂家专用的进口伺服驱动卡件，用于汽轮机主汽阀、调节阀门伺服阀的控制。每个伺服驱动卡件驱动一个汽轮机阀门。伺服驱动卡件要求能直接支持电液伺服阀的冗余控制线圈和阀门 LVDT。

三、汽轮机数字电液控制系统的组成

1. 汽轮机数字电液控制系统（DEH）概貌

汽轮机数字电液控制系统（DEH）概貌图如图 9-1 所示。

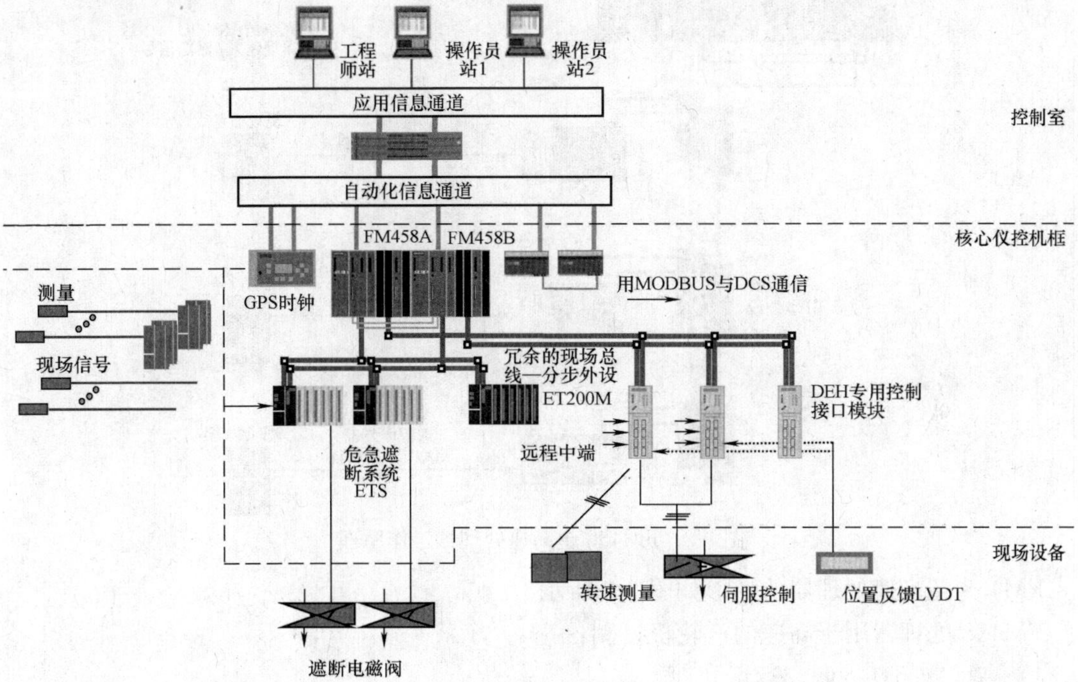

图 9-1　汽轮机数字电液控制系统（DEH）概貌图

2. 系统网络结构

数字电液控制系统常见网络结构及其特点如下：

（1）星形结构。结构简单，无冗余功能，任何一条线路断开，整条线路网络就断开。

（2）总线结构。一种常见的拓扑结构，无冗余功能，如果线路或交换机发生故障，将导致整个网络通信中断。

（3）环形结构。数字电液控制系统使用虚拟环形结构，正常情况下，网络上设置了一个断点；当线路上有一个断点时，该设置的断点闭合，整个网络仍可正常通信。也就是说，这种结构带有线路冗余。

3. DEH 硬件

DEH 硬件采用 SIEMENS 公司的硬件。

系统通信采用工业以太网通信协议，用于 AS417H 控制器、工程师站、操作员站总线间的通信，速度可达 100Mbit/s。

PROFIBUS-DP 通信协议用于 AS417H 控制器与 ET200M，以及 FM458 与 ADDFEM 接口间的通信，速度可达 12Mbit/s。

两对冗余的处理器 417H 和 FM458，实现双控制器冗余切换，切换时间为毫秒级。

I/O 模件采用汽轮机控制专用的 ADDFEM 模件和通用的 ET200M 模件，ADDFEM 的模拟量输出信号可直接驱动。

DEH 硬件的主要类型及工作原理如下。

（1）FM 458 超高速处理器，其工作原理如图 9-2 所示。

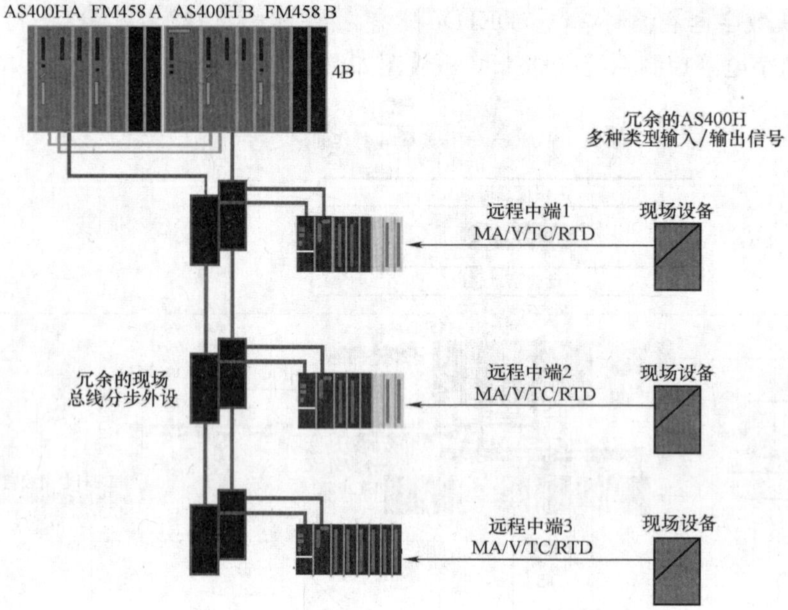

图 9-2 FM458 超高速处理器工作原理

FM458 超高速处理器的外形如图 9-3 所示。

FM458 处理器用于高速的汽轮机控制：

1）高性能闭环控制和运算处理。

2）高速响应能力用于转速控制和紧急遮断。

3）高分辨率用于位置控制（IEEE754，single-precision double word for PI）。

4）128MHz，64bit RISC 浮点处理器。

5）最小循环周期 0.1ms，一般为 0.5ms。

（2）DEH 输入/输出接口，外形如图 9-4 所示。

图 9-3 TM458 超高速处理器的外形

图 9-4 DEH 输入/输出接口外形

DEH 专用控制接口模块 ADDFEM 的主要特性如下：

1）3 通道脉冲量输入（PI）。

2）12 通道数字量输入（DI）。

3）16 通道数字量输出（DO）。

4）12 通道模拟量输入（AI），4～20mA，+/−30mA 可任意设置。

5）8 通道模拟量输出（AO），4～20mA，0～20mA，+/−20mA，+/−30mA，+/−50mA。

6）冗余的 Profibus DP 接口，支持最高 12Mbit/s 的通信速率。

7）完善的自诊断功能。

（3）FM458 和 ADDFEM 数字式伺服阀控制，工作原理如图 9-5 所示。

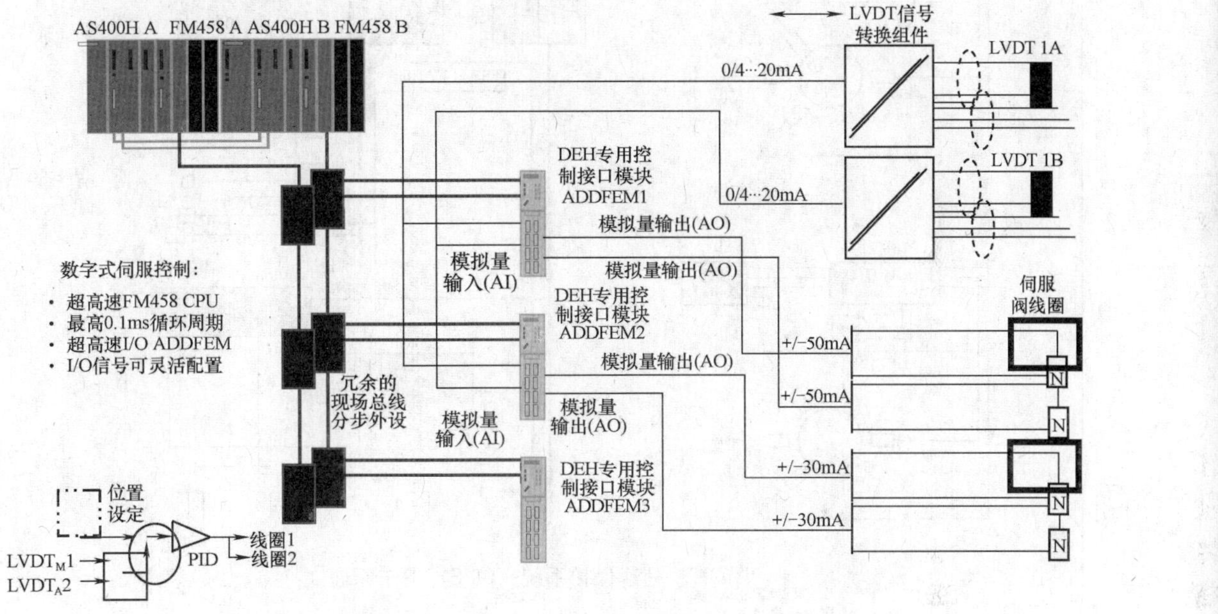

图 9-5 FM458 和 ADDFEM 数字式伺服阀控制的工作原理

（4）3 通道的速度测量，工作原理如图 9-6 所示。

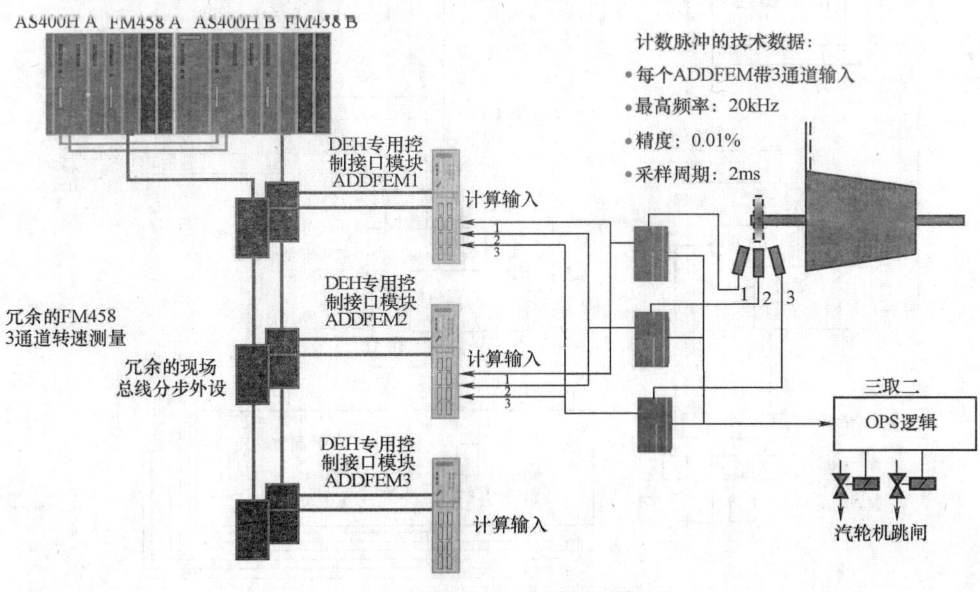

图 9-6 3 通道的速度测量工作原理

（5）超速保护系统（OPS），工作原理如图 9-7 所示。

（6）汽轮机紧急跳闸系统（ETS），工作原理如图 9-8 所示。

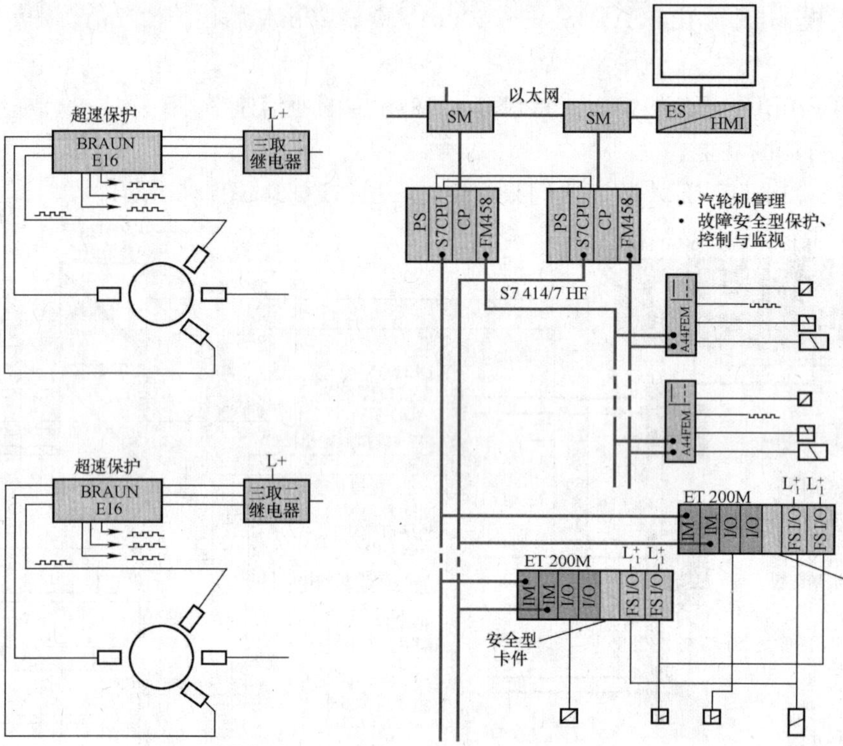

图 9-7 超速保护系统（OPS）工作原理

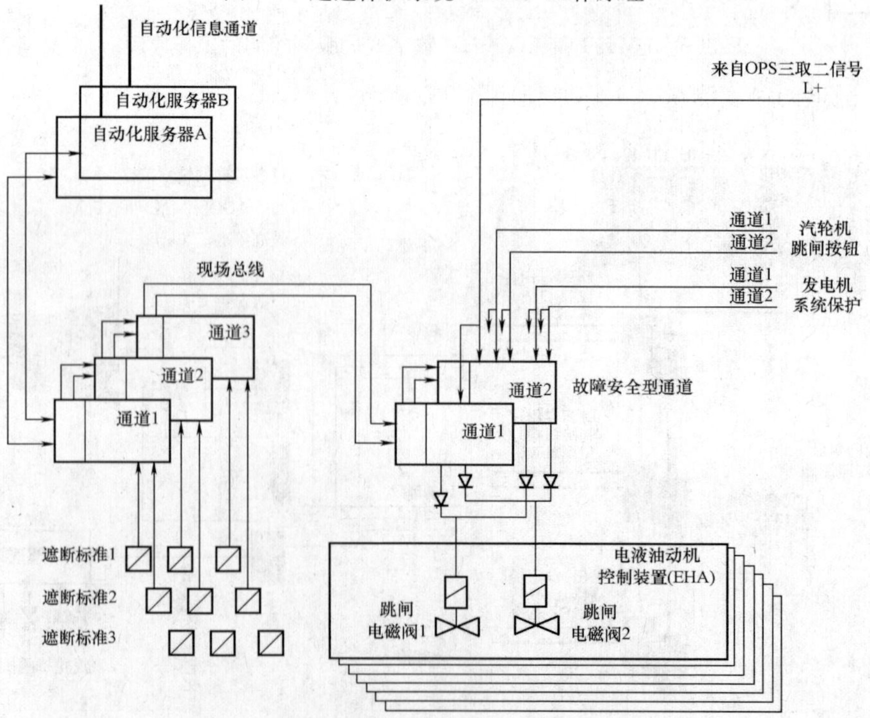

图 9-8 汽轮机紧急跳闸系统（ETS）工作原理

第三节 660MW 超超临界机组汽轮机 DEH 主要控制系统

一、汽轮机控制器

1. 汽轮机启动装置（TAB）

汽轮机启动装置的核心为一个受控制的斜坡函数发生器，由设定值功能块来完成，其主要功能是：

（1）确保汽轮机阀门开启/关闭的正确指令。

（2）复置及遮断汽轮机遮断系统。

（3）复置及遮断停机电磁阀。

（4）模拟阀位信号。

（5）闭锁信号。

（6）自动或手动调节。

（7）汽轮机安全停机。

启动装置提供一个模拟量信号去一个低选逻辑。启动前，当遮断信号释放时，启动装置将阀位信号置零，保证调节阀可靠关闭，如图 9-9 所示。

启动时，启动装置的信号开始升高，使转速控制器进行转速控制。当汽轮机达到正常速度，并且发电机已同步时，启动装置设定在 100％位置，这样，主控制器信号就不再受限制。

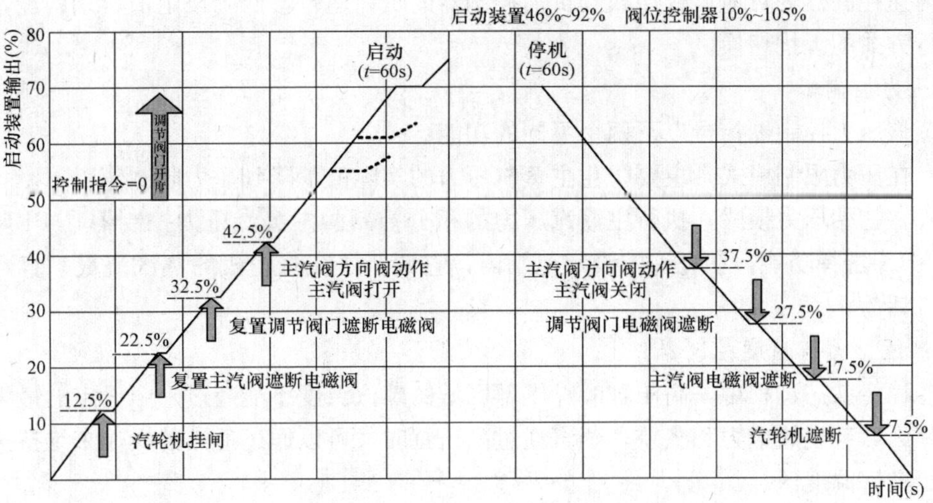

图 9-9　启动装置工作过程功能图

启动装置工作过程如下。

（1）升速开机过程：

1）0％：允许启动 SGC STEAM TURBINE（DKW）。

2）>12.5％：汽轮机跳闸系统复位。

3）＞22.5%：所有主汽阀跳闸电磁阀复位（ESV TRIP SOLV RESET）。

4）＞32.5%：所有调节阀门跳闸电磁阀复位（CV TRIP SOLV RESET）。

5）＞42.5%：开所有主汽阀（ESV PILOT SOLV OPEN）。

6）＞56%：开调节阀门，汽轮机可以冲转，实际上是TAB增长到67%汽轮机冲转。

7）＞99%：发电机并网后，释放汽轮机控制阀的全开范围。

（2）停机过程：

1）＜37.5%：关所有主汽阀（ESV PILOT SOLV OFF）。

2）＜27.5%：所有调节阀门跳闸电磁阀关（CV TRIP SOLV OFF）。

3）＜17.5%：所有主汽阀跳闸电磁阀关（ESV TRIP SOLV OFF）。

4）＜7.5%：发出汽轮机跳闸指令。

2. 转速/负荷控制器

转速/负荷控制器是一个两变量控制器。通过设定转速和负荷值，转速/负荷控制器调节流入汽轮机的蒸汽流量来实现转速和负荷的控制。

下列工况下，转速/负荷控制器可调节汽轮发电机的转速和负荷：

（1）机组启动。

（2）同期。

（3）机组带负荷。

（4）甩负荷。

（5）机组停机。

从转速控制器的负荷运行切换到负荷控制器的负荷运行，两个设定值自动匹配，以保证两种运行方式的无扰切换。

3. 压力控制器

主蒸汽压力控制器执行以下两个不同的功能：

（1）在压力限制模式，主要防止主蒸汽压力的实际值下降到压力限制值以下。

（2）在初始压力模式，执行主蒸汽压力的积分控制。主蒸汽压力控制器是PI调节。通过中央MIN选择功能，在允许的设定范围内，它调节送往汽轮机的蒸汽流量，直到另一个控制器激活为止。

4. 高压缸排汽温度控制器

在非稳定状态过程中，高压缸叶片尾部区域的蒸汽温度不能超过一个设定的最大值，以免在叶片区域产生热应力和胀差。蒸汽通过高压缸时，可以通过适当的操作来维持排汽区域温度低于允许温度值。

高压/中压调节阀门可以通过高压/中压调节阀门的调整功能进行适当的调整。这确保了在任何非稳定运行过程（如甩负荷、启动和停机）中，高压缸排汽温度不会超过允许极限。

如果高压缸排汽温度持续上升，则第一反应是汽轮机保护系统发出报警信号。如果温度继续上升，则汽轮机跳闸。

高压缸排汽温度控制器是PI调节。

高压缸排汽温度控制器的特点如下：

(1) 冲转的第三步投入。

(2) 高压缸排汽温度只作用在中压调节阀门上。

(3) 高压缸排汽温度是计算值。

5. 高压缸叶片压力控制

目的：控制进入汽轮机高压缸的压力。

汽轮机开始冲转加热，加热过程中需要通过压力限制控制器来缓和压力的上升。在蒸汽进入汽轮机的初始阶段和转速上升期间，高压缸叶片压力控制器作为压力限制控制器使用，通过设定位置整定值，作用于高压调节阀门。

当此控制器被激活时，任何汽轮发电机加速的功率需求均可通过调整中压缸调节阀门的开度来得到满足。

控制器通过汽轮机子组控制激活。当汽轮机转速达到 402r/min 或发现测量值有误时，将会解除激活。

高压缸叶片区压力控制器是 PI 调节。

二、温度准则

蒸汽温度与汽轮机金属部件温度一致并在 TSE 差值内时，是汽轮发电机启动的最佳时间。启动时，蒸汽参数部分取决于变量温度准则。

启动时，主蒸汽管道或汽轮机部件的蒸汽流量发生变化，变量温度准则及时给出适当的蒸汽状态。在启动步骤中的下一个步骤开始前，它首先决定了能否在这一步骤结束时达到预期的允许状态。变量温度准则可为以下的控制动作设置适当的蒸汽参数：

(1) 打开主蒸汽管道上的主汽阀，并对阀体预热（X1、X2）。

(2) 打开汽轮机控制阀冲转（X4、X5、X6）。

(3) 汽轮机上升到额定转速（X7）。

(4) 发电机带负荷（X8）。

三、汽轮机程控

下面以启动部分为例，简要介绍汽轮机子组程控。

允许走程控的条件有：

(1) TSE 投入。

(2) 负荷控制方式。

(3) 阀门（主汽阀、调节阀门）活动试验未运行。

(4) TAB 小于 0.1%。

(5) 速度负荷控制器输出为 0。

(6) CONTROLLER OK。

1) 空。

2) 将汽轮机抽汽投入子回路（SLC TURBINE EXTRACTIONS ON）控制并确认：

(a) 高压/中压主汽阀、高压/中压调节阀门投入子回路控制。

(b) 所有汽轮机进汽阀门关闭，抽汽止回阀及高压缸排汽止回阀关闭。

(c) 高压/中压调节阀门开组级程控关。

3) 投入高压叶片温度控制及高压叶片压力控制，确认负荷控制关（LMT PRES

MDE）。

4）将汽轮机疏水投入子回路控制，将低压缸叶片加热疏水投入子回路控制。

5）程控开启高压主汽阀A（B）腔室/疏水门3、中压主汽阀A（B）腔室/疏水门3，达到限值开度。

6）主蒸汽管道、热再热管道暖管正常。

7）确认汽轮机润滑油系统运行正常。

8）启动油泵试验子组程控（SGC CHECK OIL PUMPS），并执行短步骤。

9）走空步。

10）确认开高压/中压主汽阀暖阀条件已满足。

11）走空步。

12）程控关闭高压主汽阀A（B）腔室/疏水门3、中压主汽阀A（B）腔室/疏水门3。

13）提升负荷设定（LOAD SETP）。确定负荷设定值大于150MW，启动装置输出值大于72%（STARTUP DEVICE）。

14）确认高压/中压主汽阀开足。

15）确认开高压主汽阀A（B）腔室/疏水门3、中压主汽阀A（B）腔室/疏水门3的条件已满足（见逻辑M170）。

16）程控开高压主汽阀A（B）腔室/疏水门3、中压主汽阀A（B）腔室/疏水门3，确认上述阀门的开度大于30%。

17）程控开高压主汽阀A（B）腔室/疏水门3、中压主汽阀A（B）腔室/疏水门3，确认上述阀门的开度大于90%。

18）确认汽轮机冲转条件已满足（见逻辑M200）。

节点1：需手动释放蒸汽品质子回路控制（SLC STEAM PURITY RELEASED）（“1”位置）。

19）提升转速设定值，确认转速设定值大于846r/min。（汽轮机转速为860r/min时，开始低速暖机）。

20）将蒸汽品质子回路控制置非释放位置（“0”位置）。

21）确认汽轮机升速至额定转速的条件已满足。

节点2：需手动释放名义转速（RELEASE NOMINAL SPEED RELEASED）（“1”位置）。

22）走空步。

23）提升转速设定（SPD SETP），确定转速设定值大于3015r/min。

24）程控关闭高压主汽阀A（B）腔室/疏水门3、中压主汽阀A（B）腔室/疏水门3。

25）将名义转速置非释放位置（“0”位置），确认实际转速大于3015r/min（汽轮机额定转速暖机）。25）以下均为电气操作。

26）将电压控制器（VOLT CONTROLLER）投自动。

27）确认发电机并网的条件已满足（见逻辑M290）。投入励磁装置，投入“发电机合闸开关选择”自动，确认发电机电压大于90%。启动同期装置，确认发电机合闸。提升启动装置值大于99%（STARTUP DEVICE）。

四、阀门（主汽阀、调节阀门）活动试验

1. 试验要求

试验负荷要求在800MW以下。

2. 试验过程

试验可以组合选择需要试验的阀门组，如MAA1、MAA2、OLV、MAB1、MAB2、NRV、DUMP。试验一个阀门组的具体过程如下：

（1）降调节阀门阀限，关调节阀门。

（2）主汽阀跳闸电磁阀1动作关主汽阀（方向阀动作）。

（3）主汽阀关闭并延时4s后，跳闸电磁阀1和方向阀动作，开主汽阀。

（4）跳闸电磁阀2动作关主汽阀（方向阀动作）。

（5）主汽阀关闭后延时4S升调节阀门的阀限。

（6）开调节阀门。

（7）调节阀门跳闸电磁阀1动作，关调节阀门，降调节阀门阀限。

（8）开调节阀门。

（9）调节阀门跳闸电磁阀2动作，关调节阀门，降调节阀门阀限。

（10）主汽阀跳闸电磁阀2动作和方向电磁阀动作，开主汽阀。

（11）调节阀门跳闸电磁阀带电，升阀限，调节阀门逐步开启。

第四节 660MW超超临界机组汽轮机紧急跳闸系统（ETS）

一、ETS概述

ETS（Emergency Trip System），即汽轮机紧急跳闸系统，又称汽轮机本体危急遮断保护系统，是用来监控一些影响汽轮机安全、稳定运行的参数，当其超过特定值时控制就地汽轮机遮断电磁阀动作，快速泄掉AST油管油压，实现紧急停机的一套独立系统。

二、ETS的保护功能

ETS的保护功能一般包括以下几个方面：

（1）远方手动停机。

（2）汽轮机的转速超速保护。

（3）真空低于制造厂给定的极限值。

（4）润滑油压下降超过极限值。

（5）转子轴向位移超过极限值。

（6）推力瓦温度超过极限值。

（7）汽轮机轴振动达到危险值。

（8）排汽缸温度超过极限值。

（9）抗燃油压过低。

（10）发电机保护。

（11）DEH保护跳机。

（12）MFT。

三、ETS 的设计要求

(1) ETS装置的电源、控制器、I/O 卡件及信号均独立且多重冗余配置。

(2) 电子装置机柜应能接受两路交流 220 (1±10%)V、(50±2.5)Hz 的单相电源。这两路电源中的一路来自不停电电源（UPS），另一路来自厂用保安段电源。任一路电源故障都应报警；两路冗余电源应通过二极管切换回路耦合，当一路电源故障时自动切换到另一路，以保证任何一路电源的故障均不会导致系统的任一部分失电。

(3) 系统中用于保护、跳闸的所有现场三重测量信号的 I/O 点应分别配置在不同输入卡上，单个 I/O 模件的故障不能引起系统的故障或跳闸。

(4) 汽轮机应有两套独立电子式超速保护器，动作值为额定转速的 110%～112%。

(5) ETS 中用于保护、跳闸的所有现场信号应采用三重化测量，通过三取二逻辑选择获取。

ETS 原理如图 9-10 所示。

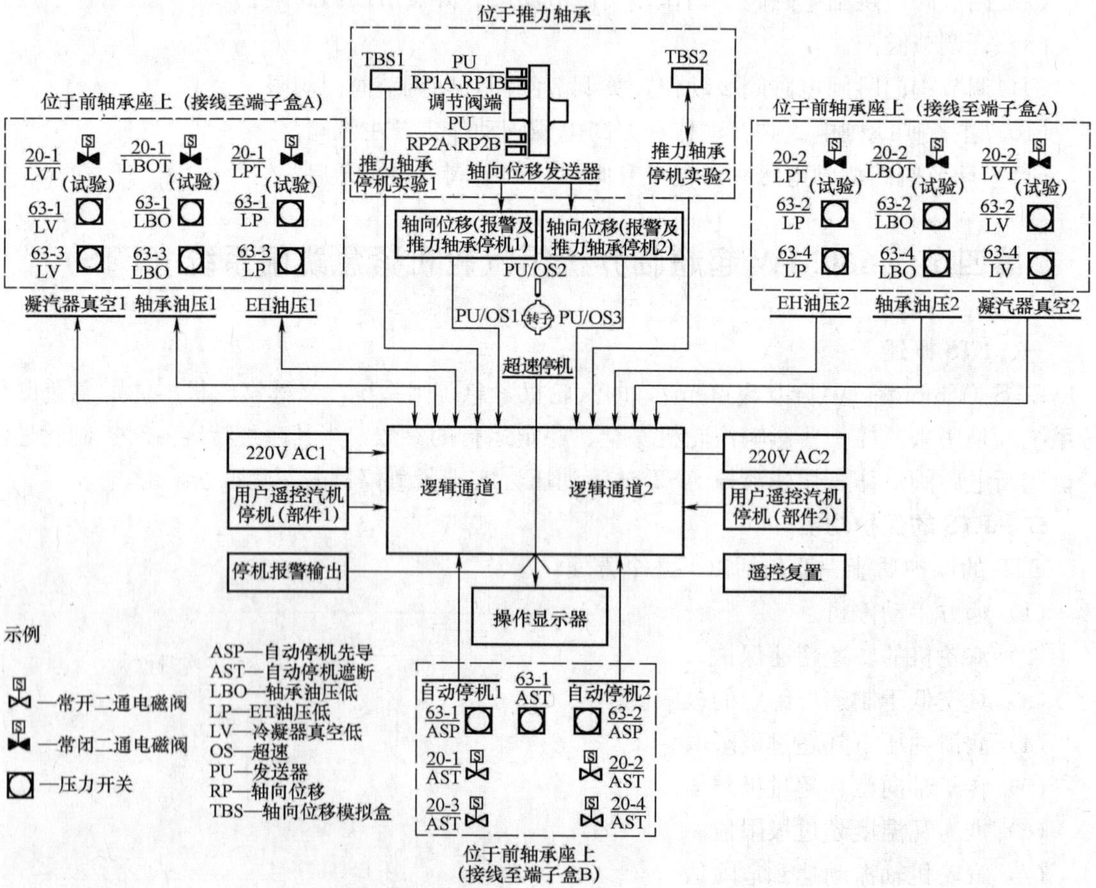

图 9-10　ETS 原理示意

ETS 相关主要画面及操作员试验盘分别如图 9-11 和图 9-12 所示。

四、超超临界汽轮机的保护逻辑

以望亭发电厂 660MW 超超临界机组为例，说明超超临界汽轮机的保护逻辑，见表 9-1。

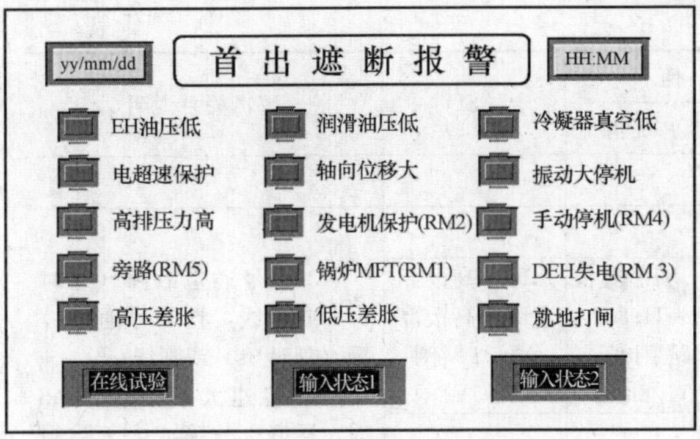

图 9-11 ETS相关主要画面

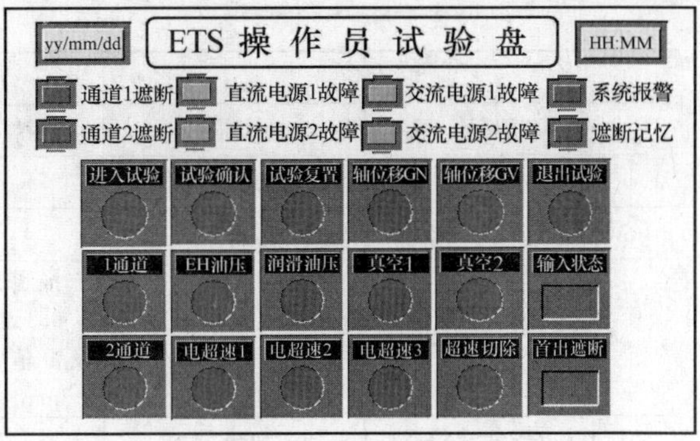

图 9-12 ETS操作员试验盘

表 9-1　　660MW 超超临界汽轮机的保护逻辑

点名		定值		ASD	逻辑关系说明
KKS编码	中文描述	报警	跳闸		
	1号轴承左前上部温度				
40MAD11CT011A		110℃	130℃	XH01 跳闸 XH03 报警	（1）A大于跳闸值或偏差信号大/B大于跳闸值或偏差信号大/C大于跳闸值或偏差信号大进行三取二后且有一信号大于跳闸值； （2）三点信号中有三点断线
40MAD11CT011B		110℃	130℃	XH01 跳闸 XH03 报警	
40MAD11CT011C		110℃	130℃	XH01 跳闸 XH03 报警	
40MAD11EZ110/XK93	上述3点通道偏差大报警（>10℃）延时3s			有显示	
	其他各轴承温度				同上
振动保护					
	1号轴承绝对振动				
40MAD11CY022/XM71	通道故障				（1）1号通道故障（延时5s）或断线，且2号通道故障（延时5s）或断线； （2）转速大于2700r/min时，通道1故障或大于跳闸值2，或通道2故障或大于跳闸值2（延时0.1s）； （3）转速小于2700r/min时，通道1故障或大于跳闸值1，且通道2故障或大于跳闸值1（延时0.1s）； （1）～（3）任一跳闸
40MAD11CY022/ XQ01		报警值一9.3mm、报警值二9.3mm	跳闸值一11.8mm、跳闸值二11.8mm	XH03 高报警 XH07 高报警 XH01 跳闸 XH05 跳闸	
40MAD11CY021/XM71	通道故障				
40MAD11CY021/XQ01		报警值一9.3mm、报警值二9.3mm	跳闸值一11.8mm、跳闸值二11.8mm	XH03 高报警 XH07 高报警 XH01 跳闸 XH05 跳闸	
40MAD11EZ210/XK93	1、2号通道显示相差1报警（延时3s）			有显示	

续表

点名		定值		ASD	逻辑关系说明
KKS编码	中文描述	报警	跳闸		
	2号轴承绝对振动				
40MAD12CY021/XM71	通道故障				(1) 1号通道故障（延时5s）或断线，且2号通道故障（延时5s）或断线； (2) 转速大于2700r/min时，通道1故障或大于跳闸值2，或通道2故障或大于跳闸值2（延时0.1s）； (3) 转速小于2700r/min时，通道1故障或大于跳闸值1，且通道2故障或大于跳闸值1（延时0.1s）； (1)～(3)任一跳闸
40MAD12CY021/XQ01		报警值一9.3mm、报警值二9.3mm	跳闸值一11.8mm、跳闸值二11.8mm	XH03高报警 XH07高报警 XH01跳闸 XH05跳闸	
40MAD12CY022/XM71	通道故障				
40MAD12CY022/XQ01		报警值一9.3mm、报警值二9.3mm	跳闸值一11.8mm、跳闸值二11.8mm	XH03高报警 XH07高报警 XH01跳闸 XH05跳闸	
40MAD12EZ210/XK93	1、2号通道显示相差2报警（延时3s）			有显示	
	3号轴承绝对振动				
40MAD13CY021/XM71	通道故障				(1) 1号通道故障（延时5s）或断线，且2号通道故障（延时5s）或断线； (2) 转速大于2700r/min时，通道1故障或大于跳闸值2，或通道2故障或大于跳闸值2（延时0.1s）； (3) 转速小于2700r/min时，通道1故障或大于跳闸值1，且通道2故障或大于跳闸值1（延时0.1s）； (1)～(3)任一跳闸
40MAD13CY021/XQ01		报警值一9.3mm、报警值二9.3mm	跳闸值一11.8mm、跳闸值二11.8mm	XH03高报警 XH07高报警 XH01跳闸 XH05跳闸	
40MAD13CY022/XM71	通道故障				
40MAD13CY022/XQ01		报警值一9.3mm、报警值二9.3mm	跳闸值一11.8mm、跳闸值二11.8mm	XH03高报警 XH01跳闸	
40MAD13EZ210/XK93	1、2号通道显示相差2报警（延时3s）			有显示	
	4号轴承绝对振动				
40MAD14CY021/XM71	通道故障				(1) 1号通道故障（延时5s）或断线，且2号通道故障（延时5s）或断线； (2) 转速大于2700r/min时，通道1故障或大于跳闸值2，或通道2故障或大于跳闸值2（延时0.1s）； (3) 转速小于2700r/min时，通道1故障或大于跳闸值1，且通道2故障或大于跳闸值1（延时0.1s）； (1)～(3)任一跳闸
40MAD14CY021/XQ01		报警值一9.3mm、报警值二9.3mm	跳闸值一11.8mm、跳闸值二11.8mm	XH03高报警 XH01跳闸	
40MAD14CY022/XM71	通道故障				
40MAD14CY022/XQ01		报警值一9.3mm、报警值二9.3mm	跳闸值一11.8mm、跳闸值二11.8mm	XH03高报警 XH01跳闸	
40MAD14EZ210/XK93	1、2号通道显示相差2报警（延时3s）			有显示	

续表

点名		定值		ASD	逻辑关系说明
KKS编码	中文描述	报警	跳闸		
	5号轴承绝对振动				
40MAD15CY021/XM71	通道故障				(1) 1号通道故障（延时5s）或断线，且2号通道故障（延时5s）或断线； (2) 转速大于2700r/min时，通道1故障或大于跳闸值2，或通道2故障或大于跳闸值2（延时0.1s）； (3) 转速小于2700r/min时，通道1故障或大于跳闸值1，且通道2故障或大于跳闸值1（延时0.1s）； (1)～(3)任一跳闸
40MAD15CY021/ XQ01		报警值一9.3mm、报警值二9.3mm	跳闸值一11.8mm、跳闸值二11.8mm	XH03高报警 XH01跳闸	
40MAD15CY022/XM71	通道故障				
40MAD15CY022/XQ01		报警值一9.3mm、报警值二9.3mm	跳闸值一11.8mm、跳闸值二11.8mm	XH03高报警 XH01跳闸	
40MAD15EZ210/XK93	1、2号通道显示相差2报警（延时3s）			有显示	
	6号轴承绝对振动				
40MKD11CY021/XM71	通道故障				(1) 1号通道故障（延时5s）或断线，且2号通道故障（延时5s）或断线； (2) 转速大于2700r/min时，通道1故障或大于跳闸值2，或通道2故障或大于跳闸值2（延时0.1s）； (3) 转速小于2700r/min时，通道1故障或大于跳闸值1，且通道2故障或大于跳闸值1（延时0.1s）； (1)～(3)任一跳闸
40MKD11CY021/XQ01		报警值一9.3mm、报警值二9.3mm	跳闸值一14.7mm、跳闸值二14.7mm	XH03高报警 XH01跳闸	
40MKD11CY022/XM71	通道故障				
40MKD11CY022/XQ01		报警值一9.3mm、报警值二9.3mm	跳闸值一14.7mm、跳闸值二14.7mm	XH03高报警 XH01跳闸	
40MKD11EZ210/XK93	1、2号通道显示相差2报警（延时3s）			有显示	
	7号轴承绝对振动				
40MKD12CY021/XM71	通道故障				(1) 1号通道故障（延时5s）或断线，且2号通道故障（延时5s）或断线； (2) 转速大于2700r/min时，通道1故障或大于跳闸值2，或通道2故障或大于跳闸值2（延时0.1s）； (3) 转速小于2700r/min时，通道1故障或大于跳闸值1，且通道2故障或大于跳闸值1（延时0.1s）； (1)～(3)任一跳闸
40MKD12CY021/XQ01		报警值一9.3mm、报警值二9.3mm	跳闸值一14.7mm、跳闸值二14.7mm	XH03高报警 XH01跳闸	
40MKD12CY022/XM71	通道故障				
40MKD12CY022/XQ01		报警值一9.3mm、报警值二9.3mm	跳闸值一14.7mm、跳闸值二14.7mm	XH03高报警 XH01跳闸	
40MKD12EZ210/XK93	1、2号通道显示相差2报警（延时3s）			有显示	

续表

点名		定值		ASD	逻辑关系说明
KKS编码	中文描述	报警	跳闸		
	8号轴承绝对振动				
40MKD21CY021/XM71	通道故障				(1) 1号通道故障（延时5s）或断线，且2号通道故障（延时5s）或断线； (2) 转速大于2700r/min时，通道1故障或大于跳闸值2，或通道2故障或大于跳闸值2（延时0.1s）； (3) 转速小于2700r/min时，通道1故障或大于跳闸值1，且通道2故障或大于跳闸值1（延时0.1s）； (1)～(3) 任一跳闸
40MKD21CY021/ XQ01		报警值一9.3mm、报警值二9.3mm	跳闸值一14.7mm、跳闸值二14.7mm	XH03高报警 XH01跳闸	
40MKD21CY022/XM71	通道故障				
40MKD21CY022/XQ01		报警值一9.3mm、报警值二9.3mm	跳闸值一14.7mm、跳闸值二14.7mm	XH03高报警 XH01跳闸	
40MKD21EZ210/XK93	1、2号通道显示相差2报警（延时3s）			有显示	
	EH油压力低				
40MAX01CP002/XQ01		11.5MPa 15MPa	10.5MPa		(1) 1号泵和2号泵出口压力同时小于10.5MPa并延时5s； (2) 母管压力曾经大于15MPa； 上述两项同时满足
40MAX01CP001/XQ01		11.5MPa 15MPa	10.5MPa		
40MAX01CP003/XQ01		12MPa	15MPa		
	1号低压缸排汽温度				(1) 071A通道大于跳闸值或信号偏差大于4.5℃、072A通道大于跳闸值或信号偏差大于4.5℃、073每个通道大于跳闸值或信号偏差大于4.5℃，三个信号进行三取二运算； (2) 三个通道中必须有一个通道大于跳闸值； (1) 和 (2) 同时满足或三个通道同时断线
40MAC10CT071A/XQ01		90℃	110℃	XH03高报警 XH01跳闸	
40MAC10CT072A/XQ01		90℃	110℃	XH03高报警 XH01跳闸	
40MAC10CT073A/XQ01		90℃	110℃	XH03高报警 XH01跳闸	
40MAC10EZ210/XK93	上述两点通道偏差大报警（>4.5℃）延时4.5s			有显示	
	2号低压缸排汽温度				(1) 071A通道大于跳闸值或信号偏差大于4.5℃、072A通道大于跳闸值或信号偏差大于4.5℃、073每个通道大于跳闸值或信号偏差大于4.5℃，三个信号进行三取二运算； (2) 三个通道中必须有一个通道大于跳闸值； (1) 和 (2) 同时满足或三个通道同时断线
40MAC20CT071A/XQ01		90℃	110℃	XH03高报警 XH01跳闸	
40MAC20CT072A/XQ01		90℃	110℃	XH03高报警 XH01跳闸	
40MAC20CT073A/XQ01		90℃	110℃	XH03高报警 XH01跳闸	

续表

点名		定值		ASD	逻辑关系说明
KKS编码	中文描述	报警	跳闸		
40MAC20EZ210/XK93	上述两点通道偏差大报警（＞4.5℃）延时4.5s			有显示	
	超速保护1（安全型卡件）				
40MYA01EZ011-F/XK61					三取二
40MYA01EZ011-F/XK62					
40MYA01EZ011-F/XK63					
	超速保护2（安全型卡件）				
40MYA01EZ021-F/XK61					三取二
40MYA01EZ021-F/XK62					
40MYA01EZ021-F/XK63					
	手动停机按钮（安全型卡件）				
40MAY01EZ020-F/XG51					(1) 集控室两个按钮同时满足；(2) 现场一个
40MAY01EZ020-F/XG53					
40MAY01EZ020-F/XG55					
	发电机跳闸（安全型卡件）				
40CHA00EZ100A-F/XKD1					二取一
40CHA00EZ100A-F/XKD1					
	润滑油压低				
40MAVOOFS901/XV05	转速大于10r/min				(1) 转速大于10r/min；(2) 通道1大于跳闸值或偏差大于0.03MPa；(3) 通道2大于跳闸值或偏差大于0.03MPa；(4) 通道3大于跳闸值或偏差大于0.03MPa；(5) 三个通道中任意一个大于跳闸值；(6) 三个通道全部断线；关系：(2)～(4) 进行三取二与 (5) 延时1s后与 (1) 延时或 (6) 即跳闸
40MAV42CP016/XQ01					
40MAV42CP017/XQ01		0.25MPa	0.23MPa	XH52跳闸 XH54报警	
40MAV42CP016/XQ01		0.25MPa	0.23MPa	XH52跳闸 XH54报警	
40MAV42CP018/XQ01		0.25MPa	0.23MPa	XH52跳闸 XH54报警	
40MAV42EZ110/X93	上述三个信号偏差大于0.03MPa且延时3s			ASD报警	
	轴向位移				

续表

点名		定值		ASD	逻辑关系说明
KKS编码	中文描述	报警	跳闸		
40MAD12CY013		±0.5mm	±1mm	XH01、XH52跳闸 XH03、XH54报警	（1）三个通道全部断线； （2）1、2、3通道偏差大0.09mm或大于跳闸值，且有一通道大于跳闸值
40MAD12CY012		±0.5mm	±1mm		
40MAD12CY011		±0.5mm	±1mm		
40MAD12EZ310/XK93	上述三个信号偏差大于0.09mm且延时3s				
	真空保护1				
40MYA01CS901/ZV71	转速大于390r/min				（1）转速大于390r/min；1、2、3通道偏差大于0.13MPa或大于跳闸值，有两个通道满足； （2）三个通道中必须有一个大于跳闸值
40MAG10CP002/XQ01		0.02MPa	0.03MPa	XH01跳闸 XH03报警	
40MAG10CP003/XQ01		0.02Mpa	0.03MPa	XH01跳闸 XH03报警	
40MAG10CP004/XQ01		0.02MPa	0.03MPa	XH01跳闸 XH03报警	
40MAG10EZ110/XK93	（1）三个真空信号偏差大于0.13MPa且延时3s报警； （2）三个连通管压力信号偏差大于0.03MPa且延时3s报警				
	真空保护2				
40MYA01CS901/ZV71	转速大于390r/min				（1）转速大于390r/min； （2）1、2、3通道偏差大于0.13MPa或大于跳闸值，有两个通道满足； （3）三个通道中必须有一个大于跳闸值
40MAG20CP002/XQ01		0.02MPa	0.3MPa	XH01跳闸 XH03报警	
40MAG20CP003/XQ01		0.02MPa	0.03MPa	XH01跳闸 XH03报警	
40MAG20CP004/XQ01		0.02MPa	0.03MPa	XH01跳闸 XH03报警	
40MAG20EZ110/XK93	（1）三个真空信号偏差大于0.13MPa且延时3s报警； （2）三个连通管压力信号偏差大于0.03MPa且延时3s报警				

续表

点名		定值		ASD	逻辑关系说明
KKS编码	中文描述	报警	跳闸		
	高压叶片温度				
40MAA50CT015A丨XQ01					(1) 高压叶片温度40MAA-50CT015A、40MAA50CT016A、40MAA50CT017A三点中有两点同时与其他点偏差大于18℃，且有一点温度高于40MAA50FT011A丨XQ04；或者同时有两点温度高于40MAA50FT011A丨XQ04； (2) 40MAA50CT011A丨XQ01、40MAA50CT012A丨XQ01、40MAA50CT013A丨XQ01三点两两偏差大于18℃且延时3s，或者高压叶片温度； (3) 40MAA50CT015A、40-MAA50CT016A、40MAA50CT017A三点同时通道（断线）故障
40MAA50CT016A丨XQ01					
40MAA50CT017A丨XQ01					
40MAA50FT015A丨	上述3点通道偏差大于18℃			ASD	
40MAA50CT015A丨XH01	40MAA50CT015A丨XQ01高于40MAA50FT011A丨XQ04			MAA50CT011A高压内缸壁温90%	
40MAA50CT016A丨XH01	40MAA50CT016A丨XQ01高于40MAA50FT011A丨XQ04				
40MAA50CT017A丨XH01	40MAA50CT017A丨XQ01高于40MAA50FT011A丨XQ04				
40MAA50CT011A丨XQ01	T HP INR CSG FR 100%				
40MAA50CT012A丨XQ01	T HP INR CSG FR 100%				
40MAA50CT013A丨XQ01	T HP INR CSG FR 100%				
SGC MS STEP54	程序停				
FAIL SAFE FAULT	安全型卡件故障				
FM458 FAULT	458系统故障				
HP/IP VLV PASSOU TRIP					(1) 高压主汽阀1和高压调节阀门1中任一跳闸电磁阀动作，且高压主汽阀2和高压调节阀门2中任一跳闸电磁阀动作即跳闸； (2) 中压主汽阀1和中压调节阀门1中任一跳闸电磁阀动作，且中压主汽阀2和中压调节阀门2中任一跳闸电磁阀动作即跳闸

第五节 660MW超超临界机组汽轮机监视系统（TSI）

一、TSI概述

TSI（Turbine Supervisory Instrument），即汽轮机监视系统（或仪表）。该系统对汽轮机运行中的一些重要参数，如轴向位移、胀差、转速、偏心、振动等进行实时监视，当这些参数超出正常范围时，自动发出报警信号，当达到危险值时，发出保护信号给ETS，快速停机。此外，TSI还能输出模拟量信号，以便显示和研究；通过振动数据采集系统，还可以分析汽轮机的状态和振动原因。

二、TSI的功能

（1）转速测量：包括发电机励磁端转速测量，量程一般为0～5000r/min，可连续指示、记录、报警和超速保护（三取二）。

（2）零转速检测：用于控制自动盘车。

（3）键相功能。

（4）轴承振动：按机组轴承数装（包括发电机），测量绝对振动值，可连接指示、记录、报警、保护（不采用复合探头）。

（5）轴振动：按机组轴承数装（包括发电机），测量轴承对轴的X、Y方向相对振动，可连接指示、记录、报警、保护等。

（6）轴向位移：要求测点冗余配置。通过对大轴位移进行监测，可连续指示、记录、报警、保护等。

（7）胀差：西门子轴承座落地且有独特的推力杆设计，胀差较小。本体设计中，汽轮机动、静间隙比任何工况可能产生的最大胀差均大，因此不需要测量胀差。卖方保证所供汽轮机在任何工况下均有足够的动、静间隙，不会造成汽轮机部件损坏。

（8）轴偏心：西门子机组机头无延伸小轴，在机组盘车时，TSI软件根据转速信号和振动信号计算出偏心值，再通过卡件输出。

（9）汽缸膨胀：测量各汽缸左、右侧的胀缩值，可连续指示、记录、报警、保护，装有就地仪表。

（10）轴向位移：对汽轮机轴向位移进行监测，可连续指示、记录、报警和保护。

三、应用实例

望亭发电厂660MW超超临界机组汽轮机监视系统监测装置采用瑞士VIBERMETER公司的VM600系列产品，具有与汽轮机数字电液控制系统（DEH）、汽轮机紧急跳闸系统（ETS）模拟量与开关量的接口，用于保护与监测。该汽轮机监视系统中具有保护功能的参数有偏心、振动、轴向位移和胀差。

（1）偏心。偏心监控系统不输出信号去跳机，它只用于机组在盘车阶段时对汽轮发电机组转子的弯曲度进行监视。当偏心报警时，禁止机组脱离盘车；报警消失后方可升速，切除盘车。

（2）振动。660MW机组TSI中有11套振动监视系统，用于监视11个轴承处转子的绝对振动。其中任一测量值超过跳闸设定值时，即输出跳闸信号去汽轮机紧急跳闸系统

(ETS)，使汽轮机跳闸。振动跳闸有两种处理方式：①并网前振动超限要经过延时再跳闸；②并网后不设延时。

(3) 轴向位移。和振动一样，当任一通道的轴向位移测量值超过跳闸设定值时，ETS发出跳闸信号去跳机。

(4) 胀差。胀差监测系统并不直接跳机，而是将测量值连续送往 DEH 系统，进行必要的处理。

四、TSI 的维护

TSI 是重要的汽轮机保护系统，关系到机组的安全运行，其设备精密、灵敏、昂贵，使用维护前首先要全面、透彻地了解其原理性能。线路、前置器及探头在运行前必须仔细检查，连接头都要拧紧；延伸电缆的安装位应置正确，避免前置器接头及探头尾部受力受损。对于超速、轴向位置及轴承振动探头，要避免接触不良或线径脱落，否则容易造成误跳机；运行中，不要用手触动，禁止用万用表电阻挡、通灯、电池灯等随便检查，禁止进行清扫、挪线，以免产生干扰而引起误跳机。

对 TSI 的维护应注意以下几点：

(1) 信号电缆的屏蔽、接地等要按照厂家的要求接好。调试期间经常发现信号误发，其主要原因就是屏蔽和接地没有完善。

(2) 探头环境温度要保持在较低范围内，应满足厂家的相关要求，尤其是高温地方及可能有轴封漏汽的地方。湘潭电厂 3 号机组曾误发 1 号轴振大信号而跳机，检查发现就是探头受高温影响而使测量有误。

(3) 发电机两端探头最好采用绝缘座子，并应请电气专业检查发电机转子对地碳刷的接地情况，接地一定要良好。

(4) 所有接口要注意防尘、水和绝缘，建议玻璃丝套管、热缩管同时使用。

(5) 安装前后一定要对各个参数，包括间隙电压、探头电阻、电缆屏蔽接地电阻等做好记录，以利于出现问题后进行分析。

(6) 安装探头时，要在探头和引出电缆之间套上玻璃丝套管，防止安装时将引出电缆磨破，引起接地而造成干扰。

五、汽轮发电机组状态监测的基本参数

对汽轮发电机组的运行状态进行长期、连续地监测和保护，需要由可靠、精确的监测仪表提供。下面对机组运行状态的一些重要参数进行介绍。

1. 振动

(1) 振幅。振幅是表示机组振动严重程度（或烈度）的一个重要指标，它可以用位移速度或加速度来表示。根据振幅的监测，可以判断机器是否平稳运转。过去对机组振动的检测，只能测得机壳（轴承座）的振幅（通常称为瓦振）。虽然机壳（轴承座）振幅能表明某些机械故障，但由于机械结构、安装、运行条件以及机壳（轴承座）的位置等因素的影响，转轴与机壳（轴承座）之间存在着机械阻抗，因此机壳（轴承座）的振动并不能直接反映转轴的振动情况，还不足以作为机械保护的最合适的参数。但是，机壳（轴承座）振动通常作为定期监测的参数，通过监测此振动值，可及早发现叶片共振频率等高频振动的故障现象。由于接近式传感器（如电涡流传感器）能够直接测量转轴的振动状态（称为轴振），因此能够提供机组振动保护的重要参数。把接近式传感器固定地安装在轴承架上，便能检测到转轴相对于轴承座的振幅。振幅一般以峰—峰值表示。一台运行正常的机组的振幅值都是稳定在一个允许的限定值内的。一般来说，机组负荷未变，而振幅值发生的任何变化都表明了机组的机械状态有改变。

（2）频率。汽轮发电机组等旋转机械中的振动频率，一般用机械转速的倍数来表示（因为机械振动频率多以机械转速的整数倍和分数倍形式出现），这是表示振动频率的一种简单的方法，通常把振动频率表示为转速的1倍、2倍或1/2倍等。在振动测量中，振幅和频率都是可供测量和分析的主要参数，所以频率分析在振动测量中是很重要的，而且某些故障现象确实与一定的频率有关。常用的频率表示方法有：

1）1倍转速频率：振动频率与机组转速相同。

2）2倍转速频率：振动频率为机组转速的2倍。

3）1/2倍转速频率：振动频率为机组转速的1/2。

4）0.43倍转速频率；振动频率为机组转速的0.43倍。

振动通常分为同步振动和非同步振动。同步振动的频率是机组转速的整数倍或整分数倍，如1倍频转速、2倍频转速、1/2分频转速等。同步振动的振动频率与机组转速之间是“锁定”关系；非同步振动则发生在非“锁定”频率。

（3）相位角。相位角是描述转子在某一瞬间所在位置的一种方法。要求相位角测量系统能够确定对应于每个变换器的转子高点的位置，该高点的位置是相对于机组上某固定点而言的，通过确定旋转体上高点的位置，就能确定转子的平衡状态及残余不平衡量的位置。或者说，由于高点的改变而导致转子的平衡状态的改变会显示为相位角的改变。精确的相位角测量在转子平衡中及分析某些机器故障时是非常重要的。这是由于整个机组上的各变换器所对应的转子的相位角测量，为机组运行状态及时地提供了重要信息；另外，相位角测量对于确定转子固有的平衡响应，即临界转速也是很有用的。测量转子相位角的准确而可靠的方法是键相位法，以接近式传感器固定在轴上的一个标志（如槽或键），并提供每转一次的脉冲，作为相位角测量的参考基准。如果能测得转子的振动曲线，便能根据该基准点确定高点的位置。对于典型转子来说，在第一临界转速以下时，由键相位确定的相位角（高点相对于基准的角度）便为转子的“重点”位置。当转子在第一临界转速以上时，由键相位所确定的相位角是“轻点”位置（即需要加重的位置），其与“重点”的相位角差为180°。在整个共振区出现的相位滞后可提供“高点”与“重点”之间相差的角度。以键相位（轴上的固定标志）作为参考基准时，相位角被定义为从键相位脉冲到振动的第一正向峰值之间的角度数，振动信号经过变换器输出所显示的第一正向峰值相当于转子的“高点”。为了能精确地读出相位角值，需要把变换器输出的振动信号经滤波后变成与转速成1倍频关系的信号，然后仪器才能准确地测量和显示相位角值。

（4）振动形式。振动形式可分为以下两种：

1）时基形式。时基形式是振动信号经变换器输入到示波器，并以时基模式显示在荧光屏上；一般振动信号为正弦波，即表明转轴的位置与示波器上水平时间轴的关系曲线。

2）轴心轨迹由两个互成90°的接近式电涡流传感器感受的振动信号，分别输入到示波器的两个通道内，并以 *X-Y* 模式显示在荧光屏上。这种模式中所显示的是对应于两个传感器轴截面的中心线的运动。如果传感器安装在轴承上，则轴心轨迹是轴的中心线相对于轴承的运动关系。振动形式是分析振动数据的最重要的方法，通过对振动形式的观测，能直观地了解机组的运行状态。通过观测时基形式，就能确定基本的振幅、频率和相位角，而通过观测轴心轨迹，便能够了解轴的实际运动情况。

（5）振型。所谓振型，是指转轴在一定的转速下沿轴向的一种类型。测量振型的方法是沿转轴的轴向每隔一定间距放置一组 *X-Y*（互成 90°）传感器，分别测得相应转轴截面的中心线振动情况，综合所测得的这些数据，便能得到转轴的振型。振型有助于估算转子与固定部件之间的内部间隙，并能估算出转轴上“节点”的位置。

以上所讨论的所有振动参数都是在动态基础上分析机组状态的参数。这些参数既适合于转轴的测量，也适合于壳体（轴承座）的测量。转轴和壳体（轴承座）的振动比较，对于确定机组总体状态也是很重要的，因为转子和壳体（轴承座）之间的机械阻抗会因状态参数的不同而有很大的变化，比较壳体（轴承座）与转轴的振幅和相位，对解决特定的机械故障有很高的价值。

对于振动来说，还有相对振动和绝对振动的问题。一个固定在轴承座上的接近式电涡流传感器，可以测得轴相对于轴承座的相对振动。一个固定在机壳（轴承座）上的拾震式速度传感器，可以测量壳体（轴承座）的绝对振动。由一个相对振动（位移）传感器和一个地震（速度）传感器可组成复合式传感器，从而测得轴的绝对振动。用复合式传感器测量机组转子和轴承座两者的运动时，将相对振动传感器插入轴承座内，在轴承座外与速度传感器相连。这两个传感器安装时，两者的轴向应保持一致，这样测量的参数才正确。当在轴向同一截面上安装两个传感器时，可垂直和水平安装，也可与轴线成一定的角度，但无论哪种安装方式，都应尽量保证两个传感器之间的夹角为 90°。在 TSI 监视系统中，*X-r*（二平面）测量方法对于大型转动机组是很重要的。在轴承的垂直和水平方向上，完全可能存在两种不同的振动，在一个轴承的两个不同平面上，完全可能有不同的振幅和频率（通常相应地有不同的相位角）。

2. 转速

汽轮发电机组是高速运转的机器，其转速是一个很重要的参数，转速的精确测量是机组安全运行的重要保证之一。机组的转速以每分钟的转数表示，单位为 r/min。大型机组的转速测量都采用数字式电磁测速法；转速传感器如采用电感式（电涡流式），通常是每转 60 个脉冲，可用脉冲计数法或用脉宽法测量轴的转速。

3. 零转速

零转速是测试汽轮机低转速的状态，当其转速达到预先设定的零转速时，就会发出“零转速”信号。零转速在汽轮机启停时，用于盘车齿轮的啮合和脱开。通常，零转速测量通道由一个探头和一个 60 齿的测量盘组成，探头每测到一个齿就产生一个脉冲，测量盘每转一周，探头就产生 60 个脉冲。监控仪表接收这些脉冲，经过一个带可调设定值的比较器控制报警电路。

4. 轴向位移

轴向位移是推力环对推力轴承的相对位置测量值，轴向位移也是汽轮发电机组重要的监测参数之一。监测轴向位移的主要目的是要避免转子与定子（隔板）之间产生轴间摩擦，因为轴向推力轴承的故障可能给机组带来灾难性的后果。轴向位移传感器通常选用接近式（电涡流式）传感器。要仔细选择传感器的安装位置，确保转轴的热膨胀和推力轴承组件的弹性对仪表读数的影响最小。汽轮机在正常运行条件下，轴向位移也会随机组负荷而改变，因此轴向位移测量值允许在一定范围内变化。

5. 相对膨胀

对于大型汽轮发电机组，要求启动和变负荷时汽缸和转子以相同的比率受热膨胀。如果转子与汽缸受热膨胀的比率不同，就可能产生轴向摩擦而使机组受到损害，因此要监测转子和汽缸的膨胀差（相对膨胀）。为了测量胀差，通常是把接近式电涡流传感器安装在机组工作面相反的一侧。

6. 绝对膨胀

大型机组除了测量相对膨胀外，还要测量汽缸相对地基的膨胀，这种汽缸的膨胀称为绝对膨胀。绝对膨胀的测量通常由安装在汽缸外部、以地基为参考基准的线性可变差动变压器进行。如果汽缸膨胀不正常，就可以判断是汽缸的滑销不畅或卡住。

7. 转子偏心度

转子低速（低于600r/min）运行时，需监测转动中的转子偏心度，因为转子偏心度过大，在机组高速运转时就会产生振动。转子偏心度测量传感器可测偏心的峰—峰值，也可测量转子偏心度的瞬时值。瞬时（或直接）偏心是探头顶端与转子表面间隙的直接测量。

第十章 给水泵汽轮机电液控制系统(MEH)

第一节 给水泵汽轮机电液控制系统概述

一、概述

大型机组为了提高机组的热效率、节省能源、减小厂用电，通常采用汽轮机代替电动机驱动锅炉给水泵。一般给水系统配置为：50% BMCR 容量的汽动主给水泵两台，30%BMCR 容量的启动（备用）电动给水泵一台。

汽动给水泵的启动和运行与电动给水泵相比要复杂得多，为了提高机组的安全可靠性，减少误操作，进一步提高自动化水平，原来的汽轮机液压机械式调节系统已不能适应锅炉给水流量自动控制的要求。随着计算机技术的发展和普及，锅炉给水泵汽轮机也采用和主汽轮机一样的数字式电液控制系统，所不同的是，锅炉给水泵汽轮机数字式电液控制系统的控制功能只有转速控制。锅炉给水泵汽轮机（数字式）电液控制系统简称 MEH（Micro proces-ser-based Electro Hydraulic)。MEH 与液压控制系统相比，除功能相同外，还具有下列液压控制系统所没有的功能：

（1）大范围转速闭环控制。

（2）能接收锅炉给水控制系统来的给水流量要求指令，对汽轮机的转速进行控制。

（3）可编程的软件和模块化硬件使系统具有高度的灵活性。

MEH 系统的主要任务是通过控制给水泵汽轮机的转速来控制锅炉的给水流量。驱动汽轮机的蒸汽通常有两路，一路是来自锅炉的主蒸汽（即高压汽源），另一路是主汽轮机的抽汽（即低压汽源）。在每路汽源管道上设有主汽阀和调节汽阀。当主汽轮机在低负荷工况，如在 15%～30%负荷以下时，由于抽汽压力太低，因此全部用高压汽源，由高压调节阀 HPGV 来控制进入汽轮机的蒸汽流量，从而改变汽轮机的转速，以控制给水泵的出水流量，满足锅炉给水量的需求；当主汽轮机负荷升高到一定范围，如 25%～30%直至 40%时，由高压汽源和抽汽同时供汽，主要由高压调节阀控制，低压调节阀 LPGV 基本全开；当主汽轮机负荷高于一定数值，如 40%负荷以上时，全部用抽汽，由低压调节阀控制汽轮机的转速。

二、给水泵汽轮机电液控制系统（MEH）的控制要求

1. 控制设备要求

（1）给水泵汽轮机电液控制系统（MEH）要求。MEH 包括 MEH 电子部分、MEH 液压部分和就地仪表，其中 MEH 电子部分与 DCS 应做到一体化设计。

(2) MEH 的电子机柜按每台给水泵汽轮机分开独立配置。MEH 的监控范围包括给水泵汽轮机本体、给水泵汽轮机润滑油系统的监视、控制和联锁。

(3) 调节装置应具备锅炉自动、转速自动、在控制室内手动控制给水泵汽轮机组升速及升降负荷的功能，且它们之间的切换是无扰的。给水泵汽轮机转速超过 3000r/min 后，根据锅炉给水控制信号（4～20mA）控制给水泵汽轮机转速，控制精度为 1‰。

(4) 所有测温元件为非接壳型，所有现场就地仪表设备满足 IP65 防护等级。油系统所供仪表应为本安型。

(5) MEH 是以冗余的微处理器为基础的数字式控制系统。MEH 应提供足够的接口（硬接线与/或数据通信），以实现给泵控制功能与电厂分散控制系统的无缝连接，并能在 DCS 操作员站上完成 MEH 的所有监控功能。MEH 电子控制系统为 DCS 的一个"站"或"节点"，是 DCS 系统的一部分。

(6) 一个完整的 MEH 应包括微处理单元、过程输入/输出通道、数据通信接口、液压伺服系统和配套的就地仪表等。

(7) MEH 的处理器、通信、电源等模块冗余配置，重要信号测点冗余并接入不同的 I/O 卡件通道。任何个别元件故障不影响整个系统的工作。

(8) 控制系统按"失效保护"和"安全自锁"的原则进行设计。

(9) MEH 有 10%的备用 I/O 通道和 10%卡件空槽位。

(10) MEH 转速测量为三冗余，并使用专用的频率脉冲信号测量卡件，不使用转速表输出 4～20mA 接入 MEH 的测量方案。

(11) 汽轮机汽阀位移传感器冗余配置，电液伺服阀的控制采用 MEH 专用伺服阀控制卡。

2. 控制系统性能指标要求

(1) 闭环转速控制范围：不小于（10%～120%）n_H（n_H 为给水泵最高工作转速）。

(2) 转速控制精度：<0.1%n_H。

(3) 转速定值精度：<0.1%n_H。

(4) 静态特性：死区<0.1%n_H。

(5) 动态特性：汽轮机转速跟踪转速定值滞后<0.1%n_H。

(6) 控制系统执行速度：主汽阀跳闸全行程时间不大于 1s。

(7) 处理器负荷率：<40%。

(8) 电源备用量：>50%。

(9) MEH 可利用率：>99.99%。

第二节 给水泵汽轮机电液控制系统设备及功能

以望亭发电厂 660MW 超超临界机组为例进行介绍。

一、控制系统设备

MEH、ETS 采用与机组控制 DCS 相同的硬件产品，并与 DCS 组成一体化控制系统。MEH 和 ETS 的机柜独立配置，其处理器、电源模件、通信模件均是冗余配置的；MEH 电子控制系统为DCS的一个“站”或“节点”，是DCS的一部分。

1. 给水泵汽轮机电液控制系统（MEH）

(1) 电子控制装置。

(2) 液压系统及设备。

(3) 就地仪表设备。

2. 给水泵汽轮机监视仪表系统（TSI）

给水泵汽轮机监视仪表系统（TSI）主要装置配备情况见表10-1。

表10-1　给水泵汽轮机监视仪表系统（TSI）主要装置配备情况

序号	装置名称	类型	规范	数量
1	给水泵汽轮机转速测量装置	电涡流	VM600	1
2	轴振动（包括水泵轴振动）测量装置	电涡流	VM600	8
3	轴向位移测量装置	电涡流	VM600	2
4	键相测量装置	电涡流	VM600	1（技术条件允许时可与转速探头合用）

3. 给水泵汽轮机保护、联锁系统

给水泵汽轮机保护、联锁系统主要装置配备情况见表10-2。

表10-2　给水泵汽轮机保护、联锁系统主要装置配备情况

序号	装置名称	类型	规范	数量
1	超速保护测量装置	电涡流	VM600（FT3000）	3（独立通道）
2	轴向位移大测量装置	电涡流	VM600	2（通道）
3	润滑油压低测量装置	压力开关	SOR/UE	3
4	真空低测量装置	压力开关	SOR/UE	3
5	油泵联锁测量装置	压力开关	SOR/UE	2
6	其他			

4. 给水泵汽轮机本体仪表和测量装置

给水泵汽轮机本体仪表和测量装置见表10-3。

表10-3　给水泵汽轮机本体仪表和测量装置

序号	装置名称	类型	数量
1	支持瓦金属温度测量装置	Pt100双支	前1、后1
2	推力瓦工作面金属温度测量装置	Pt100双支	4
3	推力瓦非工作面金属温度测量装置	Pt100双支	2
4	推力瓦、支持瓦回油温度测量装置	双金属温度计	前1、后1
5	润滑油压测量装置	弹簧管压力表	4
6	调节油压测量装置	弹簧管压力表	2

二、控制系统功能

1. 自动升速控制

MEH能以操作人员预先设定的升速率，自动地将汽轮机转速自最低转速一直提升到目标转速。

2. 给水泵转速控制

MEH接收来自锅炉闭环控制系统MCS的给水流量需求指令信号，实现给水泵汽轮机转速的自动控制。

3. 滑压控制

随着主汽轮机所带负荷的升高，MEH能自动地实现给水泵汽轮机从高压汽源（主蒸汽）至低压汽源（抽汽）的切换；反之亦然。切换过程应是渐进的，对给水流量控制无任何扰动。

4. 联锁保护

MEH具有油压联锁、给水泵汽轮机的超速保护等功能。

5. 阀门试验

为保证发生事故时阀门能可靠关闭，MEH具备对高、低压进汽阀逐个进行在线试验的功能，试验时给水泵汽轮机的运行不受影响。主汽阀行程开关要求开关方向各配备两副DPDT开关。

6. 跳闸试验

MEH可分别进行电超速跳闸试验和机械超速跳闸试验，以判断超速保护系统功能是否正常。当进行电超速跳闸试验时，机械超速保护被隔离；当进行机械超速跳闸试验时，电超速保护不引起跳闸动作。

7. 润滑油系统监控

汽轮机给水泵润滑油系统所有设备的油压、油温、油位监控和联锁、调节功能均纳入MEH。

8. 汽轮机给水泵本体监控

汽轮机本体的所有温度、压力测点和TSI输出信号监控均纳入MEH。

9. 自诊断功能

MEH具有自诊断功能，检出可能造成非预期动作的系统内部故障（如电源故障、处理器或I/O模件故障、通信故障等)，并在DCS的LCD上给出报警提示。

10. 系统故障切手操功能

当发生系统内部故障时，MEH能自动地切换至手操，并保持输出，发出故障警报信号并指明故障性质。

任何故障均不导致汽轮机给水泵不可控的加速和加负荷。

11. 系统组态功能

在线和离线两种方式均能进行系统组态。

三、MEH的运行方式

1. 基本要求

(1) MEH设计成汽动给水泵能以自动方式或手动方式进行启动，使转速从0升至约3000r/min。超过此转速，给水泵的控制可切换至由DCS的给水控制系统进行控制。

(2) 启动和运行方式的选择和操作，由运行人员通过DCS操作员站进行。

(3) MEH设计跟踪回路，以实现手动/自动/远控运行之间的无扰切换。

2. 手动转速控制方式

（1）在此方式下，由操作员通过DCS操作员站转速增、减按钮控制HP（高压）和LP（低压）调速阀的位置（或者是通过一个执行器去控制一个多阀组）。

（2）LP调速阀、HP调速阀依次打开。

（3）在下述情况下，系统进入手动转速控制方式：

1）手动操作进行切换。

2）两个转速通道故障。

3）紧急手操。

3. 操作员自动转速控制方式

（1）在此方式下，由操作员在DCS操作员站给出目标转速，MEH能自动地将转速提升到目标值。

（2）任何一个转速通道故障，都不影响转速的自动控制。

（3）两个转速通道发生故障，则系统将自动地切至手动方式。

4. 远控转速自动控制方式（接收给水控制系统指令）

（1）在此方式下，MEH接收来自机组给水自动控制系统的指令进行转速自动控制。

（2）对于MEH，来自机组给水自动控制系统的模拟信号指令或脉冲信号指令都是可接收的。

四、给水泵汽轮机监视仪表系统（TSI）

TSI包括给水泵汽轮机、给水泵组安全运行必需的监视项目、监测装置、就地设备及其他附件。

1. TSI监测项目

（1）给水泵汽轮机电气超速保护（三取二，FT3000）。

（2）给水泵汽轮机/转速。

（3）轴向位移。

（4）轴振动（包括两台汽动给水泵的轴振动）。

（5）键相。

2. TSI监测装置

（1）TSI监测装置采用瑞士VIBERMETER公司VM600系列产品。

（2）监测装置的各项监测参数有单独的4～20mA信号输出，接入MEH，并有相应的开关量输出，供给水泵汽轮机ETS使用。

（3）监测装置的各项监测参数具有与旋转机械故障诊断系统（TDM）的接口。

（4）电源模件应冗余配置。

（5）超速保护采用VM600系列FT3000卡件，保护动作为三取二设置，每个超速通道完全独立。TSI系统配置频率信号发生设备用于超速保护通道的在线动作测试，测试时汽轮机运行不受影响。

（6）监测装置内部故障和电源消失，输出报警信号。

3. 就地设备

（1）转速、轴振动、轴向位移、水泵轴振动均提供涡流式传感器系统，趋近式传感器系统包括探头、预置电缆及前置器。

(2) 给水泵汽轮机超速保护和汽轮机转速测量的转速传感器分开设置。

(3) 给水泵汽轮机轴向位移传感器系统设置两套，以满足二取一的选择原则。

(4) 监测给水泵汽轮机每一轴振动的传感器包括互相垂直的 X、Y 两方向及键相。振动传感器数量包括汽动给水泵轴振部分，每台水泵提供 4 个轴振探头及相应卡件。

(5) 给水泵汽轮机设置就地危急遮断器。

五、给水泵汽轮机保护 (ETS)、联锁系统要求

1. 给水泵汽轮机 (ETS) 停机保护项目

(1) 超速保护。给水泵汽轮机应有机械超速保护和电气超速保护两套无关联的保护装置。

(2) 轴向位移大保护。

(3) 润滑油压低保护。

(4) 真空低保护。

(5) 遥控跳闸通道。

2. 联锁要求

润滑油压低时，联锁启动交/直流润滑油泵。

给水泵汽轮机 ETS 保护、联锁逻辑处理设备采用与 MEH 相同的分散处理系统硬件设备。ETS 的处理器卡件、通信系统、供电系统是冗余配置的，其机柜、处理器模件、电源模件、通信模件和 I/O 模件均独立设置。

第十一章 旁路控制系统

第一节 汽轮机旁路系统概述

一、汽轮机旁路系统的分类及使用情况

汽轮机旁路系统是指与汽轮机并联的蒸汽减温减压系统，一般由减温减压装置、管道、控制机构和其他阀门组成，作用是将锅炉产生的蒸汽不经过汽轮机而引至下一级压力的蒸汽管道或凝汽器。蒸汽旁通整台汽轮机，直接引入凝汽器的称为整体旁路；蒸汽旁通汽轮机高压缸，引入下一级压力蒸汽管道的称为高压旁路；蒸汽旁通汽轮机中、低压缸，引入凝汽器的称为低压旁路。

机组使用时，三种旁路系统可以有不同的组合形式：只采用整体旁路的称为一级大旁路系统，采用高压和低压旁路的称为二级串联旁路系统，同时采用整体、高压和低压旁路的称为三级旁路系统。

汽轮机旁路系统是随着火力发电机组的发展而产生和发展的。低、中压火力发电机组的设备简单，启动和停机容易，因此不设旁路系统；对于高压火力发电机组，为了回收锅炉启、停时的汽水，常设置通流能力较小的简易旁路系统。随着单元制再热机组的出现，这类机组上旁路系统已成为常用的装置，它除了回收汽水外，还起到保护再热器的作用。我国和一些欧洲国家的再热机组上普遍设有容量不等的汽轮机旁路系统。美国的机组上则很少装设旁路系统，原因是美国机组的运行方式与欧洲有所不同，美国多采用停机必停炉的运行方式。为了满足冷态启动，美国的一些机组上常采用一种简易旁路系统，容量约为锅炉额定负荷的5%。蒸汽从过热器中间段引出，经减温减压后进入凝汽器。然而，随着电网调峰负荷的增加，美国也引进了欧洲技术，在一些调峰机组上装设大容量的旁路系统。

二、汽轮机旁路系统的功能

1. 调节工况

旁路系统在下列工况下用来调节锅炉与汽轮机之间的工况：

（1）在机组冷、热态启动和停机过程中，当锅炉产生的蒸汽量与汽轮机的要求不一致时，由旁路系统进行调节，促使其相匹配。

（2）在机组冷、热态启动初期，锅炉给出的蒸汽参数尚未达到汽轮机冲转的要求时，这部分蒸汽可由旁路系统排出。

（3）电网短期事故时，要求汽轮机空转或带厂用电运行，锅炉受到最低负荷的限制，其多余的蒸汽通过旁路系统排出。

2. 安全保护

旁路系统在下列工况下对机组起到保护作用：

(1) 锅炉点火至汽轮机冲转前和停机不停炉的工况下，通过高压旁路向再热器供汽，以冷却再热器。

(2) 机组甩负荷时，锅炉反应延迟，通过旁路向再热器通汽，防止再热器超温。锅炉紧急停炉时，通过旁路系统排出剩余的蒸汽，防止锅炉超压和安全阀动作。

(3) 设有100%容量旁路系统的机组上，在锅炉超压和机组甩负荷时，旁路系统可起到安全阀的作用。

(4) 机组滑压运行时，旁路系统可配合汽轮机实行压力跟踪。

3. 回收汽水

在机组启动、停机、事故甩负荷、停机不停炉等工况下，工质可通过旁路系统排入凝汽器，不必向空排汽，从而回收工质，减少汽水损失。

上述旁路系统的三大功能在调峰机组上的作用更为明显。实行两班制运行的调峰机组，机组前夜停运后，锅炉出口蒸汽温度下降，而汽缸壁温下降缓慢，凌晨锅炉点火，出口蒸汽温度回升，一般超过汽缸壁温后汽轮机才可冲转。在无旁路的机组上，由于再热器得不到可靠冷却，限制了锅炉燃烧率的增长，从而使锅炉出口蒸汽温度上升缓慢，迟迟未能高出汽缸壁温，拖延了启动时间。而具有适当旁路系统的机组，锅炉和汽轮机可以独立地升负荷，锅炉可采用较大的燃烧率增长速度，短时期内产生大量蒸汽，并达到较高的出口蒸汽温度。在这过程中，锅炉再热器的冷却始终得到保证，汽轮机多余的蒸汽由旁路系统回收，过热器和再热器的压力可维持在需要的水平上。因此，整个启动过程中，由于旁路系统具有这些功能，因此锅炉和汽轮机得到了充分协调，整个启动时间缩短，尤其是从锅炉点火到汽轮机冲转的时间大大缩短。

第二节 汽轮机旁路系统控制设备及逻辑

以望亭发电厂660MW超超临界机组的旁路系统为例进行说明。

一、汽轮机旁路系统控制设备

采用瑞士CCIAG公司的产品，以及高压旁路（主蒸汽）和低压旁路（再热蒸汽）二级串联旁路系统装置。高压旁路系统装置由高压旁路阀（高压旁路阀）、喷水调节阀、喷水隔离阀等组成，低压旁路系统装置由低压旁路阀（低压旁路阀）、喷水调节阀、喷水隔离阀和凝汽器入口减温减压器等组成。高压旁路容量为40%BMCR（一套/机组），低压旁路总容量为40%BMCR+高压旁路喷水量（两套/机组）。旁路系统设备采用气动执行机构，气动执行机构的定位器采用美国费希尔公司（Fisher）的DCV6000F型智能一体化产品，电磁阀采用美国自动开关公司（ASCO）产品，空气过滤器为英国诺冠公司（NORGREN），气压比较阀（失气关阀）、气源减压阀、滑阀、限位开关、气缸、气罐均为STI公司产品。

二、汽轮机旁路系统的控制及保护

旁路系统的监视、调节、控制、联锁和保护功能由DCS硬件实现。旁路阀采用气动执行器，控制设备的接口信号型式：模拟量为4～20mA DC两线制（DCS侧提供电源）；开关量为无源接点，接点容量为230V AC、5A和220V DC、3A。旁路监视、控制要求所需的所有参数检测信号送入DCS，包括：

（1）旁路阀、喷水阀、调节阀阀位状态（模拟量和开关量）。

（2）气动执行机构故障信号（开关量）。

控制设备接收DCS中实现旁路控制、保护功能的所有指令信号，主要包括：

（1）高压旁路开度指令（4～20mA DC）。

（2）高压旁路快开指令（开关量）。

（3）高压旁路快关指令（开关量）。

（4）高压旁路喷水隔离阀开/关指令（开关量）。

（5）高压旁路喷水调节阀（如果有）开度指令（4～20mA DC）。

（6）低压旁路阀开度指令（4～20mA DC）。

（7）低压旁路快开指令（开关量）。

（8）低压旁路快关指令（开关量）。

（9）低压旁路喷水隔离阀开/关指令（开关量）。

（10）低压旁路喷水调节阀（如果有）开度指令（4～20mA DC）。

执行器除可接收买方DCS的调节指令外，还应可接收快开/快关指令。执行器在失去电源、信号或气源时，能使整个工艺系统保持在安全位置，或向安全方向发展。

机组旁路系统容量仅能满足机组启动要求，而不考虑满足机组甩负荷要求。在启动期间，高压旁路排出的蒸汽与低旁通流能力的差值，由高排通风阀或中低压缸排向凝汽器。旁路有三种运行方式，分别为启动模式、定压模式、停机模式。在机组正常运行期间，旁路处于打闸状态，不作为热备用。

值班员选择启动模式或来自DCS的Boiler Fire On（锅炉点火）信号激活高压旁路进入启动模式。高压旁路在启动模式下旁路压力设定有三种状态，分别为Min Pressure（最小压力模式）、Pressure Ramp（升压模式）和Restart（重启模式）。当旁路压力设定处于Min Pressure（最小压力模式）或Pressure Ramp（升压模式）时，高压旁路就产生启动模式信号。在锅炉升压时，如果发生锅炉燃烧不稳定、燃料下降，将关闭高压旁路阀，锅炉升压中断，激活Restart（重启模式）；在Restart（重启模式）下，压力设定一直跟随主蒸汽压力，经调整使锅炉燃烧稳定后，主蒸汽压力开始增大，重新开启高压旁路阀，打开旁路阀压力仍小于汽轮机的冲转压力 p_{syne}，压力设定继续处于Pressure Ramp（升压模式），若大于汽轮机的冲转压力 p_{syne}，则启动模式将自动解除，机组旁路自动进入定压模式。

当锅炉点火时，主蒸汽压力低于最小设定值，压力设定处于“Min Pressure”（最小压力模式），高旁系统要有少量蒸汽，以防止再热器干烧，高压旁路阀就有一定的开度（$Y_{min}=10\%$），并保持该最小开度直至主蒸汽压力最小设定值 p_{min} 为止；维持压力最小设定值 p_{min}，高压旁路阀的开度随着锅炉燃烧量的增加而开大，直到预先设定的开度值 $Y_{ramp}=30\%$ 并维持此开度；随锅炉燃烧量的继续增加，主蒸汽压力上升到大于最小设定值 p_{min} 时进入“Pressure Ramp”（升压模式），高旁阀继续维持设定的开度值 $Y_{ramp}=30\%$，至汽轮机的冲转压力 p_{syne}，此时启动模式自动解除，机组旁路自动进入定压模式，随着汽轮机高压调节阀门开度的增大，高压旁路阀逐渐关小，维持主蒸汽压力直至全关，全关后，将旁路打闸。

根据机组启动状态确定冲转再热蒸汽的压力，低压旁路阀在再热蒸汽压力小于低压旁路压力最小设定值 p_{min} 时一直处于关闭状态，把低压旁路压力设定设为“自动”。在“自动”方式下，低压旁路压力设定由汽轮机中压缸第一级压力产生，低压旁路阀的开度根据低压旁路压力设定和再热蒸汽实际压力的比较通过比例积分得到，同时接受低压旁路最大压力 p_{max} =0.5MPa 的限制；机组接带负荷后，为了维持再热蒸汽压力与机组负荷匹配，低压旁路阀逐渐关小，达到一定负荷高压旁路阀关闭后，低压旁路阀也全关。

根据机组初始状态（冷态、温态、热态、极热态）及机组启动曲线，自动给出主蒸汽压力定值，并按照此压力曲线自动控制汽轮机主蒸汽压力，以满足机组启动时全过程的需要。

主蒸汽压力信号经过加法器，在机组启动完成后加上 2.0MPa 的压力偏置，以避免高压旁路阀在机组正常运行中动作。加法器输出通过速率限制后，再经小值选择器作为高压旁路调节的压力设定值。速率限制模块上升速率的值，在机组启动阶段与高压旁路阀的开度有关，在机组启动完成后切换为 3.0MPa/Min；当高压旁路压力操作站在手动或 MFT 时，升速率切换到 20.0MPa/min。速率限制模块下降速率的值，正常时为 3.0MPa/min；当高压旁路压力操作站在手动时，切换到 20.0MPa/min；当机组在启动阶段或 MFT 发生时切换到 0，禁止主蒸汽压力设定值下降，有利于锅炉保压。

当机组冷态启动准备点火时，运行人员可先将高压旁路压力控制投入自动，高压旁路阀在最小开度（10%），此时因主蒸汽压力为 0，则该定值为 0。点火后，主蒸汽压力开始缓慢上升，偏差值由 0 变正（Δp=实际压力－设定值），阀门在 PI 调节器的作用下，高压旁路阀开始缓慢开大。随着燃料的增加，设定值和压力测量值一同慢慢上升。随着主蒸汽压力的上升，当压力和温度都满足汽轮机冲转参数要求时，机组将冲转。随着汽轮机的冲转、并网、带负荷，高压旁路阀为了维持机前压力，缓慢关闭，直至全关为止。

下列情况下高压旁路压力控制强制手动：

（1）主蒸汽压力测点故障。

（2）高压旁路喷水减温控制在手动。

（3）有高压旁路快关条件。高压旁路快关条件包括高压旁路后温度高快关、高压旁路减温水压力低快关。

为了防止高压旁路出口蒸汽带水，还设计了高压旁路减压阀闭锁高压旁路喷水阀，即先开汽阀、后开水阀的逻辑功能。

低压旁路压力设定值根据机组负荷指令自动给定，最小值为 1.1MPa。在机组未并网前，低压旁路减压阀有一个最小开度限制。

下列情况下低压旁路压力阀强制关闭：

（1）低压旁路减温水压力过低。

（2）低压旁路后温度过高。

（3）凝汽器真空低。

下列情况下低压旁路压力控制强制手动：

（1）低压旁路减温水控制在手动。

（2）再热蒸汽压力信号故障。

（3）当低压旁路压力调节阀关时，低压旁路减温喷水阀联锁关。

高压旁路和低压旁路全开、全关的全程动作最短时间如下：

（1）高压旁路：8～15s（调节）、3s（快开）。

（2）低压旁路：8～15s（调节）、3s（快关）。

旁路装置应具备下列保护功能：

（1）高压旁路对新蒸汽管系的安全保护功能。当机组在运行中发生下列情况之一时，高压旁路应能自动快速开启：

1）主蒸汽压力超过设定值。当压力恢复到额定值及以下时，高压旁路阀自动关闭。

2）汽轮机跳闸，自动主汽阀关闭。

3）发电机油开关跳闸。

4）发电机甩负荷在旁路装置容量相应的负荷及以上。

5）压力与设定值的偏差太大。

6）压力上升率太快。

出现下列信号时，高压旁路阀紧急关闭：

1）高压旁路阀出口温度超过设定值。

2）汽轮机超速。

3）汽轮机排汽压力高过设定值。

4）高压旁路阀出口温度超过设定值。

5）汽轮机超速。

6）汽轮机排汽压力高过设定值。

（2）低压旁路对再热蒸汽管系的安全保护功能。当再热蒸汽压力超过再热器压力正偏差的设定值时，低压旁路应能迅速开启，向凝汽器泄流降压。当压力恢复至正常值后，低压旁路将自动关闭。

（3）低压旁路对凝汽器的安全保护功能。当机组在启动或运行中发生下列情况之一时，低压旁路能自动快速关闭：

1）凝汽器真空下降到设定值。

2）凝汽器喉部温度高于设定值。

3）凝汽器热井水位高于设定值。

4）低压旁路出口压力或温度高于设定值。

5）低压旁路减温水的压力低于设定值。

6）凝汽器循环水进水门两侧均关闭。

在机组启动和停机过程中，旁路装置应保证当主蒸汽、再热蒸汽运行压力、温度超过设定范围时，旁路装置能自动打开或关闭，并按机组运行情况进行压力、温度自动调节，直至恢复至正常值。具体的调节功能要求为：

（1）主蒸汽压力定值设定（包含压力变化率的设定）。

（2）主蒸汽压力调节。

（3）高压旁路阀后蒸汽温度调节。

（4）再热蒸汽压力调节。

（5）低压旁路阀后蒸汽温度调节。

(6) 再热蒸汽压力定值设定。

旁路阀门动作应符合下列要求：

(1) 高压旁路阀的开度在95%以下时：主蒸汽压力上升，阀门随之逐渐开启；主蒸汽压力下降，阀门随之逐渐关闭。

(2) 高压旁路阀的开度在95%以上时：主蒸汽压力上升，阀门几乎不动；主蒸汽压力下降，阀门随之向关闭方向动作，直至压力达到设定值为止。

(3) 主蒸汽流量在旁路装置设计容量以下时，新蒸汽压力下降，旁路阀应几乎不动。

(4) 新蒸汽流量在旁路装置设计容量以上时，新蒸汽压力下降，旁路阀应随之向关闭方向动作。

(5) 新蒸汽压力稳定较长时间后，阀门将向关闭方向动作，直到关完为止。

旁路装置应具有下列联动保护手段：

(1) 旁路喷水调节阀打不开，则旁路阀应关闭。

(2) 高压旁路喷水阀不能超前旁路阀开启，而应稍滞后开启。

(3) 当高压旁路阀关闭时，其喷水调节阀应同时或超前关闭，并应自动闭锁温度自控系统。

(4) 低压旁路阀打开时，其喷水阀应随之开启。

(5) 当低压旁路阀快速关闭时，高压旁路不需随动，但可手动（遥控）关闭。

(6) 所有调节阀门在自动控制状态下，均具有手动控制优先功能。

对于气动旁路阀系统，当正在动作中的控制气源突然失气时，各阀能自动关闭。

第十二章

全厂辅助系统集中监控网络

第一节　概　　述

望亭发电厂2×660MW超超临界机组辅助系统分主厂区水处理系统PLC程控和输煤系统PLC程控两大网络系统，两者完全独立。主机集控室配置2套操作员站，化学控制室配置3套操作员站，均用于主厂区所有辅控系统的监控；输煤控制室配置3套操作员站，用于输煤系统的监控。

纳入水处理系统PLC程控的辅控系统为凝结水精处理系统、机组取样系统、机组加药系统、超滤反渗透系统、化学除盐系统、原水预处理系统、预处理加药系统、污泥脱水系统、综合水泵房、循环水加药系统、污水收集提升系统、供氢系统、化水厂用电配电系统等。

纳入输煤系统PLC程控的辅控系统为翻车机系统、斗轮机系统、码头门式卸船机系统、各皮带机系统、称重计量系统、取样装置、碎煤机设备、滚轴筛设备、电磁除铁器、电动三通挡板、除尘系统、煤水处理系统、煤场喷淋系统、煤场输煤配电系统等。

第二节　辅助系统控制设备

辅助车间控制系统全部采用PLC程控设备。PLC选用进口GE公司PAC Systems系列控制器及I/O卡件，控制器采用PAC Systems RX7i系列产品，I/O卡件采用PAC Systems RX3i系列产品。PLC系统的控制器卡件、PLC内部通信、I/O卡件供电、网络通信均为1∶1硬件冗余热备配置。PLC系统的所有控制器卡件、通信卡件、电源卡件、I/O卡件均支持在线热插拔。PLC卡件具有硬件自诊断功能，诊断深度能达到卡件通道级。诊断信息能在操作员站监控画面上显示并报警。控制系统由PLC、数据通信系统、人机接口、功能软件包等组成。PLC程控系统的过程I/O及控制功能按功能子系统组态在各处理器内。

一、控制器模块

共有11对双机热备的控制器模块，其中主厂区辅网程控8对，煤场输煤程控3对。每块控制器配置冗余的通信模块及相关附件。双机热备系统，处于后备状态的控制器模块能不断更新其自身获得的信息，并在工作控制器故障时自动切换。冗余控制器模块的切换不丢失任何数据，并可保证系统的控制功能不会因冗余切换而丢失或延迟。过程控制、监视和应用所需的故障诊断等所有功能设置于可编程控制器内，包括实时时钟和日历、继电器和锁存继电器、过渡触点、计时器、计数器、算术运算、逻辑功能、移位寄存器等。

二、输入/输出（I/O）模件

I/O模件机架/底板配置冗余的电源模块和通信模块。在电子设备柜内安装的I/O模件都是低电压，现场来的I/O接点电压是无源干接点。每块数字量卡件的通道数要求不大于16点；每块模拟量卡件的通道数要求不大于8点。模拟量I/O是4～20mA DC信号，温度信号为Pt100温度元件。I/O模件到现场I/O点均有一只指示灯，当现场输入触点闭合或输出接通时，该指示灯亮。

PLC任一通道至现场回路的电缆线接地，不会影响其他通道的正常工作。开关量输入模件对检测一对闭合触点而需要的最小门槛电流为10mA，这样可以避免使用外接负载电阻。

所有开关量输出均采用电磁式中间继电器进行隔离。中间隔离继电器输出触点为单刀双掷（DPDT）无源触点，容量（安培数）满足250V AC、16A。

主厂区PLC程控系统的开关量输入模块的每个通道均配置带熔断指示灯的分断旋臂式熔丝端子，煤场区PLC程控系统的开关量输入模块的每个通道则配置抗干扰电压、干扰电流的隔离继电器。

所有模拟量输入（外供电）、输出模块均采用信号隔离器进行隔离。隔离继电器及信号隔离器的直流工作电源不得与到现场设备（如电磁阀箱）的电源混用。

三、系统通信

系统通信均为冗余配置，当一条网络线路通信故障时，应可自动切换至另一条线路，并不应因此而影响上层网络对该系统的监控。远程I/O站与PLC主站也采用冗余通信总线。在整个网络不能正常工作时，该车间PLC应能独立工作，以保证车间和设备的安全；其通信接口能满足通过上位机实现对水网及辅控网各系统进行远方监视和控制、参数和报警显示、报表打印、程序在线修改和下载等功能。当一条网络线路通信故障时，可自动切换至另一条线路，并不因此而影响上层网络对该系统的监控。

四、人机接口设备（HMI）

操作员人机接口采用服务器/客户端模式。操作员监控网络与PLC程控站间的通信网络物理上独立。

人机接口设备配置如下：

（1）主机集控室配置2套操作员站，用于主厂区所有辅控系统的监控。

（2）精处理控制室配置1套操作员站，仅用于就地监控精处理和取样加药系统。

（3）化学控制室配置3套操作员站，用于主厂区所有辅控系统的监控。

（4）化学楼电子间配置1套监控服务器，用于主厂区所有操作员站的数据服务。

（5）化学楼电子间配置1套工程师站，用于PLC、监控画面的组态与开发。

（6）输煤控制室配置3套操作员站，用于输煤系统的监控。

（7）输煤电子间配置1套监控服务器，用于输煤系统所有操作员站的数据服务。

（8）输煤电子间配置1套工程师站，用于PLC、监控画面的组态与开发。工程师站具有PLC组态、监控画面组态、网络管理的功能。

（9）监控服务器采用容错式服务器。水处理系统PLC程控和输煤系统PLC程控两个网络分别配置1台容错式服务器。容错式服务器采用部件级冗余，实现CPU、芯片组、内存、PCI总线、SCSI总线、硬盘、电源、风扇等部件的冗余，以保证在任何硬件损坏的情况下，服务器不间断运行。容错式服务器能够在系统不中断运行的情况下进行模块热插拔维护，并且在一切物理故障消除后，模块会自动重新同步运行。

(10) 主厂区和煤场区辅控系统网络分别配置1台实时/历史数据记录服务器。实时/历史数据记录服务器能接收GPS授时信号，使实时/历史数据记录服务器与全厂时钟同步，并将所记录的数据点打上时间标签。容错式服务器提供与SIS系统的数据通信接口，将所有系统实时数据传送到全厂SIS系统。通信接口为单模光口，协议为OPC协议。厂区水处理程控、输煤系统程控各配置1套GPS时钟信号接收装置，接收来自全厂GPS时钟信号，使PLC程控系统的时钟与全厂时钟同步。当GPS时钟失效或失信号时，系统自动转到预先设定的工程师站或操作员站上的时钟。

五、软件

人机接口监控组态软件为GE公司iFix系列支持中文的最新版本产品。PLC组态软件与监控开发版组态软件版本与工程师站的软件版本一致，并能够支持离线组态。实时/历史数据采集与记录采用GE公司Proficy Historian企业版实时数据库，每套实时数据库记录点数为1万个标签量，并可支持10个用户同时访问。在PLC程控系统任一台操作员站上，均可以任意调用实时数据库中记录的数据，可形成综合性的历史趋势图、实时趋势图供运行人员进行生产分析。实时数据库的应用开发软件能自动分析数据，生成各种生产统计报表、运行记录表等，并可任选打印。实时数据库的应用软件包括数据访问与分析软件、报表软件、实时/历史趋势调用软件、性能计算软件等。实时数据库记录的数据、分析结果可通过通信接口，OPC协议（或其他协议）传送至厂内其他系统。

六、网络设备

辅控网络采用热备冗余的工业星型100Mbit/s以太网，以太网的通信负荷率小于20%，支持TCP/IP协议。主厂区辅控网和煤场区输煤网分别配置交换机。PLC控制网络与操作员站监控网络分开设置。所有操作员站安装双网卡，通过独立的双向冗余以太网与监控服务器通信。辅控系统提供4台工业级带防火墙的路由器，用于辅控网与SIS网的冗余通信连接。

七、辅控网系统上位机监控功能

1. 化学水处理系统上位机监控功能

(1) 具有标准画面和用户组态画面，汉字符合国家标准。

(2) 上位机具有对顺控的编程功能，无须另设编程器。

(3) 在PLC程控系统任一台操作员站上，均可以任意调用实时数据库中记录的历史数据。

(4) 在PLC程控系统操作员站上，能实时显示辅助车间控制系统网络上所有工程师站、操作员站、历史站、接口站、网络设备、控制器及I/O卡件的状态。在上述设备发生故障时，应显示故障点、故障原因并及时报警。

(5) 操作员站的基本功能，具体包括：

1) 监视系统内每一个模拟量和数字量。

2）显示并确认报警。

3）显示操作指导。

4）建立趋势画面并获得趋势信息。

5）打印报表。

6）控制驱动装置。

7）自动和手动控制方式的选择。

8）调整过程设定值和偏置等。

9）设备和网络系统故障诊断和状态监视。

（6）工程师站的基本功能：

1）程序开发。

2）系统诊断。

3）控制系统组态。

4）数据库管理和维护。

5）画面的编辑及修改。

（7）服务器的基本功能：

1）I/O驱动。

2）数据库。

（8）显示功能：具有多窗口的PID图、报警画面、趋势图、指导画面、控制画面、参数修改画面、故障诊断画面、动态画面等各种监视画面。调用任一画面的击键次数不大于3次，任何液晶显示器画面均应能在1s内完全显示出来。任何操作指令均应在1s或更短的时间内完全被执行。

（9）安全功能：分别设定操作员和系统员的进入口令。在运行环境下，应屏蔽操作系统所有热键，从而锁定系统自由进出。系统受电后自动恢复运行状态。一般通过设定操作站的优先级来避免控制室内操作站与现场人机接口同时操作。

（10）历史数据调用：可对所有采集数据任意设定时间段进行调用与分析。

（11）打印报表：可按用户定义的报表格式进行报警、随机或定时打印。

（12）事件记录：事件和内部时钟可按时间顺序区分和管理，并可及时显示和打印。

定期记录包括交接班记录、日报和月报。对交接班记录和日报，系统应在1h的时间间隔内，提供至少200个预选变量的记录。而对月报，则在每一天的时间间隔内，提供至少200个预选变量的记录。在每一个交接班后，或每一天、每一个月结束时，应自动进行记录打印，或根据运行人员指令召唤打印。

系统应记录运行人员在集控室进行的所有操作项目及每次操作的精确时间。通过对运行人员操作行为的准确记录，便于分析运行人员的操作意图，分析事故原因。

（13）监控TAG及调试：应采用结构化TAG定义，既可通过TAG定义随时修改每个测点的有效状态、报警管理、历史数据、死区与PLC通信参数等，又可修改实时数据库的TAG值来执行调试操作。

（14）数据库接口与数据通信：具备开放性的实时数据可接受任何任务的访问并与其交换数据。系统应具备复制和分发功能，将信息分送给其他的通用数据库应用程序，同时应支持 SQL 或 OLE DB 的应用程序，所有数据可用符号代表，需要时可对变量的每次改变进行监视和处理。

(15) 在工程师站上生成的任何显示画面和趋势图等，均应能通过网络加载到操作员站。各程控系统 PLC 控制程序的组态和修改，应可在网络控制系统的工程师站上进行，并通过网络下载到程序控制系统的 PLC 中。此外，当重新组态的数据被确认后，系统应能自动地刷新其内存。

2. 化学水处理系统上位机控制操作功能

系统通过鼠标指定画面上的对象进行开关或增减操作。控制系统采用程控、远方、就地控制相结合的方式，对于电动门、气动门、泵、风机等控制对象，除了在控制室进行远方控制外，保留就地操作手段。

在远方手动方式下操作员启停电动机、开关阀门及其他设备时，液晶显示器画面提供操作指导。现场设备故障，进而影响程控继续进行时，在满足相关约束的情况下，运行人员干预可进行跳步操作。设备处于就地操作方式时，上位机操作无效。

3. 化学水处理系统上位机系统状态显示功能

系统能在诊断画面上显示网络系统中的各个控制设备的运行状态、CPU 负载、电源负载、网络通信负载等诊断信息。设备故障时具有声光报警提示。

4. 化学水处理系统上位机画面

(1) 化学水处理集中监控画面与各子系统的监控画面统一。

(2) 显示系统内所有的过程点，包括模拟量输入、模拟量输出、数字量输入、数字量输出、中间变量和计算值。

(3) 对显示的每一个过程点，显示其标志号（通常为 T_{ag}）、中文或英文说明、数值、性质、工程单位、高低限值等。

(4) 运行人员可通过键盘，对画面中的任何被控装置进行手动控制。画面上的设备正处于自动程控状态时，模拟图上反映出运行设备的最新状态及自动程序目前进行至哪一步。若自动程序失败，则有报警并显示故障出现在程序的哪一步，且可切换到自动顺序逻辑原理图，显示条件满足情况。

(5) LCD 画面能分别显示各系统的工艺流程及测量参数、控制方式、顺序运行状况、控制对象状态，也能显示成组参数。当参数越限报警、控制对象故障或状态变化时，设备符号闪烁进行显示，同时有音响提示。不同的操作有不同的声音反馈。键盘的操作有触感和声音反馈，反馈的音量大小可以调整。

(6) 采用多层显示结构，显示的层数根据工艺过程和运行要求来确定。多层显示应包括功能显示和细节显示。功能显示可观察某一指定功能组的所有相关信息，可采用棒状图形式，或采用模拟 M/A 站（功能块）面板的画面。面板上有带工程单位的所有相关参数，并用数字量显示出来。功能显示包含过程输入变量、报警条件、输出值、设定值、回路标号、缩写的文字标题、控制方式和报警值等。功能显示画面包括所有调节控制回路和程序控制回路。细节显示可观察以某一回路为基础的所有信息。对于调节回路，显示出设定值、过程变量及过程变量曲线、输出值、运行方式、高/低限值、报警状态、工程单位、回路组态数据等调节参数。对于离散回路，则显示出回路组态数据和设备状态。

(7) 提供报警显示、趋势显示、成组显示、棒状图显示等标准画面显示。

5. 化学水处理系统上位机报警显示

系统若确认某一点越过预先设置的限值，液晶显示器屏幕就将显示报警画面，并发出声响信号。

重要报警区别于其他级别的报警方式，采用弹出报警窗并发出不同于其他报警的声响信号。

报警显示按时间顺序排列，最新发生的报警优先显示在报警画面的顶部，每个报警点可有六个不同的优先级，并且以六种不同的颜色显示该点的 T_{ag}，以便区分。

某一已经确认的报警再一次发出报警时，作为最新报警再一次显示在报警画面的顶部，报警点的标签号颜色的改变能表示出该报警点重复报警的次数。

所有带报警限值的模拟量输入信号和计算变量均分别设置“报警死区”以减少参数在接近报警限值时产生的频繁报警。

在设备停运及设备启动时，有模拟量和数字量信号的“报警闭锁”功能，以减少不必要的报警。启动结束后，“报警闭锁”功能自动解除。“报警闭锁”不影响对该变量的扫描采集。

所有设备操作均以窗口的方式实现，与监视画面分开；在设备符号上单击，将弹出操作窗口，窗口内包括该设备所有可选状态，供操作人员选择。

操作窗口弹出后，可以方便地在窗口内对设备的参数进行修改或改变设备的运行状态，所进行的任何操作均在确认后方可生效。

采用弹出式窗口操作的内容有仪表、阀门、双项或多项选择开关、泵及电动机的启停等。选择相应的设备进行操作时，由闪烁的红色边框（或设备提示符）给予操作人员提示，该操作激活后可连续操作。

用户可以定义一些热键，用于完成某个操作或快速调出一幅画面，从而简化操作程序，提高操作速度。

6. 输煤系统上位机监控功能

(1) 输煤监控系统是具有集中控制和就地控制能力的完整的集成系统，能可靠、高效率和安全运行，并提供系统运行必须的联锁、保护、调节控制、报警、运行程序、监控、人机接口和管理系统。

(2) 输煤监控系统管理功能包括煤量及煤质检验报告、设备运行时间分班统计报告、累计运行时间报告、厂用电量分班统计报告等。上述报告均可通过打印机打印输出。

(3) 程控系统对整个工艺系统进行集中监视和自动程序控制，并可实现远方手操（远控）。程控系统采用以微处理器为基础的可编程控制器（PLC）进行顺序控制，程序逻辑设计符合工艺系统的控制要求。具有 LCD 和键盘的操作员站是系统的监视控制中心。操作员站具有数据采集、LCD 画面显示、参数处理、越限报警、制表打印等功能（均以中文显示）。

(4) 功能的控制、报警、监控和保护按功能和实际情况进行最大限度的分隔，以保证一个功能的故障不会导致其他功能的故障或失效。应注意保护系统的独立性，以保证人身和设备安全。

(5) 系统的设备及其辅助设施应建立功能组控制等级，以便允许运行人员在某些传感元件、元件或设备故障时，能选择较低的自动化程序，避免整个过程控制的丧失。

(6) 系统能提供所有的系统安全检测功能，具体如下：

1) 各落煤管挡板是否处于正确位置。

2) 各就地运行方式选择开关（钥匙开关）是否在程控位置。

3) 各皮带是否跑偏。

(7) 控制系统根据工艺流程中各种操作和命令的重要性，将所有操作命令和设备控制分级，并结合进 PLC 软件中，即分为管理程序级、路径控制级、设备控制级、标准功能模块级、安全互锁级、输入输出级等。

(8) 控制系统满足下列通用故障标准：

1) 单一故障不产生整个控制系统故障。

2) 任何故障不会导致输煤保护系统误操作或丧失保护功能。

3) 系统块的控制功能组的布置使任一块的故障仅使局部的控制系统控制降级。在不影响安全的情况下，这种降级可由人工干预予以补偿。

4) 控制系统考虑足够的冗余度（主机模块采用热备配置）。为了整个输煤系统的可靠运行，备用装置与工作主机进行在线跟踪，当工作主机故障而退出运行时，备用主机可以进行无惯性的切换，接替主机的工作，以保证控制系统的无扰动运行。

为满足以上故障标准，整个仪表和控制系统应包括可靠的自检装置，使内部故障在影响过程处理前及时检测出来，并发出警告。另外，保护和安全系统包括备用通道和各种测量，以及自检和足够的试验装置。

对出口或其中强电回路用的中间继电器，其动作电压不得低于其额定工作电压的 50%和高于 110%。

每个控制单元能够在各种运行条件下，防止因不适当的操作和误联锁而跳开某个回路。

在煤控室内，运行人员所在的地方具有所有非正常状况的报警，以免这些不正常状况影响电厂运行和安全。

当输煤系统主要设备发生故障时，该设备在工艺流程图上变色，在 LCD 画面上弹出报警窗并闪光，同时发出音响。事故报警信号应直接通过 PLC 接点驱动的音响报警器发出，不容许通过计算机声卡发出。

(9) LCD 显示具备如下内容：输煤系统流程图及运行方式，带式输送机、碎煤机、滚轴筛、除铁器、取样装置、除尘器等的开停指示；原煤仓连续煤位指示，煤仓煤位高高、高及低位指示；三通挡板位置指示；煤场斗轮堆取料机，码头/翻车机位置显示及开停指示；犁煤器状态、带式输送机煤流信号及运行系统中其他设备的开停指示；电子皮带秤计量显示；实物标定装置显示；系统报警设备显示；电动机电流显示、各设备累计运行时间、各磨煤机出力指示等。

(10) 成套辅助设备，如磁铁分离器、取煤装置、除尘器、实物标定装置、喷淋系统、煤泥处理系统等能够远方状态显示；煤场喷淋系统能在煤控室进行程序控制及单个喷枪的启停控制。该系统留有接口与这些系统协调配合。

(11) 皮带机跳闸原因在 LCD 上显示，直流系统的异常及故障、煤场低压变压器的异常及故障也在LCD上显示，并能够记录事件顺序，同时打印出来。紧急停机手段沿每台皮带机设置，以满足巡检急停需要。紧急停机手段的选型选用高可靠性的现代化产品，为防尘、防引燃、防气候变化型。当操作该设备时，能立刻停皮带机及联锁停止与此皮带机相关联的煤流上游的所有设备的运行。

(12) 每个主设备，如皮带机、碎煤机、翻车机、堆取料机、取样装置、除尘器等的累计运行时间记录在维护程序里，当操作人员需要时可打印出来。

(13) 所有电源部分的监视均在输煤监控装置内实现。系统显示功能除动态显示工艺流程外，还能实时显示6kV、380V输煤电气系统画面。

(14) 输煤监控系统能实时显示、监督和记录输煤电气系统的正常运行、异常运行和事故状态下的各种数据和状态，并提供操作指导和应急处理措施。

(15) 设备的安全保护动作，设备异常，煤仓间的煤位高、低、超高、超低料位，电源故障等都有事故报警音响信号。

(16) 输煤电气系统人机操作界面可由操作员站来完成，同时应设有闭锁手段，防止同时在两处操作。

监控系统的两台操作员工作站，工程师能通过工程师站对控制系统进行逻辑组态、在线修改、系统自诊断功能等。工程师站的功能，同时可作管理用，配21in LCD，查询并调用有关数据。

(17) 报警处理。报警处理分两种方式：一种是事故报警，另一种是预告报警。前者包括非操作引起的断路器跳闸和保护装置动作信号；后者包括一般设备变位、状态异常信息、模拟量或温度量越限、计算机监控系统的软、硬件的状态异常等。

(18) 画面处理。系统通过LCD实现画面显示功能，实现带电设备的颜色标识。所有静态和动态画面存储在画面数据库内。

窗口的颜色、大小、生成、撤除、移动、缩放、选择可以由操作人员设置和修改。

图形管理系统具有动态棒形图、动态曲线、历史曲线制作功能。

图形画面包括主接线图、母线电压和其他测量值的趋势图、曲线图、棒图、系统工况图等，图中的画面名称、设备名称、告警提示信息等。

具有表格显示、生成、编辑等功能。表格包括事件/告警顺序记录表、事故追忆表、电量表、入厂煤量、入炉煤量、场存煤量、分炉计量、各种限值表、运行计划表、操作记录表、历史记录表和运行参数表等。

用户可以根据需要能够灵活地生成新的表格，在表格中可以定义实时数据、计算数据、模拟显示并打印输出。

画面显示颜色满足以下基本要求：

1）母线颜色：

直流系统母线	褐色
交流230V	深灰色
交流380V	黄褐色
交流3000V	深蓝色

2）设备颜色：

合闸电气设备　　红色

分闸电气设备　　绿色

3）报告显示：报告显示内容包括报警、事故和常规运行数据。

报告内容有状态变化、控制操作、测量值、测量值越限、设备异常等。

显示信息应按其发生的先后时序进行，显示条文的内容包括监测时间、设备名称、状态变化内容、实时数据等。

4）图形显示：图形显示分为过程图形、趋势图形和表格等。图形由图形元素、对象标号、特性参数等组成。

5）电气主接线图：以移屏和分幅显示方式显示电气主接线图或局部接线图，并可按不同的详细程度多层显示。内容包括进出线、母线及其有关的断路器、接触器、插头柜、厂用电系统等监测对象的实时状态和有关的实时参数值，如：有功、电流、电压、频率等。

画面显示主要包括以下几种：

1）6kV/380V 电动机画面，包括状态和实时运行数据。

2）低压厂变及 PC/MCC 等进出线和电动机画面，包括状态和实时运行数据。

3）直流系统及进线回路画面，包括状态和实时运行数据。

4）UPS 系统及进线回路画面，包括状态和实时运行数据。

5）控制画面（包括各电气元器件操作条件和提示画面）。

6）报警显示，具有分类告警画面和确认功能。

7）开关量状态表、实时测量参数表、历史事件数据表等各种图表。

8）趋势曲线。

八、辅控系统的程控控制功能

1. 水处理 PLC 程控系统控制功能

精处理程控、锅炉补给水程控、净水程控采用可编程序控制器（PLC）进行数据采集和系统控制，在控制室内（调试阶段在各系统的控制室，辅控网联网以后在集控室）实现对系统进行集中监视、管理、自动顺序控制，并可实现远方手动操作。

用 LCD 操作员站作为人机接口站，通过 LCD 画面和鼠标对联网各系统进行监视和控制，不再设置常规的仪表盘台和模拟屏。所有运行参数、报警信号均能打印记录。

对于泵、风机和电动门等被控对象，除了在控制室 LCD 上遥控外，还能在 MCC 上的控制开关或阀门电动装置上的按钮进行就地控制；对于气动阀门，能在就地电磁阀箱上的旋钮进行就地控制，就地手动时仍具有必要的联锁；远方/就地切换功能均在就地 MCC 和电磁阀箱实现。

水网及辅控网联网各系统采用自动程序控制、远方手动操作及就地操作相结合的控制方式。程序控制设有步进操作、成组操作或单独操作等手段，并有跳步、中断或旁路等操作功能，还有必要的步骤时间和状态指示、选择和闭锁功能。

每个工艺罐或槽的电磁阀放在一个电磁阀箱内，箱上绘有该设备的模拟流程图，电磁阀操作按钮该按该流程图中对应位置排列。每个电磁阀箱的进口气源管路上配置减压阀和干燥过滤器。

槽、池、箱出口的泵均与槽、池、箱上的液位计高低液位信号联锁。

存放液体的箱、罐、池都将有液位计和液位开关或远传连续式液位变送器。

2. 精处理程控功能

精处理程控对两台机组的前置过滤器单元、高速混床单元、精处理系统集中取样装置、再生单元、精处理用酸碱储存输送系统进行连续监测及数据采集。并能根据系统的不同运行工况要求，有针对性地进行自动控制。控制室操作员站能准确、及时提供系统参数，并对系统的异常工况进行报警。程控系统的设计、组态能保证精处理系统可长期、安全的无人值守运行。精处理程控系统具备以下功能：

（1）实现全过程程序自动、联锁控制，包括：

1）前置过滤器自动投入。

2）压差大前置过滤器自动退出。

3）混床自动投入。

4）失效混床自动退出。

5）旁路系统自动打开。

6）树脂自动输送。

7）前置过滤器自动反洗。

8）失效树脂自动再生。

9）备用泵、风机的联锁自投。

10）加热器的切/投。

11）酸/碱计量箱液位低停计量泵。

12）凝结水温过高或混床压差高时打开精处理混床系统旁路阀。

13）废水池、回用水池液位控制自启停水泵。

14）凝结水补水箱液位低停冲洗水泵等。

（2）有下列数据及状态显示：

1）混床入口母管凝结水流量、温度、压力及 SiO_2、Na 含量值。

2）混床出口母管流量，SiO_2、Na 含量值，pH 值、氢电导率。

3）每台混床出口流量、比电导率、氢电导率、SiO_2。

4）除盐凝水加药后的化学分析仪表：比电导率、pH 值。

5）每台混床进出口压差、每台过滤器进出口压差。

6）混床入口/出口母管压差。

7）每台混床捕捉器前后压差。

8）前置过滤器流量、液位测量。

9）酸/碱贮槽液位、酸/碱计量箱液位。

10）酸/碱计量泵出口水流量。

11）酸/碱计量泵出口酸/碱浓度。

12）酸碱喷射器流量。

13）压缩空气母管压力（包括仪用空气、杂用空气）。

14）再循环泵出口流量、反洗水流量、自用水流量、自用水压力信号。

15）阴再生塔、阳再生塔电导率。

16）废水池和回收水池液位以及泵出口的流量。

17）分离塔的液位/料位测量。

18）各罐的水位测量。

19）所有泵、辅机的启停状态及电流测量。

20）各自动阀门、调节阀的开、关及开度信号。

21）系统运行状态。

22）再生进程状态。

23）失效停运。

24）程控步序。

（3）具备以下报警内容：

1）参数越限报警。

2）设备状态异常报警。

3）程序故障中断报警。

4）电源故障报警。

（4）向单元控制室机组 DCS 系统提供以下信号：

1）前置过滤器、混床出入口母管压差。

2）混床出口母管流量，SiO_2、Na 含量值，pH 值，电导率。

3）系统故障信号。

4）前置过滤器运行、前置过滤器反洗状态信号。

5）混床运行、失效、停运及旁路阀状态信号。其中模拟量信号为 4～20mA DC，干接点信号为 220V AC 3A、110V DC 0.5A。

3. 取样加药程控功能

加药程控对两台机组的水汽集中取样装置和加药系统进行连续监测及数据采集，并能根据机组的不同运行工况的水质要求，有针对性地进行自动加药控制。控制室操作员站能准确、及时提供水汽品质和加药量参数，并对系统的异常工况进行报警。程控系统的设计、组态应能保证取样加药系统可长期、安全地无人值守运行。取样加药程控系统具备以下功能：

（1）实现机组加药、配药全过程程序自动、联锁控制，包括：

1）凝结水加氨自动。

2）给水加氨自动。

3）凝结水加联胺自动。

4）给水加联胺自动。

5）凝结水加氧自动。

6）给水加氧自动。

7）各计量箱配药自动。

8）备用泵的联锁自投。

9）电加热器的自动切/投。

10）计量箱液位低停计量泵。

（2）有下列数据及状态显示：

1）取样系统仪表所有化学仪表的测量分析数据。

2）取样系统样水恒温装置工作状态。

3）高温架冷却水温度及流量指示。

4）各药液计量箱液位指示。

5）所有加药泵、辅机的启停状态及转速、电流指示。

6）各自动阀门、调节阀的开、关和开度信号。

7）系统运行状态。

（3）具备以下报警内容：

1）参数越限报警。

2）样水超温超压报警。

3）样水断水报警。

4）设备状态异常报警。

5）程序故障中断报警。

6）电源故障报警。

（4）向单元控制室机组DCS系统提供以下信号：

1）取样系统仪表部分重要化学仪表的测量分析数据。

2）取样加药系统故障信号，其中模拟量信号为4～20mA DC，干接点信号为220V AC 3A、110V DC 0.5A。

4. 超滤反渗透和化学除盐程控功能

超滤反渗透和化学除盐程控应对超滤反渗透、化学除盐系统进行连续监测及数据采集。并能根据系统的运行工况和水质情况，有针对性地进行系统顺控、联锁、反洗、再生、加药等自动控制。控制室操作员站能准确、及时提供水汽品质和加药量参数，并对系统的异常工况进行报警。程控系统的设计、组态能保证超滤反渗透和化学除盐系统可长期、安全的无人值守运行。

5. 净水程控功能

净水程控对净水区域各系统工艺设备以及循环水加药系统进行连续监测及数据采集。并能根据系统的不同运行工况的水质要求，有针对性地进行自动控制。控制室操作员站能准确、及时提供供水品质和加药量参数，并对系统的异常工况进行报警。程控系统的设计、组态能保证净水区域各系统以及循环水加药系统可长期、安全的无人值守运行。

6. 化水厂用电程控功能

化水厂用电程控对化水区、原水预处理区域厂用电系统进行连续监测及数据采集，并能在化学控制室操作员站进行操作。系统状态与参数能准确、及时系统的在操作员监控画面上显示，并对系统的异常工况进行报警。化水厂用电程控的设计、组态能保证厂用电系统可长期、安全的无人值守运行。化水厂用电程控系统具备以下功能：

化水厂用电监控的常规功能满足电气二次线设计标准和规定。例如，在LCD监控或报警画面中断路器、接触器等的元件画面具有红、绿变色，闪光等功能，以分别表示断路器或接触器的正常或不正常的位置状态、LCD画面中的软光字牌闪光、预告信号和事故信号的音色区分、厂用电动机的联锁和闭锁等。

运行人员人机操作员站上调出操作相关的设备图后，通过操作键盘或鼠标，就可对需要控制的电气设备发出操作指令，实现对设备运行状态的变位控制。输煤监控应提供必要的操作步骤和足够的监督功能，包括提供操作提示，条件判断，以确保操作的合法性、合理性、安全性和正确性。当操作提示或条件不满足时，被控设备 LCD 上操作部件应显灰或有特殊指示，表示不可操，并可提示条件执行情况，用不同色标标明。

对电气设备的控制操作在功能和设计上是安全、可靠的，在操作前及操作的整个过程中都必须保证所有开关位置的精确监测，且所有监测信息应是实时、有效的。例如，在操作前及操作过程中发生任何干扰，如开关故障、数据传送通道故障等情况下，必须对控制设备进行闭锁。在任何操作方式下，保证下一步操作的实现只有在上一步操作完全完成以后才能进行。

在执行控制过程中，如果在发出指令一段预定执行时间后，仍未有相应的信号返回，即如果控制未能在约定的时间内完成，则说明发生了故障，此时输煤监控将发出警报。

当断路器，接触器等非位于就地操作位置，且程控系统未发出会导致该被控设备跳闸的指令，而该被控设备跳闸时，LCD 画面上闪光，只有当在 LCD 上操作过分闸操作后才恢复平光。

所有断路器、接触器等的送入化水厂用电程控监控的分合闸反馈信号需经过程控系统监控互锁判断后，再作为画面显示或其他逻辑的输入条件。即当输入分闸和合闸通道均为 1 或 0 时，延时判断故障，闭锁相关逻辑并报警。

九、其他纳入厂区辅网程控系统设备的功能

能对生活污水、供氢站等系统工艺设备进行连续监测及数据采集，并能根据系统的不同运行工况要求，有针对性地进行自动控制。控制室操作员站能准确、及时提供相关参数，并对系统的异常工况进行报警。程控系统的设计、组态应能保证生活污水、供氢站系统可长期、安全的无人值守运行。具体功能如下。

(1) 有下列数据及状态显示：

1) 生活污水系统所有污水收集池的测量数据。

2) 生活污水提升泵的启、停状态及电流指示。

3) 机组供氢压力、纯度、露点测量数据。

4) 系统运行状态。

(2) 具备以下联锁、报警内容：

1) 污水收集池液位高/低联锁启/停泵。

2) 污水收集池液位高高报警。

3) 机组供氢压力、纯度、露点数据异常报警。

4) 设备状态异常报警。

(3) 向单元控制室机组 DCS 系统提供的信号有：供氢压力、纯度、露点测量数据，其中模拟量信号为 4～20mA DC，干接点信号为 220V AC 3A、110V DC 0.5A。

十、输煤程控系统控制功能

输煤控制系统的运行方式为集中和就地两种。集中控制又分为自动和手动。在煤控室控制台上仅保留输煤系统主要设备的紧急事故按钮。在 LCD 画面上有自动/手动的切换窗，自动和手动方式可相互切换并不影响系统设备的正常运行。

(1) 集中自动方式：在上位工控机上通过键盘或鼠标选择运煤流程，由 PLC 自动完成运煤和配煤流程设备的操作。

(2) 集中手动方式：在上位工控机上通过键盘或鼠标对纳入程控的所有设备实现一一对应的操作，通过 PLC 的逻辑闭锁完成，同时对主要设备具备单独解锁能力。

(3) 就地控制方式：设备仅能在就地控制箱上进行操作，该操作方式作为检修操作。

集中和就地两种运行方式的设定是由设置在就地控制箱上的远方/就地选择开关完成的。此外，在就地控制箱上还设有启、停、急停、警铃按钮及信号灯等（具体接线施工图阶段定）。只有当选择开关设置为远方时，煤控室才能控制该设备。当选择开关设置为就地时，只能在就地控制该设备。选择开关的状态信息用干接点送至输煤监控的 PLC 系统中，以便操作员随时了解现场情况。

采用自动方式时，上位工控机 LCD 上显示所有输煤工艺流程。选择输煤流程后，PLC 系统自动检测该流程相关的设备。在该流程所有设备均处于可控的情况下，操作人员在上位工控机上发出“启动”命令来启动该流程，否则，PLC 系统内部联锁能防止任何设备的启动。当需要停止该流程时，操作人员在上位工控机上发出“停止”命令，PLC 系统按正常顺序停止。

采用集中手动方式时，除了运行人员必须按正确顺序通过键盘上的启动/停止命令来启动和停止各个设备，系统也应像自动方式一样完全联锁。运行人员应按正确顺序来启动和停止所有设备。系统能防止运行人员的误操作，并能发出提示信息。

采用集中控制方式（包括自动和手动）时，若出现危害设备或对人身产生危险（如发生火警）等意外情况，运行人员可操作“紧急停止”按钮，PLC 系统立即停止输煤系统所有运行设备，但电磁除铁器及碎煤机需经过 30s 延时（分别可调整、可投用或退出）停，以防设备损坏；取样装置、除铁器及除尘器与皮带机联锁停机。“紧急停止”专用键需经两次“急停确认”。另外，在操作台上设置安全系统手动复位按钮，当皮带机保护装置动作或操作“紧急停止”按钮后，关联的输煤系统设备将被闭锁不能启动，只有当所有保护装置或“紧急停机”按钮已复位并且按了安全系统的复位按钮后，才能重新启动系统。

自动程序方式为主要运行方式。运行人员能选择一个完整和合适的路径，以便将煤从翻车机/码头/老厂煤场输送到煤场或直接送到煤仓，或从煤场送煤到煤仓。除非选定了合适的和完整的路径，且所有信号表明允许启动，并显示表明路径选择成功（准确）后，允许运行人员使用“系统自动启动”命令来启动自动运行，否则控制系统的逻辑应防止进入自动启动方式。

当任何一台设备选择就地操作时，LCD 上有画面反映出来；当有设备检修时，LCD 对应设备画面上有标志显示。采用就地控制方式时，运行人员在就地控制箱上控制设备，此时联锁回路仅有拉绳和电气保护。

当通过系统逻辑或运行人员命令使输煤系统正常停机时，输煤系统应按顺煤流顺序停机。为防止损坏设备或危害操作人员安全，在保护动作或启动紧急停止装置时，设备立即停止运行。

所有的输煤设备按工艺流程要求联锁，以防止在启动或停止时煤在系统中堆积起来，甚至损坏设备。联锁按下列方式进行：

启动时，按逆煤流方向，从该流程到最后设备（皮带及相关设备）开始依次启动，直到第一条皮带及相关设备启动后，才开始供煤。

停运时，按顺煤流方向，先停供煤设备，然后从第一台至最后一台设备依次停止，每台设备之间按预定的延时时间发停机命令，即要求前面设备的余煤清除后再停止其运行（LCD上应有调整对运行设备的延时时间对话框）。其中，碎煤机、滚轴筛、除铁器及除尘器均应延时停机。除碎煤机、滚轴筛外，其余设备按正常情况延时联锁停机。当煤场向原煤仓上煤，且运行中的煤仓全部出现高煤位信号时，即自动按正常程序停机。当码头直接向原煤仓上煤，且原煤仓全部出现高煤位信号时，应改变执行机构，切换斗轮堆取料机分流装置挡板，将来煤全部卸至煤场，上煤系统胶带输送机则按顺序自动停机。

故障时，除碎煤机和滚轴筛外，故障点及其上游设备瞬时停机，故障点下游设备保持原工作状态不变，待故障解除后，可以从故障点向上游重新启动设备，也可以在故障未解除时，从故障点下游开始延时停设备；或者其余设备按正常情况联锁停机，具体可由运行人员选择。

为防止碎煤机、滚轴筛发生堵转，在系统运行前提前启动 60s（时间可调整），在系统停机后延时停机 300s（时间可调整）。

联锁阻止任何设备超出顺序的启动（除试验用以外），并且是通过速度开关和运行信号来确认皮带机运转状况。当皮带机的速度达到额定转速后，启动下一级设备。

程控系统根据输煤系统不同运行方式分组对应启动皮带及输煤设备。在启动任何运行方式前，先启动与这一运行方式相应的警告信号通知附近人员。喇叭声音持续时间应可调。启动警告信号未接通或未响到 20s 的情况下不得启动。